HUBSCHRAUBER, TRANSPORTER UND SCHULFLUGZEUGE DER NVA

Michael Normann

Motor buch Verlag

Einbandgestaltung: Frank Zähringer

Bildnachweis: Sofern nicht anders vermerkt stammen die Bilder vom Autor bzw. aus dessen Archiv.

ISBN 978-3-613-04353-4

1. Auflage 2021

Sie finden uns im Internet unter www.motorbuch-verlag.de

Lektorat: Alexander Burden
Innengestaltung: WS – WerbeService Linke, 76185 Karlsruhe
Druck und Bindung: Multiprint Ltd., Slavyanska Str. 10A, 2230, Kostinbrod, Bulgarien
Printed in Bulgaria

Inhalt

Vorwort

Von 1956 bis 1990 bildeten die Luftstreitkräfte, kurz LSK, die fliegerische Komponente der NVA, der Nationalen Volksarmee der DDR. Ihre Kampfverbände gliederten sich in sechs Jagdfliegergeschwader, zwei Jagdbombenfliegergeschwader, ein Marinefliegergeschwader und zwei taktische Aufklärungsstaffeln. Darüber hinaus gab es zwei Fliegerausbildungsgeschwader, zwei Hubschraubergeschwader, zwei Kampfhubschraubergeschwader, die Regierungsflieger, die Zieldarstellungskräfte, sowie eine Transportfliegerstaffel, eine Transportfliegerausbildungsstaffel und die Verbindungsflieger.
Die NVA hatte im Ernstfall zwei Armeen aufzustellen. Als Basisorganisation hierfür gab es deshalb in der DDR zwei Armeebezirke. Einen im Norden und einen im Süden des Landes. Die Luftstreitkräfte hatten, entsprechend der damaligen Doktrin, jede Armee mit drei Jagdfliegergeschwadern aus der Luft zu decken. Außerdem sollte jede Armee durch ein Jagdbombenfliegergeschwader und ein Kampfhubschraubergeschwader unterstützt werden. Dementsprechend wurden die Geschwader der Luftstreitkräfte stationiert.
Anfang der 80er-Jahre bildete man das FOAFK, das Führungsorgan der Armee- und Frontfliegerkräfte. Seine Aufgabe war es die Handlungen der Fliegerkräfte mit denen der Landstreitkräfte zu koordinieren. Später wurde aus ihm die Keimzelle der Armeefliegerkräfte. Mitte der 80er-Jahre wurden die Kampfhubschraubergeschwader und die Aufklärungsflieger aus der Führungsorganisation der Luftstreitkräfte herausgelöst und den Landstreitkräften unterstellt. Die technische, organisatorische und ausbilderische Sicherstellung oblag aber weiterhin den LSK. Piloten und Techniker trugen auch weiterhin die Uniformen und die Waffenfarbe[1] der Luftstreitkräfte.

Ein wenig anders verhielt es sich mit dem Marinefliegergeschwader. Es sollte nur im Ernstfall der Führung der Volksmarine unterstellt werden. In Friedenszeiten war das Marinefliegergeschwader jedoch Teil der Luftstreitkräfte, sehr zum Ärger des Chefs der Volksmarine, der dies gern geändert hätte. Um diesen Machtkampf ein wenig die Schärfe zu nehmen wurden kurz vor dem Ende der DDR marinetypische Attribute, wie z.B. Marinedienstgrade eingeführt.
Im Sommer 1989 wurde auf Weisung von ganz oben ein Jagdfliegergeschwader aufgelöst[2]. So reduzierte sich der Kampfbestand der Luftstreitkräfte auf nur noch fünf Jagdfliegergeschwader.
Die Luftstreitkräfte (LSK) bildeten zusammen mit den Einheiten der Luftverteidigung (LV) das Kommando LSK/LV. Daneben gab es Ende der 80er-Jahre die Armeefliegerkräfte mit zwei Kampfhubschraubergeschwadern, sowie die Hubschrauberverbände der Volksmarine und der Grenztruppen.
Dieses Buch richtet seinen Fokus auf die Hubschrauber, Transport- und Verbindungsflugzeuge der NVA. Es berichtet welche Versionen in der DDR zum Einsatz kamen.
Dieses Buch soll ein Nachschlagewerk sein, das dem interessierten Leser einen kleinen Einblick in die Welt der Flugzeuge und Hubschrauber der DDR-Luftstreitkräfte gibt. Ich hoffe es gefällt Ihnen.

Michael Normann
Rödgen im Februar 2019

[1] Jeder Truppengattung war eine Farbe zugeordnet. Sie wurde an Kragenspiegeln und Schulterstücken sichtbar gemacht. Die Farbe der Luftstreitkräfte war hellblau.
[2] Die Auflösung eines Jagdfliegergeschwaders war ein Betriebsunfall der Geschichte. Eigentlich sollte ein Jagdbombenfliegergeschwader aufgelöst werden, doch hatte sich Erich Honecker bei der Bekanntgabe der Maßnahme versprochen.

Die Mi-24 war das modernste und schlagkräftigste Waffensystem der Armeefliegerkräfte der NVA. (Foto Sammlung Scheffler)

Mi-1 (SM-1) (NATO Code: Hare)

Eine SM-1 der Grenzflieger beim Landeanflug auf den Landeplatz Meiningen (Foto: Fliegerkameradschaft HS-16)

Der Rotorflug hatte in den Anfangsjahren der Fliegerei ein Schattendasein gefristet. Erst in den 1930er-Jahren waren die technischen Voraussetzungen gegeben um flugfähige Rotorflügler zu bauen. Wohin die Entwicklung gehen würde war damals jedoch noch nicht abzusehen. Als Konkurrenten standen sich Tragschrauber (Gyrokopter) und Hubschrauber (Helikopter) gegenüber.

In der Sowjetunion der Vorkriegszeit sah man im Tragschrauber das größere Entwicklungspotential und entwickelte ein solches Fluggerät bis zur Einsatzreife[3]. An seiner Konstruktion waren zwei junge Ingenieure beteiligte, deren Namen Jahre später Synonym für den sowjetischen Hubschrauberbau werden würden, Nikolai Kamow und Michail Leontewitsch Mil.

Während des Krieges verlor die Sowjetunion den Anschluss an die internationale Hubschrauberentwicklung. Die Konstruktion und der Massenbau von Kampfflugzeugen waren wichtiger als das Basteln an neuartigen Fluggeräten. Dennoch beobachtete man sehr genau, wie sich diese neue Gattung von Luftfahrzeugen im Ausland entwickelte.

Das gab Mil und Kamow die Gelegenheit die Entwicklung von Rotorflüglern wieder aufzunehmen. Beide erkannten, dass der Tragschrauber eine Sackgassenentwicklung war und die Zukunft dem Hubschrauber gehören würde. Doch ihre Wege trennten sich. Während sich Kamow einem einzigartigen Rotorkonzept zuwandte, konstruierte Mil einen Hubschrauber mit dem heute klassisch zu nennenden Konzept aus Haupt-

[3] Es gab auch frühe Versuche mit Hubschraubern. Die daran Beteiligten fielen den Stalinschen Säuberungen zum Opfer.

[4] Sikorsky war ein genialer russischer Konstrukteur. Er baute bereits vor dem Ersten Weltkrieg den ersten viermotorigen Bomber der Welt (Ilja Muromez). Nach der Oktoberrevolution emigrierte er in die USA, wo er sich aber erst Ende der 30er-Jahre durchsetzen konnte. In den USA wurde er zu einem der Pioniere des Hubschrauberbaus. Die von ihm gegründete Hubschrauberfirma existiert noch heute.

und Heckrotor. Dabei orientierte er sich auch an den Arbeiten Igor Sikorskys[4].

Mils erster Hubschrauberentwurf wurde 1944 zu Papier gebracht. Wegen des durch den Krieg bedingten Ressourcenmangels war an eine Verwirklichung des Projekts jedoch nicht zu denken. Der Entwurf stand aber Pate für einen Helikopter, der ab Ende 1947 entwickelt wurde. Zunächst bezeichnete man das Projekt als G-1[5]. Das G stand für »Gelikopter«[6]. Doch bald wurde das amerikanisch angehauchte Wort gegen das russische Wertoljot[7] ausgetauscht und das Projekt in W-1 umgetauft. Bereits im Laufe des Jahres 1948 bezeichnete man die W-1 hausintern nur noch als Mi-1.

Der Erstflug der Mi-1 fand im September 1948 statt. Zwei Jahre später begann die Serienfertigung im Flugzeugwerk Kiew. Am 8. Juli 1951 wurde die Mi-1 der Öffentlichkeit bei der Luftparade in Tuschino präsentiert.

1956 begann die Volksrepublik Polen mit der Lizenzfertigung der Mi-1. Zunächst wurden nur sowjetische Baugruppen montiert. Im Laufe der Zeit ging Polen dazu über nach und nach alle Bauteile der Mi-1 selber herzustellen. Die in Polen gebauten Helikopter wurden als SM-1 bezeichnet.

Technische Daten der Mi-1 und Mi-1M		
Einsatzzeitraum	1957 – 1973	1957 – 1973
Bezeichnung NATO	Hare	Hare
Abmessungen		
Rotorkreisdurchmesser	14,30 m	14,50 m
Rumpflänge	12,10 m	12,08 m
Länge über alles	16,95 m	17,50 m
Höhe	3,30 m	3,30 m
Rotorkreisfläche	161,61 m²	165,13 m²
Massen		
Leermasse	1.798 kg	1.919 kg
Startmasse	2.265 kg	2.300 kg
max. Startmasse	2.400 kg	2.414 kg
Treibstoffmenge	260 l + 160 l Zusatzbehälter	260 l + 160 l Zusatzbehälter
Antrieb	1 x AI-26W	1 x AI-26W
Startleistung	1 x 423 kW / 575 PS	1 x 423 kW / 575 PS
Flugleistungen		
Höchstgeschwindigkeit	185 km/h in 1.000 m	195 km/h in 1.000 m
Marschgeschwindigkeit	140 km/h	145 km/h
Reichweite	620 km	600 km
Gipfelhöhe	3.000 m	3.000 m
Steiggeschwindigkeit	6,5 m/s im Schrägflug	6,5 m/s im Schrägflug
Bewaffnung	keine	keine
Nutzlast	475 kg, 1 Passagier	300 kg, 1 – 2 Passagiere
Besatzung	1 – 2	1 – 2

Die Mi-1 bzw. SM-1 war ein leichter Verbindungshubschrauber. In der aerodynamisch verkleideten Rumpfnase befanden sich Teile der Avionik, sowie zwei kleine Fenster, die dem Piloten eine gewisse Sicht nach unten ermöglichten. Das Cockpit der Mi-1/SM-1 schloss sich an die Rumpfnase an. Es war großflächig verglast und bot Platz für einen separat sitzenden Piloten, sowie einen bzw. zwei Passagiere auf der Rückbank. Hinter dem Cockpit war der 423 kW, sprich 575 PS leistende Sternmotor AI-26W untergebracht. Dieser gab die erzeugte Drehenergie über ein Hauptgetriebe an den Dreiblatthauptrotor und über eine Fernwelle an den Dreiblattheckrotor ab. Die Rotorblätter wurden in der Anfangsphase der Serienfertigung aus Holz gefertigt. Sie hatten eine Lebensdauer von 300 Stunden. Später wechselte man zu stabileren Metallrotorblättern. Diese hielten 600 Stunden durch.

Der Heckrotor war am Ende eines vollverkleideten Heckträgers angebracht. Am Heckträger gab es zudem zwei kleine Trimmflossen und einen Hecksporn. Das Fahrwerk der Mi-1/SM-1 war denkbar einfach aufgebaut. Es war ein starres Dreipunktfahrwerk mit Bugrad. Beim Rollen am Boden wurde die Mi-1/SM-1 durch das wechselseitige Betätigen der Bremsen des Hauptfahrwerkes gesteuert.

Die Mi-1 war eine leichte Hubschrauberkonstruktion, die vor allem für Kurier- und Verbindungsflüge genutzt wurde. Sie wur-

[5] Mitunter auch als GM-1 bezeichnet. GM soll für »Gelikopter Mila« stehen.

[6] In der russischen Sprache gibt es kein »H«. Deshalb wird bei der Transkription vom lateinischen ins kyrillische Alphabet der Buchstabe »H« wahlweise durch die Buchstaben »G« oder »X« (Aussprache Cha) dargestellt.

[7] Wertoljot ist ein Kunstwort, das sich mit »Vertikalflieger« übersetzen lässt.

Mi-1 bzw. SM-1 und Mi-4 waren die Standardhubschrauber der ersten Stunde. (Foto: Fliegerkameradschaft HS-16)

de Ende 1957 kurz nach der Mi-4 als zweiter Hubschraubertyp in den Truppendienst der NVA übernommen. In der ersten Zeit nutzte man die Mi-1 in der Transportfliegerschule Dessau. Später kam sie im Hubschraubergeschwader 31 in Brandenburg-Briest zum Einsatz.

Im Dienstalltag der NVA bestand die Aufgabe der Mi-1 darin, neben der bereits erwähnten Sicherstellung von Kurier- und Verbindungsflügen, den Transport kleiner und leichter Frachten, sowie die visuelle und ABC-Aufklärung[8] durchzuführen. Es soll auch Einsätze gegeben haben, bei denen Mi-1 als Artilleriebeobachter eingesetzt wurden.

Eine sehr wichtige Aufgabe übernahmen mehrere zum Jagdfliegergeschwader JFG-3[9] abkommandierten Mi-1 in Peenemünde. Hier stand stets eine Maschine bereit, um Such- und Rettungsflüge (SAR) über der Ostsee durchzuführen.

Die normale Mi-1 besaß keine Doppelsteuerung. Deshalb wurde zur Ausbildung und Schulung von Piloten die Mi-1MU bzw. die SM-1Sz beschafft.

Im Sprachgebrauch der NVA wurde die Mi-1 als SM-1 bezeichnet. Diese Bezeichnung wurde verwendet, weil ein großer Teil der in der NVA genutzten Mi-1 in Polen produziert worden waren und die dortige Typenbezeichnung SM-1 lautete. Äußerlich gab es keine Unterschiede zwischen den im polnischen Swidnik hergestellten SM-1 und den aus Kiew stammenden Mi-1.

Die Mi-1 wurde in der DDR nicht nur von der NVA geflogen. Sie kam auch bei den Grenzfliegerkräften zum Einsatz[10]. Die

[8] ABC ... Atomar, Biologisch, Chemisch

[9] In den Luftstreitkräften der NVA wurden die Jagdfliegerverbände zunächst nur als Fliegergeschwader, kurz FG, bezeichnet. In den 60er-Jahren taufte man sie in Jagdfliegergeschwader um. Die Abkürzung war zunächst JFG, später wurde für die Jagdfliegergeschwader das Kürzel JG verwendet.

[10] Genaugenommen gehörten die Grenzfliegerkräfte damals zur NVA. Erst im Nachgang der Unterzeichnung der Schlussakte von Helsinki wurden die Grenztruppen formal aus dem Bestand der NVA ausgegliedert. Sie unterstanden trotzdem dem Minister für Verteidigung.

Grenzfliegerkräfte wurden 1964 aufgestellt und zunächst mit diesem Hubschrauber ausgerüstet.

Die Mi-1 wurde bis 1972 geflogen und dann konserviert in Reserve gehalten. 1973 stellte man sie endgültig außer Dienst und verschrottete sie.

Eine mehr oder weniger deutlich vom Ursprungstyp abweichende Version der Mi-1 war die Mi-1M, bzw. SM-1M. Sie war speziell für den Sanitätsdienst entwickelt worden. Für den Verletztentransport konnte die Mi-1M/SM-1M mit zwei Krankentragen ausgerüstet werden. Die Krankentragen wurden außenbords (!), links und rechts am Rumpf des Hubschraubers befestigt. Die Patienten wurden mit dem Kopf in Flugrichtung transportiert und aus Sicherheitsgründen auf den Krankentragen festgeschnallt.

Um die Patienten vor dem Fahrtwind zu schützen deckte man die Krankentragen mit speziellen Verkleidungen aus Aluminium ab. Diese Verkleidungen besaßen ein Ausguckfenster und waren mit dem Schutzzeichen des Roten Kreuzes auf weißem Grund markiert. Die aus Trage und Verkleidung bestehenden Gondeln konnten separat belüftet und beheizt werden.

Damit der im Frachtraum des Hubschraubers mitfliegenden Sanitäter die Möglichkeit hatte die Verletzten versorgen zu können gab es in der Mi-1M bzw. SM-1M zwei kleine Verbindungsöffnungen. Sie waren über kurze Tunnel mit den Krankengondeln verbunden. Der Durchgang war allerdings so eng, dass der Sanitäter lediglich Zugang zum Oberkörper des Transportierten hatte. Deshalb gab es die Anweisung, dass Personen mit Verletzungen unterhalb der Gürtellinie nicht auf diese Weise transportiert werden sollten.

Zur Steigerung der Reichweite konnte die Mi-1M bzw. SM-1M mit einem Zusatztank an der linken Seite ausgerüstet werden. So konfiguriert konnte sie allerdings nur noch mit einer Krankengondel fliegen.

Weitere Unterschiede zur Mi-1 waren die verbesserte Steueranlage, die längeren Rotorblätter, die vergrößerte Kabine und die modernisierte Navigationseinrichtung.

Von der Sanitätsversion der Mi-1 beschaffte die NVA vier Maschinen. Manche Quellen besagen, dass jeweils zwei Maschinen aus polnischer und sowjetischer Produktion kamen. Andernorts steht geschrieben, dass es drei Mi-1M und eine SM-1M waren. Wie die anderen Mi-1 bzw. SM-1 wurde auch die Sanitätsvariante bis 1972 betrieben und 1973 außer Dienst gestellt.

Diese SM-1 wird im Sommerlager 1967 unter feldmäßigen Bedingungen gewartet. (Foto: Fliegerkameradschaft HS-16)

Das Klettern an der Strickleiter war keine einfache Aufgabe. (Foto: Fliegerkameradschaft HS-16)

Der Pilot einer SM-1 während der Startvorbereitung. (Foto: Fluglatzmuseum Cottbus)

Oben: Blick aus der SM-1. (Foto: Fliegerkameradschaft HS-16)
Links: Eine SM-1 wird im Feldlager von einem Kran angehoben. (Foto: Fliegerkameradschaft HS-16)

Mi-4A und S (NATO Code: Hound A)

Die Geschichte der Mi-4 begann mit einer Heldentat. Es war aber, sehr zum Leidwesen des Diktators Stalin, keine sowjetische Heldentat, sondern eine amerikanische und sie geschah während des Koreakrieges.

Und das kam so: China startete eine Offensive, die die amerikanischen Truppen weit nach Süden trieb. Chinesische Augenzeugen berichteten: die Amerikaner seien gerannt wie die Hasen. Amerikanische Militärs sprachen lieber davon, dass sie sehr schnell in die entgegengesetzte Richtung vorgestoßen seien. Einem kleineren Truppenkörper passierte das Missgeschick nicht ganz so erfolgreich und schnell wie erhofft nach Süden vorstoßen zu können. Er wurde von den Chinesen eingeholt und konnte sich nur mit Müh und Not auf einen Berggipfel retten. Nach allen bis dato geltenden militärischen Erfahrungen und Regeln war damit das Schicksal der US-Soldaten besiegelt. Es war nur noch eine Frage der Zeit bis ihnen die Munition und viel schlimmer noch die Vorräte an Corned Beef und Coca-Cola ausgehen würden. Wenn alle Vorräte verbraucht waren würden die GIs aufgeben müssen. Das wussten auch die Chinesen, weshalb sie einen Angriff auf die Bergstellung der Amerikaner unterließen.

Doch dann passierte das Unerwartete. Für die damalige Zeit unglaublich große Helikopter erschienen über der Bergstellung, luden alle US-Soldaten ein und flogen von dannen. Die Chinesen und einige sie begleitenden sowjetischen Militärberater konnten nichts dagegen tun. Ihnen blieb nur übrig dem Treiben der Amerikaner ungläubig staunend zuzusehen.

Die Meldung über diesen Vorfall erreichte Moskau und löste bei Stalin ein Umdenken aus. Bisher waren Hubschrauber nur bessere Spielzeuge gewesen. Sie waren so leistungsschwach, dass sie je nach Typ nur den Piloten und bestenfalls zwei, drei Leute transportieren konnten. Nun hatten die Amerikaner bewiesen, dass der Hubschrauber zu mehr in der Lage war als nur ein paar Stabsoffiziere von A nach B zu kutschieren. Und deshalb wollte der rote Diktator nun auch unbedingt einen solchen leistungsfähigen Hubschrauber haben.

Im September 1951 erging an die Konstruktionsbüros Jakowlew und Mil der Befehl mittelschwere Transporthubschrauber zu entwickeln. Beide OKBs[11] sollten sich bei ihren Konstruktionen an amerikanischen Hubschraubern orientieren, schließlich wussten schon die alten Römer, dass es nicht verboten war vom Feind zu lernen[12]. Dies war auch notwendig, denn Stalin bestand darauf die neuen Hubschraubertypen bereits in einem Jahr in Augenschein nehmen zu können.

Technische Daten der Mi-4A	
Einsatzzeitraum	1957 – 1979
Bezeichnung NATO	Hound A
Abmessungen	
Rotorkreisdurchmesser	21,00 m
Rumpflänge	16,79 m
Länge über alles	25,02 m
Höhe	4,40 m
Rotorkreisfläche	346,36 m²
Massen	
Leermasse	4.909 kg
Startmasse	7.150 kg
max. Startmasse	7.800 kg
Treibstoffmenge	960 l + 500 l Zusatzbehälter
Antrieb	1 x ASch-82W
Startleistung	1 x 1.250 kW / 1.700 PS
Flugleistungen	
Höchstgeschwindigkeit	200 km/h in 1.000 m
Marschgeschwindigkeit	155 km/h
Reichweite	650 km
Gipfelhöhe	5.500 m
Steiggeschwindigkeit	6,5 m/s im Schrägflug
Bewaffnung	
Bord MG	12,7 mm TKB-481 mit 200 Schuss, Schützenwaffenhalterungen an Bordfenstern
Nutzlast	1.200 – 1.740 kg, 14 Passagiere
Besatzung	1 – 2

Das OKB Mil machte sich also daran einen Hubschrauber zu entwerfen, der die Projektbezeichnung W-4 erhielt. Im generellen Erscheinungsbild war die W-4 der amerikanischen Sikorsky S-55 sehr ähnlich. Doch trotz aller Ähnlichkeit kann nicht davon gesprochen werden, dass die W-4 lediglich eine Kopie der Sikorsky Maschine gewesen sei. Die W-4 war deutlich größer, länger und stärker als die S-55. Es steckte jede

[11] In der Sowjetunion waren Konstruktion und Bau von Fluggeräten organisatorisch voneinander getrennt. Die Entwicklung erfolgte in sogenannten Versuchskonstruktionsbüros. In der russischen Sprache wurde für die Konstruktionsbüros im Allgemeinen das Kürzel OKB plus der Name des Chefkonstrukteurs verwendet.

[12] Es wurde die Mär erzählt, dass es sowjetischen »Spezialisten« während des Koreakrieges gelungen sei einen amerikanischen Hubschrauber des Typs H-19 zu erbeuten. Dieser Hubschrauber sei als Anschauungsobjekt für bestimmte Problemlösungen genutzt worden.

Wartungsarbeiten an der Mi-4 (Foto: Sammlung Normann)

Das Auftanken einer Mi-4A. (Foto: Flugplatzmuseum Cottbus)

Restaurierte Mi-4A im Luftwaffenmuseum Gatow. (Foto: Normann)

Die Mi-4A der NVA wurden nicht nur zu militärischen Aufgaben verwendet. Auf diesem Bild sieht man eine Mi-4A bei der Deichsicherung während eines Hochwassers. (Foto: Flugplatzmuseum Cottbus)

Mi-4A beim Flugdienst. Im Vordergrund fahrbarer Kontrollpunkt SKP und Funkwagen R-824 (Foto: Flugplatzmuseum Cottbus)

Menge sowjetisches Know-how in Michail L. Mils neuem Helikopter. Andernfalls wäre es nicht gelungen den Hubschrauber innerhalb von nur acht Monaten bis zum Prototypenstadium zu entwickeln.

Im Mai 1952 begann die Flugerprobung. Ein Jahr später startete der Serienbau unter der Bezeichnung Mi-4. Er sollte bis 1969 fortgesetzt werden.

Die Mi-4 war ein einmotoriger mittelschwerer Transporthubschrauber mit Vierblatthaupt- und Dreiblattheckrotor, sowie feststehendem Vierpunktfahrwerk.

Der Bugraum der Mi-4 wurde vom Triebwerk belegt. Es kam ein gewaltiger 14-Zylinder-Doppelsternmotor des Typs ASch-82W zum Einsatz. Über eine Kardanwelle wurde die immense Leistung von 1.250 kW bzw. 1.700 PS zum Hauptgetriebe übertragen, das seinerseits die Kraft an den Hauptrotor und über eine Fernwelle an den Heckrotor weiterleitete.

Hinter dem Motorraum befand sich in der Mi-4 der Frachtraum. Im Frachtraum konnten bis zu 14 Passagiere oder acht liegend zu transportierende Verletzte, samt Sanitäter und medizinischer Ausrüstung befördert werden. Frachtstücke bis zu einem Gewicht von 1.500 kg fanden ebenfalls im Frachtraum Platz. Der Zugang zum Frachtraum erfolgte über eine Tür in der linken Rumpfseite. Sperrige Fracht konnte über das Heck in den Frachtraum geladen werden. Dort gab es ein Hecktor, dessen Flügel nach außen schwenkbar waren.

Unter dem Rumpf befand sich eine Lastvorrichtung. Mit ihrer

Mi-4A der Marineflieger beim Absetzen eines Kampfschwimmers (Foto: Sammlung Scheffler)

Hilfe wurden Außenlasten mit einem zulässigen Maximalgewicht von 1.300 kg transportiert. Unterhalb des Frachtraums war eine Bodenwanne für den Bordmechaniker angebracht. Von dort aus konnte er bei Außenlastflügen die Fracht beobachten und deren punktgenaues Absetzen koordinieren. In militärischen Mi-4 wurde in die Bodenwanne ein 12,7 mm MG eingebaut.

Das Cockpit der Mi-4 befand sich oberhalb des Frachtraums und vor dem Hauptgetriebe. Im Cockpit nahmen der Pilot, sowie der Copilot Platz. Im Sprachgebrauch der NVA waren allerdings die Begriffe Pilot und Copilot verpönt. Man sprach lieber vom Ersten und Zweiten Hubschrauberführer, wobei umgangssprachlich oft auch das russische Wort »Ljotschik«[13] Verwendung fand.

Der Zugang zum Cockpit erfolgte durch Seitentüren, die sich aufschieben ließen. Das Cockpit war mit einer Doppelsteuerung ausgestattet, so dass der Helikopter sowohl vom Piloten, als auch vom Copiloten geflogen werden konnte. Die Mi-4 war mit mehreren Funkgeräten, einem Funkkompass, einem barometrischem und einem Funkhöhenmesser ausgerüstet. Einige Maschinen erhielten eine Freund-Feind-Kennanlage.

Für Flüge oberhalb 3.000 m gab es eine Sauerstoffausrüstung. Das Vierpunktfahrwerk der Mi-4 war starr. Die Hauptfahrwerksbeine waren abgestrebt, die Hautfahrwerksräder besaßen Druckluftbremsen. Die beiden Bugfahrwerksbeine hatten schwenkbare Räder. Am Boden wurde der Hubschrauber durch die wahlweise Betätigung der Bremsen des Hauptfahrwerks gelenkt.

Die Mi-4A war der erste Standardhubschrauber der NVA. Sie[14] wurde zwischen 1957 und 1964 beschafft und stand bis 1979 im Dienst.

Die Mi-4 war eine sehr solide und zuverlässige Konstruktion und wurde für nahezu jeden denkbaren Einsatzzweck verwendet. So transportierte sie Menschen und Material, flog Verletzte ins Lazarett, wurde zur Aufklärung eingesetzt und verlegte Minen aus der Luft. In ihrem geräumigen Laderaum hatte ein Geländewagen Platz. Es wurden aber auch Feldküchen, Granatwerfer, rückstoßfreie Geschütze oder Motorräder transportiert. Im Außenlastflug ließen sich sperrige Objekte, wie z.B. Geschütze mit einer Gesamtmasse bis zu 1.300 kg mitführen. Eine kleine Umrüstung ermöglichte es die Mi-4A als fliegende Relaisstation einzusetzen. Hierzu wurden zusätzliche Antennen montiert und Funkgeräte installiert. So ausgestattet wurde die Mi-4A auch gern an den Rundfunk der DDR ausgeliehen,

[13] Ljotschik .... russ.: »Flieger«
[14] Im Sprachgebrauch der NVA waren alle Fluggeräte weiblich. Es hieß bei der Typenbezeichnung also »die Mi«, »die MiG« oder »die Albatros«.

Mi-4 und Startwagen G5 auf dem Landeplatz Meiningen im Jahr 1970. (Foto: Fliegerkameradschaft HS-16)

Eine Außenlast wird angehängt während der Hubschrauber eine Standschwebe ausführt. (Foto: Fliegerkameradschaft HS-16)

Ein Pilot erklärt beim Flugspiel den nächsten Einsatz. (Foto: Flugplatzmuseum Cottbus)

um Liveübertragungen von wichtigen Sportereignissen wie z.B. der in der DDR hochpopulären Radrundfahrt »Friedensfahrt«[15] sicherzustellen.

Da die Mi-4A mit einer Seilwinde ausgestattet war konnte sie als Such- und Rettungshubschrauber eingesetzt werden. Zur weiteren SAR[16] Ausrüstung gehörten neben einer zusätzliche Funkausrüstung, ein Schlauchboot und eine Netzboje. Diese wurde gebraucht um einen im Wasser treibenden Schiffbrüchigen mit Hilfe der Seilwinde an Bord zu holen. In der SAR-Rolle löste die Mi-4A ab 1962 die Mi-1 beim Jagdfliegergeschwader JFG-3 in Peenemünde ab[17].

Bewaffnet war die Mi-4A mit einem 12,7 mm MG, das in der Bodenwanne montiert war und vom Bordmechaniker bedient wurde. Die unbewaffnete Salonversion der Mi-4 wurde als Mi-4S bezeichnet. Sie hatte eine Sitzbank für vier Personen, sowie zwei Sessel, einen Tisch und eine Bordküche. Äußerlich unterschied sie sich von der Mi-4A durch den Wegfall der Bodenwanne und die viereckigen Fenster.

[15] Die Friedensfahrt war eine mehrtägige internationale Radrundfahrt, deren Streckenverlauf durch Polen, die Tschechoslowakei und die DDR führte. Die Hauptstädte der drei Länder wurden bei jeder Rundfahrt berührt. Sie dienten abwechselnd als Start, Ziel oder Etappenstation. Die Friedensfahrt zog regelmäßig Millionen Zuschauer in ihren Bann und war ein sehr populäres sportliches Großereignis über das ausgiebig berichtet wurde.

[16] SAR ... **S**uchen, **A**uffinden, **R**etten. Englisch »**S**earch **a**nd **R**escue«

[17] Der Flugplatz Peenemünde lag an der Nordspitze der Insel Usedom. Die dort stationierten Jagdflieger hatten den Auftrag den Luftraum der DDR auch über der Ostsee zu sichern. Bei Flügen über der Ostsee kam es regelmäßig zu Begegnungen mit Flugzeugen der NATO-Staaten und Schwedens. Um im Fall des Absturzes eines Flugzeugs ins Meer den Piloten retten zu können wurden Hubschrauber auf dem Flugplatz Peenemünde stationiert. Weiter westlich, auf dem Landeplatz Parow in der Nähe von Stralsund, standen die Hubschrauber des Marinehubschraubergeschwaders 18. Auch sie konnten zu SAR-Aufgaben herangezogen werden.

Das Absetzen von Fallschirmjägern gehörte zum Ausbildungsumfang der Hubschrauberbesatzungen. (Foto: Sammlung Normann)

Der Pilot der 571 kontrolliert den Hubschrauber während der Flugvorbereitung. (Foto: Fliegerkameradschaft HS-16)

Zur Wartung dieser Mi-4A wurden alle Klappen geöffnet. (Foto: Fliegerkameradschaft HS-16)

Start der Mi-4A Bordnummer 546 vom Landeplatz Meiningen. (Foto: Fliegerkameradschaft HS-16)

Die Mi-4 war das Arbeitspferd der 60er-Jahre. (Foto: Fliegerkameradschaft HS-16)

Auf diesem Bild kann man die konstruktiven Unterschiede zwischen Mi-4A und ihrem Nachfolgemodell Mi-8T gut erkennen. Im Prinzip haben Antrieb und Cockpit ihren Platz getauscht. (Foto: Normann)

Blick ins Cockpit der Mi-4. (Foto: Fliegerkameradschaft HS-16)

Mi-4M (NATO CODE: Hound B)

Im Zweiten Weltkrieg hatte das U-Boot seinen Ruf als hochgefährliches Waffensystem bestätigen können. Den »Grauen Wölfen«[20] war es beinah gelungen Großbritannien in die Knie zu zwingen, amerikanische U-Boote strangulierten Japans Seeverbindungen nahezu vollständig. Gegen Ende des Krieges vollzog sich auf dem Gebiet des U-Bootbaus eine technische Revolution. Deutsche Ingenieure entwickelten den Walter-Antrieb. Neue noch gefährlichere U-Boottypen entstanden. Sie waren unter Wasser schneller unterwegs als die Zerstörer, die zu ihrer Bekämpfung eingesetzt wurden.
Nach dem Krieg fielen die Walter-U-Boote den Alliierten in die Hände. Die Sowjetunion ging jedoch leer aus. In ihrem Einflussbereich befand sich kein einziges dieser modernsten deutschen U-Boote. Während Briten und Amerikaner das deutsche Know-how an sich reißen und ihre U-Boote entsprechend verbessern konnten, war die Sowjetunion technologisch abgehängt[21].
Mit Anbruch des Kalten Krieges, bei ständiger Befürchtung, dass die Konfrontation in einen heißen Krieg umschlagen könnte, sah sich die sowjetische Marineführung mit dem Problem konfrontiert, dass westliche Walter-U-Boote die sowjetischen Seetransporte im Kriegsfall nachhaltig stören würden. Die U-Boot-Abwehr bekam höchste Priorität. Die Masse der sowjetischen Kampfschiffe wurden nun auf die Rolle des U-Boot-Abwehrschiffs[22] zugeschnitten.
Als sich der Hubschrauber in den frühen 50er-Jahren zu einem zuverlässigen Fluggerät entwickelt hatte, kam der Gedanke auf ihn in Zukunft nicht nur für Transportaufgaben zu verwenden. Er sollte zukünftig auch aktiv in die Kampfhandlungen auf See eingreifen. Zunächst war angedacht den Helikopter lediglich zur Aufklärung und Seeüberwachung zu nutzen. Zu diesen Zwecken sollten Hubschrauber an Bord von Schiffen stationiert werden. Später stellte sich heraus, dass man mit Hubschraubern auch U-Boote orten und bekämpfen konnte.
Die seestrategische Lage der Sowjetunion war nicht günstig. Es gab zwar lange Seegrenzen, doch die Masse dieser Grenzen war von Eis bedeckt. Die eisfreien Seegrenzen befanden sich hauptsächlich in den Randmeeren Ostsee und Schwarzes Meer. Diese Meere ließen sich durch U-Boote leicht abriegeln. Sie ließen sich aber auch von Land aus gut kontrollieren und das war eine Aufgabe, die von Hubschraubern übernommen werden konnte. Landgestützte Hubschrauber waren in der Lage große Teile der Ostsee zu erreichen und dort auf U-Boot-Jagd zu gehen. Und genau zu diesem Zweck wurde die Mi-4M geschaffen.
Die Mi-4M war die Marineausführung des Hubschraubers Mi-4A. Sie war leicht an der großen linsenförmigen Verkleidung am Rumpfbug zu erkennen.

Technische Daten der Mi-4MÄ	
Einsatzzeitraum	1965 – 1977
Bezeichnung NATO	Hound B
Abmessungen	
Rotorkreisdurchmesser	21,00 m
Rumpflänge	16,79 m
Länge über alles	25,02 m
Höhe	4,40 m
Rotorkreisfläche	346,36 m²
Massen	
Leermasse	5.365 kg
Startmasse	7.290 kg
max. Startmasse	7.575 kg
Treibstoffmenge	960 l + 500 l Zusatzbehälter
Antrieb	1 x ASch-82W
Startleistung	1 x 1.250 kW / 1.700 PS
Flugleistungen	
Höchstgeschwindigkeit	200 km/h in 1.000 m
Marschgeschwindigkeit	155 km/h
Reichweite	650 km
Gipfelhöhe	4.000 m
Steiggeschwindigkeit	4,5 m/s im Schrägflug
Bewaffnung	
Wasserbomben	4 x 250 kg PLAB-250-120 6 x 100 kg PLAB-100 8 x 50 kg PLAB-50 6 x Farbbomben außenbords
Nutzlast	1.000 kg
Besatzung	3

20 »Graue Wölfe« war eine Bezeichnung für die U-Boot-Waffe der Kriegsmarine im Zweiten Weltkrieg.
21 Letztendlich erwies sich der Walter-Antrieb für U-Boote als eine Sackgassenentwicklung. Der Trend im U-Boot-Bau wandelte sich vom schnellen zum geräuscharmen Boot. Die neuen U-Boote nutzten den herkömmlichen dieselelektrischen Antrieb, später den Atomantrieb. Neueste Antriebsart ist der Elektroantrieb mit Brennstoffzelle, der heute bei den modernsten deutschen U-Booten zum Einsatz kommt.
22 In der Volksmarine als UAW-Schiff klassifiziert.

Eine Mi-4MÄ der Marineflieger beim Landeanflug auf den Landeplatz Parow. (Foto: Sammlung Normann)

Mi-4MÄ während eines Appells auf dem Landeplatz Parow. (Foto: Flugplatzmuseum Cottbus)

Zur Ortung eines getauchten U-Bootes wird eine hydroakustische Funkboje abgeworfen. (Foto: Sammlung Normann)

Wartung einer Mi-4MÄ. (Foto: Müller)

Diese Verkleidung beherbergte das Rundumsichtfunkmessgerät RBP-4G. Mit Hilfe dieses Geräts konnte die Hubschrauberbesatzung die Küstenlinie aus großer Distanz erkennen. So war es ihr möglich präzise zu navigieren, was für Such- und Rettungsflüge unerlässlich war. Außerdem war das RBP-4G in der Lage Überwasserziele wie Schiffe und Boote, sowie schnorchelnde U-Boote zu entdecken.

Zur Suche nach getauchten U-Booten wurde ein am Heck befestigtes Magnetortungsgerät, kurz MOG genannt, eingesetzt. Das MOG suchte nach Veränderungen im Magnetfeld der Erde, weswegen es auch als Magnetfeldanomaliedetektor bezeichnet wurde. Der äußerlich sichtbare Teil des MOG war der Suchkopf MTSchÄ. Er wurde während des Marschfluges am Hecktor des Hubschraubers getragen. Weil der Suchkopf

Bei der U-Boot-Abwehr arbeiten die Mi-4MÄ stets im Paar. Eine Maschine suchte mit abgesenktem Metallortungsgerät nach dem U-Boot und markierte dieses. Die zweite Maschine bekämpfte das Ziel mit Wasserbomben. (Foto: Müller)

Die Mi-4 der Marineflieger waren zeitweilig mit großen weißen taktischen Nummern versehen. (Foto: Müller)

die Form eines kurzen Torpedos hatte wurde oftmals fälschlicherweise vermutet, dass die Mi-4M mit UAW-Torpedos[23] bewaffnet sei.
Sobald der Hubschrauber im Suchgebiet angekommen war wurde der Suchkopf MTSchÄ mit Hilfe einer Seilwinde abgesenkt und etliche Meter über dem Wasser durch die Luft geschleppt. Entdeckte der Suchkopf Veränderungen im Magnetfeld wurden diese der Besatzung des Hubschraubers angezeigt. Eine punktgenaue Positionsbestimmung war mit dem MOG allerdings nicht möglich. Außerdem war nie ganz klar, ob der Suchkopf ein U-Boot oder eines der vielen Wracks in der Ostsee entdeckt hatte.
Zur genauen Positionsbestimmung des getauchten U-Bootes wurden aktive und passive hydroakustische Funkbojen[24] eingesetzt. Sie wurden vom Hubschrauber abgeworfen und funkten ihre gesammelten Daten dorthin zurück.
Wenn sich der Kontakt als U-Boot klassifizieren ließ flog der Hubschrauber die lokalisierte Stelle an und warf Orientierungsbomben. Das waren im Prinzip nichts anderes als mit Farbe gefüllte Körper, die auf dem Wasser grüne Flecke erzeugten. Die Bekämpfung des getauchten U-Bootes wurde durch U-Boot-Abwehrschiffe oder einen zweiten Hubschrauber durchgeführt.
Die Taktik der U-Boot-Abwehr mit Hilfe von Hubschraubern sah vor, dass die Helikopter immer im Paar arbeiteten. Eine Mi-4M wurde dabei als Suchhubschrauber verwendet, die andere agierte als Schlaghubschrauber.
In der Schlagvariante trug die Mi-4M Wasserbomben der Gewichtsklassen 50 kg, 100 kg oder 250 kg. Die maximale Waffenlast betrug 1.000 kg. Die Bomben waren im Inneren des Laderaumes auf Gerüsten montiert und wurden über zwei Bombenschächte abgeworfen.
In der Suchvariante war der Hubschrauber mit den oben erwähnten hydroakustischen Funkbojen bestückt. Davon hatte man zwölf Stück an Bord. Außen am Hubschrauber wurden die sechs Orientierungsbomben mitgeführt.
Weitere Unterschiede zwischen der herkömmlichen Mi-4A und der Mi-4M waren ein Suchscheinwerfer am Bug, sowie ihre stärker verglaste Bodenkanzel. Weil das Funkmessgerät und das Magnetortungsgerät größere Strommengen benötigten, als es das Bordnetz der Mi-4A hergegeben hätte, wurde die Stromversorgung der Mi-4M verändert. Sie erhielt unter anderem einen stärkeren Generator. Der Autopilot wurde ebenfalls für die Bedingungen des Fliegens über See modifiziert.
Die NVA beschaffte 1965 und 66 insgesamt vier Mi-4MÄ. Die Mi-4MÄ war die Exportvariante der Mi-4M. Sie stand bis 1977 im Dienst. Dem Vernehmen nach soll sie sich in ihrer Rolle als UAW Hubschrauber gut bewährt haben.
Im NVA Sprachgebrauch wurde die Mi-4MÄ oft nur als Mi-4M bezeichnet.

[23] UAW … U-Boot-Abwehr, in der NATO als U-Jagd bezeichnet
[24] Hydroakustische Funkboje, kurz HAFB, war der NVA-Begriff für einen Sensor, der im NATO-Sprachgebrauch »Sonarboje« genannt wird.

Mi-2 (NATO Code: Hoplite)

Ende der 50er-Jahre trug sich der Hubschrauberkonstrukteur Michail Leontewitsch Mil mit dem Gedanken die sowjetische Hubschrauberflotte vom Kolbenmotor auf den Turbinenantrieb umzustellen. Turbinen waren bei gleicher Leistungsabgabe kleiner als Kolbenmotoren und erzeugten weniger Vibrationen. Das prädestinierte sie geradezu als Hubschrauberantriebe verwendet zu werden.

Die Mi-1 wurde in den sowjetischen Streitkräften, aber auch in der Zivilluftfahrt als Mädchen für alles eingesetzt. Sie war klein und recht beweglich. Mil wollte nun ein Nachfolgemodell in der gleichen Größen- und Gewichtsklasse entwickeln, das aber deutlich mehr Fracht oder Personen befördern konnte.

Ausgangspunkt der Überlegungen war die Mi-1. Von ihr sollten so viele Teile wie möglich übernommen werden. Wie bereits bei der Entwicklung der W-8, der späteren Mi-8, wollte Mil den neuen Hubschrauber mit zwei Turbinen ausstatten. Das, so glaubte er, würde die Flugsicherheit deutlich verbessern. Weil sich der Einbau der beiden Turbinen vor dem Hauptgetriebe bereits beim Riesenhubschrauber Mi-6 und der W-8 bewährt hatte, wurde entschieden die Triebwerke auch bei dem als W-2 bezeichneten Mi-1 Nachfolgetyp auf die gleiche Art und Weise zu installieren.

Als Antrieb wurde das GTD-350 aus dem Entwicklungsbüro Klimow[25] ausgewählt. Es war eine vergleichsweise einfache Konstruktion, die in relativ kurzer Zeit entwickelt wurde. Das GTD-350 war ein solides Triebwerk, erreichte allerdings nicht die Leistungsfähigkeit westlicher Aggregate gleicher Baugröße.

Die neuen, deutlich kleineren Triebwerke machten es möglich die Raumaufteilung in der Hubschrauberzelle grundlegend zu verändern. Die Pilotenkabine wanderte, im Vergleich zur Mi-1, direkt in den Bug des Hubschraubers. Sie war nun deutlich größer, so dass die W-2 von zwei Besatzungsmitgliedern geflogen werden konnte. Das Cockpit wurde deshalb mit einer Doppelsteuerung ausgestattet. Der links sitzende Pilot besaß einen vollständigen Satz Fluginstrumente, dem rechts sitzenden Copiloten standen nur die notwendigsten Fluginstrumente zur Verfügung.

Der Frachtraum konnte ebenfalls deutlich vergrößert werden. Er hatte nun die Abmessungen 2,93 m x 1,48 m x 1,50 m, und war damit groß genug um bis zu acht Passagiere aufzunehmen[26]. Alternativ war auch der Transport von 700 kg Fracht im Laderaum oder 800 kg im Außenlastflug möglich.

Unter dem Frachtraum befand sich ein flexibler Treibstofftank, der ein Fassungsvermögen von 600 Liter hatte. Beidseits des Frachtraumes konnten Treibstoffzusatzbehälter angebracht werden. Jeder Behälter fasste 238 Liter.

Technische Daten der Mi-2	
Einsatzzeitraum	1972 – 1990
Bezeichnung NATO	Hoplite
Abmessungen	
Rotorkreisdurchmesser	14,56 m
Rumpflänge	11,94 m
Länge über alles	17,42 m
Höhe	3,75 m
Rotorkreisfläche	166,50 m²
Massen	
Leermasse	3.365 kg
Startmasse	3.550 kg
max. Startmasse	3.700 kg
Treibstoffmenge	600 l
Antrieb	2 x GTD-350
Startleistung	2 x 294 kW / 400 PS
Flugleistungen	
Höchstgeschwindigkeit	250 km/h in 1.000 m
Marschgeschwindigkeit	180 km/h
Reichweite	160 – 580 km
Gipfelhöhe	4.000 m
Steiggeschwindigkeit	4,5 m/s
Bewaffnung	
MG	2 oder 4 x MG PKT je 500 Schuss
Waffenstationen	1 oder 2 x Mars 2 je 16 Raketen 1 oder 2 x Bomben bis 100 kg 1 oder 2 x Zusatzbehälter je 238 l
Nutzlast	700 kg Fracht oder bis zu 8 Passagiere im Laderaum, 800 kg Außenlast
Besatzung	2

Der Hauptrotor basierte auf dem Hauptrotor der letzten Mi-1 Baureihe. Für den Drehmomentausgleich hielt man einen

[25] Das OKB-117 wurde lange Jahre von Klimow geleitet und trug auch nach dessen Ausscheiden seinen Namen. Die Leitung des OKB ging an Isotow über, weshalb man die Triebwerksentwicklungen des OKB-117 auch mit dem Namen Isotow in Verbindung bringt.

[26] Für acht Personen war der Frachtraum der Mi-2 allerdings sehr beengt. Praktisch wurden vier oder maximal sechs Personen befördert.

Mi-2 am Landeplatz Nordhausen (Foto: Fliegerkameradschaft HS-16)

Die unter der Hand »Pisties« genannten Techniker bei der Wartung ihrer Mi-2 auf der Platte (bzw. Piste). (Foto: Torsten Jentzen)

Zweiblattrotor für ausreichend. Der Heckausleger der W-2 ähnelte dem der Mi-1M. Er war mit zwei Stabilisierungsflossen und einem Hecksporn bestückt.
Das Fahrwerk der W-2 war starr. Es wurde als Dreipunktfahrwerk mit Bugrad ausgelegt.
Als Michail L. Mil das Projekt W-2 erstmals präsentierte waren die Reaktionen eher zurückhaltend. Das Militär war im Prinzip mit der Mi-1 zufrieden und bei Partei- und Staatschef Nikita Chruschtschow standen Hubschrauber auch nicht in hohem Kurs. Allerdings zeigten sich Vertreter der Zivilluftfahrt und der DOSAAF[27] von der W-2 angetan. Deshalb wurde am 30. Mai 1960 vom Ministerrat beschlossen die W-2 auf die nächste Entwicklungsstufe zu heben. Daraufhin wurde ein Maket[28] gebaut und im Januar 1961 den Vertretern von Partei und Militär vorgeführt. Die W-2 wurde von den Apparatschiks[29] bestätigt. Sie erteilten die Genehmigung zum Bau von Prototypen. Der erste Prototyp der W-2 konnte im Sommer 1961 fertiggestellt werden.
Der Jungfernflug fand am 22. September 1961 statt. Es war allerdings ein gefesselter Flug[30]. Der erste freie Flug erfolgte am 7. Oktober 1961. Die darauffolgende Flugerprobung ging erstaunlich reibungslos über die Bühne. Die W-2 zeigte ein so gutmütiges Flugverhalten, dass eingeschätzt wurde, dass der Hubschrauber auch von Fluganfängern leicht zu beherrschen sei. Die W-2 zeigte keinerlei Fluganomalien, wie etwa den Golandski Schag[31]. Damit war die Zukunft der W-2 als kommender Schulhubschrauber vorbestimmt.

[27] Eine Organisation die in der Sowjetunion für die vormilitärische Ausbildung zuständig war.
[28] Maket ist die russische Bezeichnung für eine lebensgroße Attrappe. Englische Bezeichnung Mock-Up.
[29] Die Vertreter des »Staatsapparates«, also von Staat und Partei wurden als »Apparatschiks« bezeichnet.
[30] Bei einem gefesselten Flug wird der Hubschrauber mit Seilen nahe am Boden gehalten. So sollen unerwartete Flugbewegungen begrenzt werden.
[31] Mit Golandski Schag, dem »holländischen Schritt«, wird ein Flugverhalten bezeichnet, bei dem sich der Hubschrauber um alle drei Achsen bewegt und nur durch heftiges Steuern des Piloten beherrscht werden kann. Von außen sieht es so aus, als ob der Hubschrauber in der Luft »herumeiern würde, wie ein besoffener holländischer Matrose.« Einige Hubschraubertypen hatten bei der Flugerprobung Probleme mit dem Golandski Schag. Dazu zählten die Mi-24 und die Mi-14.

Mi-2 im Landeanflug. (Foto: Sammlung Normann)

1963 begann die Serienfertigung im Flugzeugwerk Kiew unter der Bezeichnung Mi-2[32].
Ein Jahr später hatte sich in der Sowjetführung die Erkenntnis durchgesetzt, dass die Sowjetunion nicht alle Fluggeräte selber produzieren musste[33]. Im Rahmen der sozialistischen ökonomischen Integration der RGW-Staaten[34] wurde beschlossen die Produktion leichter Hubschrauber in Polen zu konzentrieren. Ende 1964 schlossen deshalb die Volksrepublik Polen und die Sowjetunion einen Vertrag, der die Lizenzfertigung der Mi-2 im polnischen Flugzeugwerk Swidnik vorsah. Die Lizenzproduktion der Triebwerke wurde ans Werk WSK Rzeszow übertragen. Für einen kurzen Zeitraum war die Typenbezeichnung SM-3 für die lizenzgefertigten Mi-2 im Gespräch. Sie wurde aber recht schnell fallengelassen.
1965 rollten die ersten in Polen gefertigten Mi-2 aus den Montagehallen. Zuerst montierte man in Swidnik Helikopter aus sowjetischen Teilen, später wurden alle Bauelemente in Polen hergestellt. In der Sowjetunion war die Mi-2 lediglich als leichter Passagierhubschrauber Mi-2P oder als unbewaffneter leichter

Mi-2 der Grenzfliegerkräfte erkannte man am grünen Rand um das Hoheitszeichen. (Foto: Thomas Girke HelikopterDatabase)

Transporthubschrauber Mi-2T aus den Montagehallen gerollt. In Polen machten sich die Ingenieure des Werkes Swidnik bald Gedanken darüber wie man diesen kleinen Hubschrauber bewaffnen könne. Analog zur raketenbewaffneten Mi-8T sollte

32 Andere Quellen besagen, dass in der UdSSR keine Mi-2 produziert wurden und die Serienfertigung ausschließlich in Polen stattfand.

33 Das war ein gewaltiges Umdenken. Noch wenige Jahre zuvor hatte die Sowjetunion die DDR-Flugzeugindustrie bewusst sabotiert, weil sie die Marktchancen der Entwicklungen von Antonow und Tupolew durch Mittelstreckenflugzeuge aus Dresdner Produktion bedroht sah. Interessant ist in dem Zusammenhang, dass Chruschtschow im selben Zeitraum versuchte parallel zur DDR-Flugzeugindustrie auch die DDR-Automobilindustrie zu zerschlagen. Nur der hartnäckigen Weigerung Walter Ulbrichts war es zu verdanken, dass in Zwickau und Eisenach weiter PKWs gebaut werden konnten.

34 RGW ... Rat für gegenseitige Wirtschaftshilfe. Ein Wirtschaftsbündnis, das in etwa mit der EWG vergleichbar war.

Mi-2 der Grenzflieger bei einer Außenlandung nahe Lindewerra. (Foto: Fliegerkameradschaft HS-16)

Außenlastenflug mit Mi-2 Bordnummer 502. (Foto: Fliegerkameradschaft HS-16)

auch die Mi-2T in die Lage versetzt werden Waffen zu tragen. Deshalb wurden Waffenträger entwickelt, die an den Seiten des Hubschraubers montiert werden konnten. Sie nahmen im Bedarfsfall den Platz der Treibstoffzusatzbehälter ein. An den Waffenträgern ließ sich jeweils ein Raketenbehälter Mars-2 anbringen. Mars-2 war die polnische Variante des UB-16-57[35]. Er konnte 16 ungelenkte Raketen der S-5 Familie aufnehmen. Alternativ konnten je Waffenträger auch zwei Maschinengewehre PKT achsparallel montiert werden. Die Montage erfolgte versetzt nach oben. Jede Waffe wurde mit einem Gurtkasten für 500 Schuss ausgestattet.

In der Praxis wurde eine asymmetrische Beladung bevorzugt. Auf der einen Seite montierte man die Bewaffnung, auf der anderen Seite installierte man einen Treibstoffzusatzbehälter. Für die Waffenausbildung von Flugschülern war diese Konfiguration vollkommen ausreichend. 1973 war die Erprobung der waffenfähigen Mi-2 abgeschlossen. Die Mi-2 wurde fortan so gebaut, dass sie im Bedarfsfall mit Waffen ausgerüstet werden konnte.

1974 versuchten die polnischen Ingenieure eine 23 mm Kanone in die Mi-2 einzubauen. Die Waffe wurde an der linken unteren Rumpfhälfte fest montiert. Der Kampfsatz für die Kanone befand sich im Frachtraum. Diese Variante erhielt die Bezeichnung Mi-2UR bzw. Mi-2URN. Zwei Jahre später tauchte die Mi-2URP auf. Sie konnte an ihren Waffenträgern jeweils eine Panzerabwehrlenkrakete Maljutka mitführen[36]. Die Steuer- und Lenkeinrichtung der PALR waren auf der Copilotenseite vorhanden. Die Mi-2URP galt als leichter Panzerabwehrhubschrauber. Ab 1987 wurde die Mi-2URP auch mit tragbaren Einmann-Fla-Raketen[37] des Typs Strela-2 bestückt.

Für die NVA wurde die Mi-2 ab 1972 angeschafft. Sie ersetzte nach und nach die Mi-1 alias SM-1. Die Mi-2 war eine kleine, vielseitige Maschine mit gutmütigen Flugeigenschaften und erstaunlich hoher Agilität. Deshalb wurde sie folgerichtig zum

[35] In der NVA wurde der UB-16 mitunter »scherzhaft« als UB-15 bezeichnet. Durch einen konstruktiven Mangel konnte es vorkommen, dass das Triebwerk der Rakete eines bestimmten Startrohres spontan zündete. Nach einem Unfall und weil sich dieses Problem nicht beseitigen ließ, belud man die UB-16 fortan nur noch mit 15 Raketen. Das problembehaftete Startrohr wurde freigelassen. Beim Mars-2, der auch bei den MiG-17F Jagdbombern zur Anwendung kam, gab es dieses Problem nicht.

[36] Zusätzliche Raketen wurden im Frachtraum mitgeführt. Das Nachladen leergeschossener Startschienen konnte aber nur von außen, sprich nach einer Landung im Gelände erfolgen.

[37] Im NATO-Sprachgebrauch werden tragbare Fla-Raketen als »Manpads« bezeichnet.

Die Mi-2 wurde vielseitig verwendet. Mit ihr wurden Hubschrauberführer ausgebildet, Verbindungsflüge durchgeführt und leichte Lasten transportiert. Man nutzte sie auch zur Aufklärung. (Foto: Sammlung Scheffler)

Diese mit Raketenbehälter Mars-2 bewaffnete Mi-2 ist im Flugplatzmuseum Cottbus ausgestellt. (Foto: Normann)

Die bewaffnete Mi-2 wurde in der Regel mit einer asymmetrischen Beladung, bestehend aus Mars-2 bzw. MG PKT und Treibstoffzusatzbehälter, geflogen. (Foto: Normann)

Detailaufnahme des Mars-2 Behälters. (Foto: Normann)

Nachtflugdienst am Landeplatz Salzwedel im Oktober 1979. (Foto: Fliegerkameradschaft HS-16)

Schulhubschrauber in der NVA. Darüber hinaus setzte man sie als Mädchen für alles ein. In der Variante Mi-2P[38] machte sie Kurier- und Verbindungsflüge. In der Salonvariante hatte die Mi-2P zwei gepolsterte Bänke und einen kleinen Tisch. So konnten vier Passagiere verhältnismäßig bequem reisen. Unbequemer war die Passagiervariante für acht Personen. Hier gab es zwei Reihen von je drei Sitzen, bei denen die Passagiere Rücken an Rücken saßen und nach außen schauten. Ein klappbarer Notsitz war an der Rückwand des Frachtraums vorhanden. Der achte Passagier durfte auf dem Copilotensitz mitfliegen.[39]

Mit der Mi-2T flog man kleine und leichte Frachten und setzten Fallschirmspringer ab. Die Mi-2T konnte mit einer elektrisch betrieben Seilwinde ausgestattet werden. Mit dieser Winde war es möglich Personen oder Fracht bis zu einem Gewicht von maximal 120 kg auf- und abzuseilen. Damit war die Mi-2T auch als Seenotrettungshubschrauber einsetzbar. Drei Maschinen wurden für kurze Zeit in dieser Rolle verwendet. Die Mi-2 erwies sich aber für diesen Einsatzzweck als nicht optimal. Sie war ein wenig untermotorisiert und durch ihren relativ hohen Aufbau anfällig für Seitenwind. Deshalb übernahmen bald Mi-8T die Aufgabe des Seenotretters.

Für die Fotoaufklärung gab es die mit Luftbildtechnik ausgerüstete Variante Mi-2F. Aufklärung wurde aber auch mit allen anderen Mi-2 Versionen geflogen.[40]

Die Mi-2 war, wie bereits erwähnt, der Standardschulhubschrauber der NVA. Einsatzerfahrungen zeigten, dass es den Flugschülern recht schnell möglich war das Fliegen einer Mi-2 zu erlernen. Der Umstieg von der Mi-2 auf die späteren Einsatztypen erwies sich ebenfalls als relativ problemlos.

Triebwerks- und Getriebeabdeckungen sind für die Wartung geöffnet. (Foto: Thomas Girke HelikopterDatabase)

Eine wichtige Rolle spielte die Mi-2 bei der Schaffung der Kampfhubschraubergeschwader der NVA. Bevor die ersten Mi-8TB und Mi-24D geliefert wurden nutzte man die Mi-2T, neben der Mi-8T, zur Ausbildung der zukünftigen Besatzungen. Dafür wurden die Mi-2T maximal bewaffnet. Zur Bewaffnung zählten die bereits oben erwähnten Raketenbehälter Mars-2 bzw. die zwei Maschinengewehre PKT pro Seite. Zusätzlich wurden ein oder zwei Maschinengewehre PK im Frachtraum montiert. Mit den auf Lafetten gelagerten PK[41] sollte der Bordmechaniker auf Bodenziele schießen. Eine Bewaffnung mit PALR[42] fand nicht statt. Die NVA verwendete die Mi-2 in den Hubschraubergeschwadern 34 und 54, sowie in der Fotokette der Transportfliegerstaf-

[38] Die Mi-2P wurde wegen ihrer Salonausstattung in der NVA auch als Mi-2S bezeichnet. Die NVA-Bezeichnung ist etwas irreführend, denn PZL Swidnik bot eine Sanitätsvariante der Mi-2 unter der Typenbezeichnung Mi-2S an.

[39] Es gab auch eine Konfiguration mit drei Bankreihen für je zwei Personen.

[40] Als Aufklärungstechnik reichten in der Regel ein Feldstecher, sowie ein Praktika Fotoapparat mit Teleobjektiv.

[41] Das PK, Pulemot Kalschnikowa, und das PKT, Pulemot Kalaschnikowa Tank, waren im Prinzip baugleiche Waffen. Sie waren für die Patrone 7,62x54R eingerichtet. Das PKT war das Panzermaschinengewehr. Es besaß deshalb keinen Kolben, dafür aber eine elektrische Abfeuerung. Das PK war tragbar, hatte einen Kolben, ein Zweibein, einen Pistolengriff und einen normale Abzug.

Dienstalltag auf dem Flugplatz Cottbus. Eine Mi-2 vor dem Start. Der Anlasser-LKW W50 rollt heran. (Foto: Flugplatzmuseum Cottbus)

Die Hubschrauber der Hubschrauberstaffel-16 wurden von den Polizeieinheiten der neugegründeten Länder übernommen. (Foto: Flugplatzmuseum Cottbus)

fel TS-24. Später kam sie in den Aufklärungsketten der Kampfhubschraubergeschwader zum Einsatz. Bei den Grenztruppen flog die Mi-2 in der Hubschrauberstaffel-16 (HS-16)[43]. In der Regel flog sie dort unbewaffnet. Für eine kurze Zeit, während einer spannungsreichen Periode zwischen Ost und West Mitte der 80er-Jahre, standen einige Mi-2 der Grenztruppen im DHS[44]. Sie waren dafür mit PKT Maschinengewehren bewaffnet. Die Hauptaufgabe der Mi-2 der HS-16 war die Grenzaufklärung, d.h. die Beobachtung und Dokumentation der Aktivitäten der Gegenseite jenseits der Sperranlagen[45].
1990 wurden etliche Mi-2 für die Luftrettung umgerüstet. Die Maschinen der Hubschrauberstaffel-16 übergab man Mitte 1990 an die Polizei der neugegründeten Länder Brandenburg, Sachsen-Anhalt und Sachsen.

Diese Einladungskarte wurde in Vorbereitung des 25-jährigen Jubiläums der Grenzfliegerkräfte gedruckt. Die Wendeereignisse machten die geplante Feier obsolet. (Foto: Sammlung Normann)

Andere Mi-2 wurden zunächst durch die Bundeswehr übernommen und bis 1992 im Dienst gehalten. Danach wurden sie durch Polizei und ADAC weiterbetrieben.

[42] PALR ... Panzerabwehrlenkrakete, in der NATO-Terminologie ATGM ... Anti-Tank-Guided-Missile genannt. Bundeswehrausdruck PALFk ... Panzerabwehrlenkflugkörper.

[43] Die Ziffer 16 in der Einheitsbezeichnung zeigt die Zugehörigkeit zu den Grenztruppen an. Vor der Bildung der HS-16 waren die Grenzfliegerkräfte in die Hubschrauberketten Nord und Süd gegliedert. Als Hubschrauberlandeplätze wurden Liegenschaften in Salzwedel und Meiningen verwendet. Nach der Bildung der HS-16 wurde in Nordhausen ein zentraler Hubschrauberlandeplatz gebaut. Die beiden anderen Landeplätze blieben aber erhalten und waren auch stets mit Personal und Hubschraubern ausgestattet.

[44] DHS ...**D**iensthabendes **S**ystem, vergleichbar mit dem QRA der NATO.

[45] In den Archiven der HS-16 waren hunderte Fotos vorhanden, mit denen Grenzannäherungen und -verletzungen durch westliche Militärangehörige dokumentiert wurden. Von amerikanischer Seite war es nicht unüblich Fahrzeuge provokativ »einen halben Schritt« über die Grenzlinie zu fahren und dort zu parken, während man mit Feldstechern in Richtung Osten spähte. Allerdings wurden die Fahrzeuge dabei in der Regel so abgestellt, dass die Amerikaner beim Auftauchen östlicher Sicherungskräfte, sprich Kampfhubschrauber, schnell Reißaus nehmen konnten.

Mi-8S (NATO Code: Hip C)

Die Mi-8 ist eine der erfolgreichsten, wenn nicht sogar die erfolgreichste Hubschrauberkonstruktion weltweit. Sie war und ist für ihre Zuverlässigkeit, Tragkraft, Robustheit und Langlebigkeit berühmt. Und deshalb ist erstaunlich, dass diesen Hubschraubertyp ursprünglich keiner hatte haben wollen.

In den 50er-Jahren begann die Zeit der Propellerturbinentriebwerke. Sie wurden im Passagier- aber auch im Militärflugzeugbau eingesetzt und hatten gegenüber den bis dato verwendeten Kolbenmotoren einige Vorteile[46]. Sie waren kleiner und leistungsfähiger. Außerdem erzeugten sie weitaus weniger Vibrationen. Durch den letztgenannten Vorteil wurde das Turbinentriebwerk auch für die Entwickler von Hubschraubern interessant.

In der Sowjetunion entstand im OKB Mil der Riesenhubschrauber Mi-6. Er war mit gewaltigen Turbinentriebwerken ausgestattet. Chefkonstrukteur Michail L. Mil wollte, nachdem sich die Mi-6 als erfolgreich herausgestellt hatte, die gesamte sowjetische Hubschrauberflotte auf moderne Triebwerke umstellen. An Stelle der mit Kolbenmotoren angetriebenen Mi-1 und Mi-4 sollten neuentwickelte Hubschrauber mit Turbinenantrieb aus den Werkhallen rollen.

Doch zeigten weder die Führung von Partei und Staat, noch das Militär ein gesteigertes Interesse an solchen Flugapparaten. Chruschtschow träumte von Raketen, nicht von Hubschraubern. Die bewährten Helikopter der Typen Mi-1 und Mi-4 wurden von der Nomenklatura als vollkommen ausreichend empfunden.

Michail L. Mil gab aber nicht auf. Er versuchte nun die Idee des Turbinenantriebs anders zu verkaufen, indem er sagte, der neue Hubschrauber sei eigentlich nichts anderes als eine weitere Variante der bekannten Mi-4, nur eben mit einem leistungsfähigeren Motor. Er erarbeitete ein Projekt, das er W-8 nannte[47]. Bei der W-8 sollten viele Teile der Mi-4 wiederverwendet werden. Dazu gehörten das Rotorsystem, die Kraftübertragung, das Fahrwerk, große Teile der Zelle, der Heckausleger und die Steuerung. Mil argumentierte, dass die Antriebsturbine weitaus kleiner sei als der bisher verwendete Kolbenmotor und sich deshalb der Frachtraum deutlich vergrößern ließe. Mit der W-8 könne man mehr Passagiere und eine größere Frachtmenge transportieren.

Die Vertreter von Partei und Militär hatten für diese Argumente nicht viel übrig, dafür fand aber die zivile Luftflotte den Vorschlag interessant. Auf Wunsch des Ministers für Zivilluftfahrt gab der Ministerrat der UdSSR[48] am 20. Februar 1958 grünes Licht für die Entwicklung eines turbinengetriebenen Passa-

Technische Daten der Mi-8S	
Einsatzzeitraum	1969 – 1990
Bezeichnung NATO	Hip C
Abmessungen	
Rotorkreisdurchmesser	21,29 m
Rumpflänge	18,31 m
Länge über alles	25,28 m
Höhe	5,65 m
Rotorkreisfläche	355,81 m²
Massen	
Leermasse	7.420 kg
Startmasse	10.400 kg
max. Startmasse	12.000 kg
Treibstoffmenge	2.615 l
Antrieb	2 x TW2-117A
Startleistung	2 x 1.104 kW / 1.500 PS
Flugleistungen	
Höchstgeschwindigkeit	250 km/h in Seehöhe
Marschgeschwindigkeit	225 km/h
Reichweite	480 km
Gipfelhöhe	4.500 m
Steiggeschwindigkeit	4,5 m/s
Bewaffnung	keine
Nutzlast	9 – 11 Passagiere
Besatzung	3 – 4

Mi-8S und Mi-2 auf dem Hauptlandeplatz der Grenzfliegerkräfte in Nordhausen. (Foto: Thomas Girke HelikopterDatabase)

[46] Sie haben aber auch einige Nachteile. So ist z.B. der Treibstoffverbrauch deutlich höher. Außerdem ist die »Gasannahme« im Vergleich zum Kolbenmotor schlechter, d.h. die Turbine benötigt deutlich länger, um ihre Drehzahl zu steigern als ein Kolbenmotor.

[47] Das Kürzel W stand für Wertoljot (Aussprache: Wer-To-Ljot), zu gut Deutsch Hubschrauber.

[48] UdSSR … Union der sozialistischen Sowjetrepubliken, kurz Sowjetunion.

Kennzeichen der Mi-8S waren die eckigen Fenster. (Foto Sammlung Scheffler)

gierhubschraubers auf Basis des Hubschraubers Mi-4. Die eigentlichen Entwicklungsarbeiten konnten beginnen.
Ziel war es einen Hubschrauber zu bauen, der anderthalb bis zwei Tonnen Nutzlast oder 20 Passagiere transportieren konnte. Als Antrieb war ein Iwtschenko AI-24 vorgesehen. Das war das gleiche Triebwerk wie es in der An-24 verwendet wurde und später in der An-26 zum Einsatz kam.
Berechnungen zeigten aber, dass die Triebwerksleistung gedrosselt werden musste, weil das von der Mi-4 stammende Hauptgetriebe die auftretenden Kräfte sonst nicht ausgehalten hätte. Dieser Umstand lieferte Michail L. Mil die notwendigen Argumente um für ein anderes Triebwerk zu werben. Er hatte ein Auge auf das Isotow TW2-117 geworfen, das sich damals in der Erprobungsphase befand. Mil wollte zwei dieser Triebwerke in die W-8 einbauen, um so eine höhere Betriebssicherheit zu gewährleisten. Um zwei Triebwerke einbauen zu können musste ein neues Hauptgetriebe entwickelt werden. Das kostete Zeit und Geld. Doch die Vertreter der Zivilluftfahrt stimmten dem Argument der höheren Flugsicherheit beim Einbau zweier Triebwerke zu, weshalb das OKB Mil das Projekt W-8A ins Leben rufen konnte. Das Militär hatte sich in der Zwischenzeit auch für die W-8 erwärmt, bestand aber auf dem Einbau eines einzelnen Triebwerks AI-24.
1959 entstand ein Maket der W-8. Es wurde von Vertretern des Militärs und der Zivilluftfahrt begutachtet und akzeptiert. Ein Jahr später bekam die Entwicklung der W-8 plötzlich höchste Priorität. Nikita Chruschtschow hatte die USA besucht und durfte dort mit der Marine One, dem »Privathubschrauber« des US-Präsidenten mitfliegen. Von der Marine One war Chruschtschow mehr als beeindruckt. Einen solchen Hubschrauber wollte er auch haben. Und da kam ihm die W-8 ganz recht. Am 30. Mai 1960 beschloss der Ministerrat die W-8 in zwei Varianten bauen zu lassen. Für das Militär sollte die einmotorige W-8 ausgeliefert werden, die Zivilluftflotte würde die zweimotorige W-8A erhalten. Der Prototyp der W-8 wurde Mitte 1961 fertiggestellt. Am 24. Juni startete er zum Jungfernflug. Gut zwei Wochen später wurde er bereits auf der Luftparade in Tuschino der staunenden Öffentlichkeit vorgestellt.
Ein zweiter Prototyp der W-8 nahm im November die Flugerprobung auf. Die zweimotorige W-8A startete am 2. August 1962 zum ersten Mal zu einem gefesselten Aufstieg. Dabei war der Hubschrauber noch mit Seilen mit dem Boden verbunden und konnte sich nur ein kleines Stück in die Luft erheben. Der erste freie Flug einer W-8A fand am 17. August statt.
W-8 und W-8A wurden parallel erprobt, wobei sich recht schnell die Überlegenheit der W-8A herausstellte. Plötzlich zeigte auch das Militär Interesse an der zweimotorigen Maschine und forderte den Bau eines Prototyps in der Konfiguration eines militärischen Transporthubschraubers. Die W-8AT entstand. Das war 1963.
Bei der Erprobung zeigte die W-8A einige kleine Kinderkrankheiten, die nach und nach ausgemerzt wurden. Etliche Bauteile, die noch von der Mi-4 stammten, wurden durch neuentwickelte ersetzt. Im Frühjahr 1964 betraf das auch das Rotorsystem. Die Blätter des Heckrotors wurden getauscht, der bisherige Vierblatthauptrotor wurde komplett durch einen Fünfblattrotor ersetzt. So konfiguriert gelang es mit der W-8AT zwei Weltrekorde für Hubschrauber zu erfliegen[49]. Da sich die W-8AT immer deutlicher von der ursprünglichen W-8A unterschied entschloss sich das OKB einen weiteren Prototypen,

[49] Das waren ein Geschwindigkeitsrekord auf einer 2.000 km Rundstrecke und ein Reichweitenrekord.

Die Mi-8S der Flugbereitschaft hatten eine auffällige weiße Bemalung. Die Maschine ist im Luftwaffenmuseum Gatow ausgestellt. (Foto: Normann)

diesmal in ziviler Konfiguration, zu bauen. Diese Maschine wurde W-8AP genannt.

Die Flugerprobung lief bis Ende 1964. Dann erhielten die W-8AT und W-8AP die Freigabe zum Serienbau, der in zwei Flugzeugwerken begann. Unter den Bezeichnungen Mi-8T und Mi-8P wurden die neuen Hubschrauber ab Ende 1965 an die jeweiligen Betreiber ausgeliefert.

Die Mi-8S, in manchen Quellen auch als Mi-8PS bezeichnet, war eine zivile Variante der Mi-8. Sie war direkt aus der Mi-8P abgeleitet worden und galt als Luxusversion für den Transport hochgestellter Persönlichkeiten[50]. Um den nötigen Komfort bieten zu können war die Mi-8S mit zwei gepolsterte Sitzbänken, Sesseln und einem Tisch ausgestattet. Sie bot Platz für 9 bis 11 Passagiere. Zusätzlich zur gehobenen Ausstattung mit Sitzmöbeln gab es im Heckteil der Kabine eine Toilette und einen Gepäckraum mit Garderobe. Die Bordküche befand sich im Vorderteil der Kabine. Äußerlich unterschied sich die Mi-8S, wie alle Zivilversionen, von ihren militärischen Schwestern durch die großen eckigen Fenster und das Fehlen der Winde an der Eingangstür.

Die Mi-8S wurde von der DDR für den Einsatz in der Hubschrauberstaffel des Regierungsfliegergeschwaders beschafft. Sie diente zur Beförderung von Mitgliedern der Partei- und Staatsführung, sowie als Salonhubschrauber für hohe Militärs. Allerdings wurde die Mi-8S, nach einem durch Vogelschlag verursachten Absturz, nicht mehr zum Transport von Personen der höchsten Sicherheitsstufe genutzt.

Da Flugzeuge und Hubschrauber aus Gründen der Flugsicherheit nur für eine bestimmte Zahl an Flugstunden im Regierungsfliegergeschwader verbleiben durften, wurden sie nach Erreichen dieser Grenze an andere Einheiten der NVA abgegeben. Wegen der kontinuierlichen Fluktuation an Mi-8S mussten in periodischen Abständen immer wieder neue Maschinen angeschafft werden. Nur so lässt sich die vergleichsweise hohe Zahl dieses Hubschraubertyps im Bestand der NVA erklären. Nach ihrer Nutzung als Salonhubschrauber im Regierungsfliegergeschwader wurden die Mi-8S zu militärischen Transporthubschraubern umgebaut. Dabei wurde die Saloneinrichtung vollkommen demontiert und durch jeweils eine Bankreihe entlang der Bordwände ersetzt. Intern bezeichnete man diese Maschinen als Mi-8PS. Die Bundeswehr übernahm 1990 die Mi-8S und PS in den aktiven Dienst. Man betrieb die meisten Maschinen bis 1994. Drei Mi-8S, die in der Flugbereitschaft der Bundesluftwaffe eingesetzt wurden, blieben bis ins Jahr 2000 im Einsatz.

Paarstart einer Mi-8S zusammen mit einer Mi-9. (Foto: Thomas Girke HelicopterDatabase)

[50] Auch im Sozialismus gab es Menschen die gleicher waren als andere. Damals nannte man sie »Spitzenfunktionäre« oder unter der Hand einfach »Bonzen«. Heute nennt man diesen Personenkreis VIPs.

Mi-8T (NATO Code: Hip C)

Die Mi-8T war die militärische Transportvariante der Mi-8. Sie entstand aus dem Prototyp W-8AT. Während die W-8AT noch mit eckigen Fenstern im Frachtraum ausgestattet war, bestand das Militär bei den Serienmaschinen aus unerfindlichen Gründen auf runden Fenstern. Die Form der Fenster des Frachtraums wurde dann auch zu einem Unterscheidungsmerkmal zwischen militärischen und zivilen Versionen der Mi-8.

Die Mi-8T war als Transporthubschrauber ausgelegt. Sie sollte Fracht und Personen transportieren. Die Fracht konnte sowohl im Inneren des Hubschraubers, als auch im Außenlastflug befördert werden. Letztgenannte Fähigkeit machte der Mi-8T auch für zivile Betreiber interessant.

Die Mi-8T war ein zweimotoriger Transporthubschrauber mit Fünfblatthaupt- und Dreiblattheckrotor. Das Cockpit des Hubschraubers war großzügig dimensioniert. Große Frontscheiben sorgten für hervorragende Sichtbedingungen für die Besatzung. Die Seitenfenster konnten geöffnet werden.

Der Pilot steuerte den Hubschrauber vom linken Sitz aus, sein Copilot, der 2. Hubschrauberführer, nahm auf dem rechten Sitz Platz. Beide Piloten hatten vollständige Bedien- und Steuerelemente, so dass der Hubschrauber von beiden Sitzen aus geflogen werden konnte. Die Besatzung wurde durch einen Bordmechaniker vervollständigt. Er war für den technischen Zustand des Hubschraubers verantwortlich und fungierte gleichzeitig als Lademeister. Das Cockpit war vom Frachtraum durch eine Trennwand abgeteilt. Es konnte nur durch eine Tür in dieser Trennwand betreten werden.

Der Frachtraum der Mi-8T war groß dimensioniert. Er war 5,34 m lang, 2,25 m breit und 1,80 m hoch. An seinen Seiten waren Sitzbänke aufgestellte. Auf ihnen fanden 22 Personen Platz. Die Bänke konnten im Bedarfsfall hochgeklappt werden. Das war notwendig, wenn z.B. Fahrzeuge oder andere sperrige Frachtstücke transportiert werden sollten. Die Fenster des Frachtraumes waren rund. Einige, aber nicht alle, konnten geöffnet werden.

Der Frachtraum wurde in der Regel durch eine Tür in der linken Rumpfseite betreten. Die Tür war als Schiebetür ausgelegt. Sie konnte im Notfall abgeworfen werden. Das Absetzen von Fallschirmspringern erfolgte über diese Tür.

Oberhalb der Tür war eine Winde angebracht, mit deren Hilfe leichte Frachten oder auch Personen aufgenommen oder abgeseilt werden konnten.

Das Heck des Frachtraums wurde durch ein aerodynamisch geformtes Tor gebildet. Die beiden Torhälften konnten am Boden weit geöffnet werden, so dass das Be- und Entladen des Hubschraubers schnell vonstattenging. Um Fahrzeuge ins Innere des Frachtraums transportieren zu können gab es Rollstege. Sie wurden entsprechend der Spurbreite des zu transportierenden KFZs am Hubschrauber befestigt und bildeten dann eine Spurbrücke über die das Fahrzeug mit eigener Kraft in den Frachtraum fahren konnte.

Um Fahrzeuge oder Frachtstücke in der Mi-8T sicher unterzubringen gab es 29 Verzurrösen. An diesen Ösen wurden Seile oder Netze befestigt, die ihrerseits die Fracht in Position hielten. Auf diese Weise gewährleistete man die Ladungssicherheit.

Die Hecktore der Mi-8T waren im Normalfall während des Fluges geschlossen. Sie konnten aber auch bis zu 15° geöffnet werden und wurden dann durch Zusatzstreben in dieser Position gehalten. So konnten überlange Frachtstücke transportiert werden. Eine andere Nutzungsweise dieser halboffenen

Technische Daten der Mi-8T	
Einsatzzeitraum	1968 – 1990
Bezeichnung NATO	Hip C
Abmessungen	
Rotorkreisdurchmesser	21,29 m
Rumpflänge	18,31 m
Länge über alles	25,28 m
Höhe	6,65 m
Rotorkreisfläche	355,81 m^2
Massen	
Leermasse	7.160 kg
Startmasse	11.100 kg
max. Startmasse	12.000 kg
Treibstoffmenge	1.870 l + 2 x Zusatzbehälter
Antrieb	2 x TW2-117A
Startleistung	2 x 1.104 kW / 1.500 PS
Flugleistungen	
Höchstgeschwindigkeit	250 km/h in Seehöhe
Marschgeschwindigkeit	225 km/h
Reichweite	930 km
Gipfelhöhe	4.500 m
Steiggeschwindigkeit	4,5 m/s
Bewaffnung	
Waffenstationen	4 x UB-16 je 16 Raketen
Nutzlast	4.000 kg, 24 Passagiere
Besatzung	3

Eine Mi-8T wurde an der Militärtechnischen Schule Bad Düben als Lehrobjekt verwendet. (Foto: MTS Bad Düben)

Tore war das Ausbringen von Landminen mit Hilfe eines Minenlegegerätes.[51]

Die Hecktore konnten aber auch ganz ausgehängt werden. Allerdings verschlechterten sich dadurch die Aerodynamik und damit das Flugverhalten des Hubschraubers, weshalb das Fliegen mit ausgehängten Toren nicht häufig praktiziert wurde. Die Hecktore wurden auch zur Unterbringung von Ausrüstungsgegenständen genutzt. Sie boten Platz für zwei Notsitze, so dass insgesamt 24 Sitzplätze im Frachtraum vorhanden waren.

Im Frachtraum konnten im Bedarfsfall Liegen aufgebaut werden, um Verwundete oder Kranke zu transportieren. Die Liegen wurden in drei Etagen eingebaut, so dass insgesamt 12 liegende Personen befördert werden konnten.

Um die Reichweite des Hubschraubers zu erhöhen war es möglich bis zu zwei Treibstoffzusatzbehälter im Frachtraum zu installieren. Diese Behälter fassten jeweils 915 Liter Treibstoff.[52]

Unter dem Rumpf der Mi-8T, genau unter dem Masseschwerpunkt des Hubschraubers, befand sich die Außenlastvorrichtung. Sie war am Spant Nr.8 am Rumpf befestigt und wurde bei Bedarf ausgeklappt. Am Ende der Außenlastvorrichtung gab es ein sogenanntes Lastenschloss. Hier wurden die Befestigungsseile der Außenlasten eingehängt. Das Lastenschloss wurde vom Piloten fernbedient. Er war damit in der Lage Außenlasten punktgenau abzuwerfen. Ein Notabwurf war ebenfalls möglich. Das Lastenschloss konnte aber auch von außen manuell geöffnet und geschlossen werden.

Die Mi-8T war in der Lage Außenlasten bis zu einem Gesamtgewicht von 3.000 kg zu transportieren. Transportiert wurde so ziemlich alles, von Fahrzeugen und Geschützen, über Torpedos, bis hin zu Netzen voller Sandsäcke oder Wasserbehälter zur Waldbrandbekämpfung.

Mi-8T der Grenzflieger auf dem Landeplatz Nordhausen 1988. Im Hintergrund ist die KRG Halle zu sehen. In dieser Halle arbeiteten die Techniker der Kontroll- und Reparaturgruppe. (Foto: Fliegerkameradschaft HS-16)

Beidseits des Rumpfes war es möglich Trägerrahmen zu montieren, die jeweils mit zwei Aufhängepunkten bestückt waren. An jedem Aufhängepunkt konnte ein Startbehälter UB-16 für

[51] Es gab zwei unterschiedliche Typen von Minenlegegeräten für die Mi-8.

[52] Es scheint hier unterschiedliche Einbauweisen gegeben zu haben. Bei einer befanden sich die Zusatzbehälter auf der linken Frachtraumseite. Die Sitzbänke dieser Seite wurden hochgeklappt oder sogar ausgebaut. Der Verfasser dieser Zeilen glaubt sich aber daran zu erinnern in einer Mi-8 mitgeflogen zu sein, bei der sich der Treibstoffzusatzbehälter genau auf der Mittellinie des Frachtraums befand und die Sitzbänke auf beiden Seiten des Frachtraums vollständig vorhanden waren.

Motive wie dieses wurden gern in der DDR publiziert. Es zeigt Mi-8 und Mi-2, sowie alle Fahrzeuge die gebraucht werden um den Flugdienst abzusichern. So sollte daraufhin gewiesen werden, dass der Flugbetrieb eine Kollektivleistung war. (Foto: Fliegerkameradschaft HS-16)

ungelenkte Raketen der Typenfamilie S-5 angebracht werden. Vollbewaffnet führte eine Mi-8T 64 Raketen des Kalibers 57 mm mit sich. Diese Raketen wurden in Salven von 8 oder 32 Projektilen verschossen. Ein entsprechender Regelautomat befand sich im Cockpit. Der Waffeneinsatz gehörte zum Aufgabenbereich des Piloten.

Oberhalb des Frachtraums befanden sich die beiden Triebwerke TW2-117. Sie gaben ihre Energie an das Hauptgetriebe ab, das seinerseits den Hauptrotor antrieb. Über eine Fernwelle leitete das Getriebe die Drehenergie an den Heckrotor weiter. Der kaulquappenförmige Rumpf der Mi-8T ging in einen schlanken Heckträger über. Unterhalb des Heckträgers war bei etlichen Hubschraubern ein Kasten montiert. Dieser beherbergte einen Geschwindigkeitsmesser, der auf Basis des Dopplereffektes arbeitete. Das sehr solide Fahrwerk der Mi-8T war als starres Dreipunktfahrwerk mit Bugrad ausgelegt.

Mi-8T und Mi-2 der Grenzflieger. (Foto: Fliegerkameradschaft HS-16)

Die Mi-8T erfüllte in der NVA nahezu jede denkbare Aufgabe. Sie war universell einsetzbar, diente zur Pilotenausbildung, flog Verbindungs- und Kuriereinsätze, sowie Aufklärung, verlegte Minen und gab Truppen Feuerunterstützung. Ihre Hauptaufgabe war jedoch der Transport von Fracht, wobei im Laderaum bis zu 4.000 kg und im Außenlastflug bis zu 3.000 kg[53] bewegt werden konnten. In ihrem geräumigen Frachtraum fand ein Geländewagen oder bis zu 24 vollausgerüstete Soldaten Platz. Mit dieser Kapazität wurde die Mi-8T gern von Fallschirmjägern, Spezialaufklärern und Kampfschwimmern zur Übung von Kommandoaktionen genutzt. Im Sanitätsdienst konnten 12 Verletzte auf Tragen und ein Sanitäter befördert werden.

1973 löste die Mi-8T ihre Vorgängerin Mi-4A bei der Seenotrettung ab, wobei sie wie diese mit Netzboje, Schlauchboot und Seenotrettungsausrüstung ausgestattet war.

Ihre ersten Mi-8T erhielt die NVA im Jahr 1968[54]. Sie wurden zunächst im Hubschraubergeschwader 31 in Dienst gestellt und später an andere Einheiten weitergegeben. Bis 1982 wurden 52 Maschinen dieses Typs angeschafft. Die in den späteren Jahren beschafften Mi-8T waren in Details verbessert worden.

Das Absetzen von Fallschirmjägern und Spezialaufklärern gehörte zum Ausbildungsalltag der Mi-8T Besatzungen. (Foto: Sammlung Normann)

Die Mi-8T wurden von der Bundeswehr übernommen und in der Heeresfliegerstaffel Ost verwendet. Die HFS Ost führte eine Zeitlang ein Wappen mit dem Wahlspruch »Im Osten geht die Sonne auf« (Foto: Flugplatzmuseum Cottbus)

[53] In der Regel flog man aus Sicherheitsgründen mit maximal 2.000 kg Außenlast.

[54] Interessanterweise wurde die erste Mi-8T der DDR nicht von der NVA, sondern von der Abteilung Kranflug der INTERFLUG angeschafft. Dieser Hubschrauber kam 1967 in die DDR. Insgesamt wurden sieben Mi-8T von der INTERFLUG betrieben.

Marinehubschrauber Mi-8T beim Absetzen eines Kampfschwimmers. (Foto: Sammlung Scheffler)

Mi-8T beim Verlegen von Panzerminen. Auf diese Weise sollten schnell Minensperren zur Kanalisierung von NATO Panzerangriffen geschaffen werden. Die Minenleger wurden dabei durch Kampfhubschrauber gedeckt. (Foto: Sammlung Scheffler)

Waffenwarte beim aufmunitionieren eines UB-16 Raketenbehälters (Foto: Sammlung Normann)

Ende der 80er-Jahre gab es in der NVA Bestrebungen die Mi-8T mit Nachtsichttechnik auszurüsten. Bis zum Ende der DDR war die Erprobung jedoch noch nicht abgeschlossen. Es heißt, dass im Rahmen dieser Erprobung mindestens eine Mi-8T mit Nachtsichtgeräten ausgestattet wurde.
1990 übernahm die Bundeswehr die Mi-8T und nutzte sie in der Heeresfliegerstaffel Ost bis 1993.

Mi-8T der Marineflieger beim Torpedotransport (Foto: Müller)

Der letzte Flug der Mi-8 im Dienste der Grenzflieger 1990. (Foto: Fliegerkameradschaft HS-16)

Anhängen eines UB-16 Startbehälters an den Trägerrahmen einer Mi-8T. (Foto: Sammlung Normann)

Die Triebwerksverkleidungen der Mi-8 waren als Arbeitsplattformen für die Hubschraubertechniker ausgelegt. (Foto: Sammlung Normann)

Mi-8T und Mi-2 Wartung auf der Platte (Foto: Sammlung Normann)

Mi-8T unterstützen KTS Boote der Volksmarine. KTS stand für Kleines Torpedoschnellboot. Typenbezeichnung Libelle. An Bord des KTS sind Kampfschwimmer zu sehen. (Foto: Sammlung Scheffler)

Die Mi-8T konnte einen Geländewagen UAZ transportieren (Foto: Flugplatzmuseum Cottbus)

Alle drei Mi-8 der Grenzflieger stehen zum Start bereit. (Foto: Fliegerkameradschaft HS-16)

Außenlastflug mit 122 mm Haubitze (Foto: Sammlung Normann)

Mi-8TB (NATO Code: Hip E)

Technische Daten der Mi-8TB	
Einsatzzeitraum	1968 – 1990
Bezeichnung NATO	Hip E
Abmessungen	
Rotorkreisdurchmesser	21,29 m
Rumpflänge	18,31 m
Länge über alles	25,28 m
Höhe	6,65 m
Rotorkreisfläche	355,81 m²
Massen	
Leermasse	7.422 kg
Startmasse	11.564 kg
max. Startmasse	12.000 kg
Treibstoffmenge	1.870 l + 915 l Zusatzbehälter
Antrieb	2 x TW2-117A
Startleistung	2 x 1.104 kW / 1.500 PS
Flugleistungen	
Höchstgeschwindigkeit	245 km/h in Seehöhe
Marschgeschwindigkeit	205 km/h
Reichweite	465 – 650 km
Gipfelhöhe	4.500 m
Steiggeschwindigkeit	4,5 m/s
Bewaffnung	
Waffenstationen	6 x UB-32 je 32 Raketen S-5 6 x Bomben bis 500 kg 6 x PALR Maljutka
Nutzlast	3.600 kg, 22 Passagiere
Besatzung	3

In der kommunistischen Ideologie gab es die These, dass sich alles und jedes in Natur und Gesellschaft in einem ständigen Entwicklungsprozess befände und die Entwicklung stets vom Niederen zu Höheren, vom Einfachen zum Komplexen verlaufen würde. Diese These, so glaubte man, gelte auch für die Entwicklung der Militärtechnik.

Sowjetische Militärtheoretiker behaupteten den Beweis für die Richtigkeit der These gefunden zu haben, als sie die Mobilität des Soldaten im geschichtlichen Rahmen untersuchten. Aus dem Fußsoldaten ging der Reiter hervor, dieser wurde durch den LKW abgelöst, der seinerseits durch den Hubschrauber ergänzt wurde. Mit jedem Entwicklungsschritt konnten sich die Soldaten schneller und über größere Distanzen bewegen.

Die Theoretiker stellten auch fest, dass sich innerhalb jeder Entwicklungsstufe Höherentwicklungen beobachten ließen. So traten über kurz oder lang zunächst kampffähige, später auch gepanzerte Vertreter der jeweiligen Entwicklungsstufe auf.

Mit diesem Wissen im Hinterkopf glaubten die sowjetischen Militärwissenschaftler in den frühen 60er-Jahren die zukünftigen Entwicklungslinien des Hubschraubers vorhersagen zu können. Sie nahmen die Entwicklung des Militär-LKWs als Vorbild und argumentierten folgendermaßen: Aus dem einfachen LKW wurde zunächst eine kampffähige, Panzerauto genannte, Variante abgeleitet und als sich diese im Ersten Weltkrieg nicht bewährte entstand der einfache Kampfpanzer. In einem zweiten Entwicklungsschritt wurde aus dem einfachen LKW der gepanzerte Mannschaftstransporter[55]. Der einfache Kampfpanzer mutierte im selben Entwicklungsschritt zum hochkomplexen, mit neuester Technologie vollgestopften Standardkampfpanzer. Die leistungsmäßige Lücke zwischen gepanzertem Mannschaftstransporter und Standardkampfpanzer wurde Mitte der 60er-Jahre durch den Schützenpanzer[56] geschlossen.

Die Prognose lautete nun, dass die Entwicklung des Hubschraubers parallel zu der des LKWs ablaufen würde. Man nahm an, dass sich die damals weltweit eingesetzten Hubschrauber erst auf dem Niveau des ungepanzerten LKWs befinden würden. Der erste Kampfhubschrauber, die AH-1 Cobra, galt als fliegendes Pendant zum einfachen Kampfpanzer.

Für die Zukunft prognostizierten die sowjetischen Spezialisten die Entwicklung echter Kampfhubschrauber und sahen in der AH-56A Cheyenne die erste Vertreterin dieses Entwicklungsschrittes. Weiterhin sagten sie voraus, dass sich aus den einfachen Transporthubschraubern gepanzerte und schwerbewaffnete Helikopter entwickeln würden, die man als Transportkampfhubschrauber bezeichnete. Die Helicopter-Gunships, die die Amerikaner im Vietnamkrieg einsetzten, wurden als erste Vorboten des Transportkampfhubschraubers angesehen.

So wie der Schützenpanzer die leistungsmäßige Lücke zwischen SPW und Standardkampfpanzer geschlossen hatte,

[55] russ.: Brontransporter BTR, deutsch: Schützenpanzerwagen SPW

[56] Deutscher Sprachgebrauch: Schützenpanzer, kurz SPz. Russisch: Bojewaja Maschina Pechota, kurz BMP. Amerikanisch: Infantry Fighting Vehicle, kurz IFV.

Die erste von den Werksvertretern übernommene Mi-8TB präsentiert ihre Waffenpalette. (Foto: Quarzgut.info)

würde auch die Lücke zwischen echtem Kampfhubschrauber und Transportkampfhubschrauber durch einen »fliegende Schützenpanzer«[57] überbrückt werden.
Soweit die Aussagen der Theorie.
In der Praxis sahen die sowjetischen Experten in dem damals hochmodernen Hubschrauber Mi-8 einen einfachen Transporthubschrauber. Einen einfachen Kampfhubschrauber, der mit der AH-1 Cobra vergleichbar war, gab es in der Sowjetunion nicht. Die Schaffung eines vollwertigen Kampfhubschraubers, glaubte man, würde viel Zeit benötigen und enorme Kosten verursachen. Deshalb wollte man sich zunächst darauf beschränken aus der Mi-8 einen Transportkampfhubschrauber zu machen und parallel dazu einen »fliegenden Schützenpanzer« entwickeln.

Doch so einfach war die Umsetzung dieser Idee nicht. Während sich junge Militärexperten und die Hubschrauberentwickler für Transportkampfhubschrauber und das Konzept des fliegenden Schützenpanzers begeisterten, war die politische und militärische Führungsspitze von diesen Ideen alles andere als angetan. Staats- und Parteichef Chruschtschow und die Weltkriegsveteranen im Verteidigungsministerium wollten ihre Armee anders ausrüsten. Sie wollten Unmengen an Standardkampfpanzern, weitreichende Artillerie und Schwenkflügelkampfflugzeuge. Und natürlich Raketen. Chruschtschow liebte Raketen, war regelrecht vernarrt in sie. Bewaffnete Hubschrauber hingegen, hielten die Vertreter der Nomenklatura für Unfug. Erst als Chruschtschow abtreten musste kam die Militärhubschrauberentwicklung richtig in Gang.

[57] Aus der Idee des »fliegenden Schützenpanzers« entstand später die Mi-24.

Mi-8TB setzt Kampfschwimmer als erste Welle einer Seelandung ab. Das geschah während des Großmanövers Waffenbrüderschaft 80 am Strand von Peenemünde. (Foto: Quarzgut.info)

Mi-8TB der Marineflieger beim Flug entlang der Küste. (Foto: Sammlung Normann)

Ausgangspunkt für die Entwicklung des Transportkampfhubschraubers war die Mi-8T. Die Mi-8T war ein reiner Transporthubschrauber. Sie war vollkommen ungepanzert, konnte aber mit leichten Außenlastträgern[58] bestückt werden und an diesen jeweils zwei UB-16 Startbehälter für ungelenkte Raketen mitführen.

Um aus der Mi-8T einen Transportkampfhubschrauber zu machen musste ein Panzerschutz hinzugefügt und die Waffenpalette erweitert werden. Der Einbau der Panzerung ging relativ leicht von der Hand. Einige Teile der Cockpitverglasung wurden durch Panzerglas ersetzt. Panzerplatten wurden im Cockpitraum, aber auch unterhalb des Rumpfes verbaut. So

Flug über die Ostsee. Dieses Bild wurde während aus dem Fenster einer Mi-8TB während des Manövers Waffenbrüderschaft 80 aufgenommen. (Foto: Sammlung Normann)

Waffenbrüderschaft 80. Nach dem Absetzen der Sturmtruppen ziehen sich die Mi-8TB zurück. (Foto: Sammlung Normann)

konnten die Besatzung, wichtige Teile der Hydraulik und des Kraftstoffsystems vor Beschuss aus leichten Infanteriewaffen geschützt werden. Die Kraftstoffbehälter sicherte man zweifach ab. Sie erhielten das »System des neutralen Gases«, mit dem Kohlendioxid in die Tanks gepresst wurde, um die Entwicklung eines explosionsfähigen Luft-Treibstoff-Gemisches zu unterdrücken. Zusätzlich erhielten die Treibstofftanks eine Schutzschicht aus mehreren Gummilagen, die die Tanks nach einem Durchschuss selbständig versiegeln sollten[59]. Um die Besatzung vor Infanteriewaffenfeuer zu schützen waren die Cockpitsitze leicht gepanzert[60].

Der Einbau der Waffen erforderte mehr Aufwand. So wurde

[58] Im NVA-Sprachgebrauch nannte man sie Trägerrahmen.

[59] Diese Schutzschicht wurde auf die Tanks aufgeklebt. Sie bedeckte in etwa 2/3 der Fläche der Tanks. Es stellt sich natürlich die Frage, warum nicht die ganze Tankoberfläche so geschützt wurde? Wahrscheinlich hielt man einen Beschuss von oben für unwahrscheinlich und wollte mit dem Verzicht auf den Schutz dieser Stellen Material und Gewicht sparen.

[60] Nach den Erfahrungen des Afghanistanfeldzugs erhielten die Besatzungen zusätzliche Panzerwesten und Helme.

Vor dem ersten Flug steht die neue Mi-8TB mit geöffneten Klappen auf dem Landeplatz des HG-54. (Foto: Quarzgut.info)

der Rumpfbug überarbeitet. Eine Sichtscheibe entfiel. Der gewonnene Platz wurde für die Lafette eines Bord-MGs genutzt und mit Klappen verschlossen. Um der Lafette genügend Stabilität zu verleihen wurden zusätzliche Spanten im Kabinenboden eingebaut und mit den Stahlstreben der Hubschrauberzelle verbunden. Zunächst fasste man als Bewaffnung das 7,62 mm MG PKT[61] ins Auge. Später entschied man sich dafür das Afanasiew A-12,7 zu verwenden. Das MG konnte 30° zur Seite, 5° nach oben und 50° nach unten gerichtet werden. Bedient wurde die Waffe vom Bordmechaniker, der sich dazu auf den Kabinenboden legen musste. Das Visier war sehr einfach gehalten. Es war direkt auf der Lafette NUW-1U montiert. Der Munitionsvorrat von 700 Schuss befand sich im Cockpit des Hubschraubers.

Die Hauptwaffen des Transportkampfhubschraubers wurden an Trägerrahmen genannten Außenlastträgern mitgeführt. Diese waren schon bei der Mi-8T vorhanden, wurden aber für die neuen Zwecke verstärkt und vergrößert. Sie hatten nun sechs statt vier Aufhängepunkte (Lastenträger). Diese waren so massiv, dass an jedem Lastenträger UB-32 Startbehälter für ungelenkte Raketen mitgeführt werden konnten. Jeder Lastenträger konnte auch Bomben bis zum Gewicht von 250 kg, an den mittleren Aufhängepunkten sogar bis 500 kg tragen. Es konnten auch Mehrfachstartschienen für Fallschirmleuchtgeschosse FLG-5000 montiert werden.

Oberhalb der Trägerrahmen wurden Startschienen für Panzerabwehrlenkraketen (PALR) angebracht. Es kamen sowohl die PALR Maljutka und Falanga zum Einsatz. Die unterschiedliche Bewaffnung führte zu verschiedenen Typenbezeichnungen. Die mit sechs Startschienen für Maljutka ausgerüstete Variante nannte man Mi-8TB, die mit vier Startschienen für Falanga bestückte Version war die Mi-8TW.

Mi-8TB während einer Manöverpause bei der Übung Schild 88. (Foto: Quarzgut.info)

Zusätzlich zu den Standardwaffen des Hubschraubers konnten im Laderaum mitfliegende Soldaten ihre Schützenwaffen aus den Seitenfenstern zum Einsatz bringen. Entsprechende Halterungen waren vorhanden. Sie begrenzten den Richtbereich der Kalaschnikows, damit nicht aus Versehen Teile des eigenen Hubschraubers vom Feuer mitfliegender Soldaten getroffen wurden.

[61] Das PKT, Pulemot Kalaschnikowa Tank, war das Standard-MG sowjetischer Panzerfahrzeuge. Es sollen tatsächlich einige Serienhubschrauber mit dieser Waffe ausgeliefert worden sein. Die NVA erhielt jedoch nur Mi-8TB mit dem 12,7 mm MG A-12,7.

Die Mi-8 des MHG-18 hatten einen blauen Anstrich. (Foto: Girke Helicopter Database net)

Ein spektakulärer Anblick. Mi-8TB unterstützen KTS-Boote der Volksmarine. (Foto: Müller)

Der letzte Geschwaderflugdienst 1990 (Foto: Quarzgut.info)

Die Mi-8TB war der am schwersten bewaffnete Hubschrauber der NVA. (Foto: Flugplatzmuseum Cottbus)

Im Cockpit wurden zum Waffeneinsatz mehrere Visier- und Waffensteuersysteme eingebaut. Der Hubschrauberpilot[62] war für den Einsatz der ungelenkten Raketen verantwortlich. Sein Copilot[63] steuerte die Panzerabwehrlenkraketen und war für den Bombenabwurf zuständig. Die entsprechenden Zieloptiken waren auf seiner Seite des Cockpits zu finden.

Die Transportkampfhubschraubervariante der Mi-8 flog erstmalig 1968. Sie wurde erfolgreich getestet und in zwei Flugzeugwerken in Serie gefertigt.

Die NVA beschaffte als einziger Staat des Warschauer Vertrages, mit Ausnahme der Sowjetunion, die Version Mi-8TB. Die Maschinen wurden ab 1977 geliefert und kamen in den beiden Kampfhubschraubergeschwadern und im Marinehubschraubergeschwader zum Einsatz.

Die Mi-8TB zeigte sich im Dienstalltag von ihrer guten Seite. Sie war zuverlässig und robust. Den Hubschrauberführern fiel der Umstieg von den anderen Mi-8 Varianten auf die Mi-8TB nicht schwer, flog sich die TB doch in etwa so wie jede andere Mi-8. Sie war wegen ihres höheren Gewichts und des zusätzlichen Luftwiderstands nur ein wenig behäbiger. Bei Start und Landung verhielt sie sich etwas träge. Unter der Hand sprach man davon, dass die Mi-8TB wohl ein wenig untermotorisiert sei.

Nominell betrachtet war die Mi-8TB der am stärksten bewaffnete Hubschrauber der NVA. Sie war in dieser Hinsicht sogar stärker

[62] Als 1. Hubschrauberführer im NVA-Sprachgebrauch bezeichnet.
[63] 2. Hubschrauberführer.

Die auf SAR umgerüstete Mi-8TB, Bordnummer 752, auf dem Abstellplatz in Basepohl. (Foto: Quarzgut.info)

als die Mi-24, konnte sie doch etwa 30% mehr Waffen mitführen. Ende der 70er, Anfang der 80er-Jahre war die Mi-8TB für den Kampfeinsatz ausreichend bewaffnet. Sie konnte auf eine Distanz von 3.000 m jeden Kampfpanzer der NATO zielgenau vernichten. Allerdings veraltete das Waffensystem der Mi-8TB sehr schnell als im Westen eine neue Panzergeneration eingeführt wurde. Die PALR Maljutka war nicht in der Lage die Frontpanzerung eines Leopard 2 oder eines M-1 Abrams zu durchdringen. Deshalb versuchte man in der DDR die Mi-8TB zu modernisieren. Weil die Sowjetunion keine Modernisierungspakete anbot entwickelte man ab 1986 einen Zwillingsträger für die moderne PALR Konkurs[64]. Die Zwillingsträger sollten an den Ladungsträgern unter den Trägerrahmen angebracht werden. Damit konnte eine so modernisierte Mi-8TB sechs Maljutkas und zwölf hochmoderne Konkurs mitführen und wurde somit zu einem mehr als ernstzunehmenden Panzerabwehrmittel[65].
Die Modernisierung wurde jedoch Mitte 1988 abgeblasen. Die Sowjetunion verweigerte die Lizenzrechte zur Nutzung der Rakete Konkurs für den Einsatz im Waffensystem der Mi-8TB. Ein Grund hierfür dürften die Verstimmungen zwischen Erich Honecker und Michail Gorbatschow gewesen sein. Die Partei- und Staatschefs beider Staaten hielten, trotz stets gegenteiliger Bekundungen, nicht viel voneinander. In der Gorbatschow-Ära geschah es recht häufig, dass die Sowjetunion von der DDR verstärkte Rüstungsanstrengungen verlangte, selbst aber nicht bereit war die notwendigen Waffensysteme zu liefern.
1990 wurde die Mi-8TB zunächst von der Bundeswehr übernommen. Da die Bundeswehr keinen Bedarf für einen Transportkampfhubschrauber sah, jedoch leistungsfähige Transporthubschrauber benötigte, wurden die Mi-8TB umgebaut. Man entfernte das Waffensystem, die Panzerung und die Visiereinrichtungen. Fortan flogen die Hubschrauber unter der Bezeichnung Mi-8B.
Die Mi-8B wurden solange betrieben wie Ersatzteile vorhanden waren oder die nächste große periodische Wartung fällig wurde. 1993 stellte die Bundeswehr die letzten Mi-8B außer Dienst.

Diese Mi-8TB ist im Flugplatzmuseum Cottbus ausgestellt (Foto: Normann)

Die Mi-8TB konnte auch mit Bomben bewaffnet werden. (Foto: Thomas Girke HelikopterDatabase)

64 Die Übersetzung des russischen Wortes »Konkurs« ins Deutsche lautet »Wettbewerb«. Der Bau der Zwillingsträger war notwendig, weil die PALR Konkurs nicht von den Startschienen der Maljutka gestartet werden konnte.

65 Die PALR Konkurs wurde in der DDR in Lizenz gefertigt. Durch ein verändertes Produktionsverfahren gelang es den DDR-Ingenieuren die Durchschlagskraft des Hohlladungssprengkopfes um gut 25% zu steigern. Auf verschlungenen Pfaden beschafften die DDR-Geheimdienste Panzerungselemente die beim Bau des Leopard 2 Verwendung fanden. Die Turmpanzerung des Leopard 2A4 wurde mit diesen Elementen nachgebaut und mit in der DDR gefertigten PALR Konkurs beschossen. Es kam zu glatten Durchschüssen. Nach der Wende wurden alle Leopard 2 mit einer aufwändigen zusätzlichen Turmpanzerung versehen.

Die Mi-8TB konnte ungelenkte Raketen, Bomben und Panzerabwehrlenkraketen einsetzen (Foto: Normann)

Detailaufnahme des Mi-8TB Bord-MGs. (Foto: Thomas Girke HelikopterDatabase)

Mi-9 (NATO Code: Hip G)

Technische Daten der Mi-9	
Einsatzzeitraum	1983 – 1990
Bezeichnung NATO	Hip G
Abmessungen	
Rotorkreisdurchmesser	21,29 m
Rumpflänge	18,31 m
Länge über alles	25,28 m
Höhe	6,65 m
Rotorkreisfläche	355,81 m²
Massen	
Leermasse	7.500 kg
Startmasse	11.000 kg
max. Startmasse	12.000 kg
Treibstoffmenge	2.615 l
Antrieb	2 x TW2-117A
Startleistung	2 x 1.104 kW / 1.500 PS
Flugleistungen	
Höchstgeschwindigkeit	250 km/h in Seehöhe
Marschgeschwindigkeit	215 – 235 km/h
Reichweite	480 km
Gipfelhöhe	4.500 m
Steiggeschwindigkeit	4,5 m/s
Bewaffnung	keine
Nutzlast	keine
Besatzung	3 – 6

Eine besondere Ausführung der Mi-8T war die Mi-9. Sie war für den Einsatz als mobile Führungsstelle bzw. Gefechtsstand für Stäbe der Landstreitkräfte vorgesehen. Für diese Aufgabe hatte sie eine größere Anzahl an Funkgeräten, unter anderem auch Richtfunk, an Bord und war mit zusätzlichen Antennen am Rumpfheck und am Heckausleger ausgerüstet. Diese Antennen waren ein sicheres äußeres Unterscheidungsmerkmal zwischen Mi-8 und Mi-9[66].

Der Laderaum der Mi-9 war in drei Arbeitsräume unterteilt. Es gab eine Nachrichtenzentrale mit Funk-, Vermittlungs- und Chiffriertechnik, einen Operativraum mit Kartentisch und Übersichtstafeln, sowie die Gerätesektion mit Stromaggregat und Antennen.

Es war vorgesehen, dass die Mi-9 ihre Führungsaufgabe nicht im Flug erledigen sollte. Sie war lediglich als hochmobiles Transportmittel gedacht. Die eigentliche Führungsarbeit des Stabes sollte nach der Landung im Gelände durchgeführt werden.

Um die Arbeit sicherzustellen besaß die Mi-9 ein zusätzliches Hilfstriebwerk mit angeschlossenem Stromgenerator und einen demontierbaren Antennenmast. Dieser musste erst aufgerichtet und abgespannt werden, bevor eine Richtfunkverbindung aufgebaut werden konnte. Um die Geheimhaltung der Kommunikation gewährleisten zu können war die Mi-9 mit moderner Chiffriertechnik ausgestattet.

Die Mi-9 unterlag in der DDR strengster Geheimhaltung. Ihre Existenz wurde in einem einzigen Buch lediglich in einem Satz erwähnt. Bilder der Mi-9 wurden nicht veröffentlicht.

Die Mi-9 wurden im November/Dezember 1983 und Mai 1984 in der NVA in Dienst gestellt. Man beschaffte insgesamt acht Maschinen, von denen jeweils vier den beiden Kampfhubschraubergeschwadern zugeteilt wurden. Hier bildeten sie zusammen mit jeweils vier Mi-2 und einer Mi-8PS die Hubschrauberstaffeln zur Führung und Aufklärung (HSFA). Die HSFA waren zeitweise selbständig und den Kommandos der Militärbezirke unterstellt. Die Mi-9 stand auf Anforderung den Stäben der Divisionen und Militärbezirke (Armeen) zur Verfügung.

1990 wurden alle acht Mi-9 von der Bundeswehr übernommen.

Die Mi-9 war ein Militärgeheimnis. Deshalb gibt es nur wenige Aufnahmen, die eine Mi-9 der NVA im Einsatz zeigen. (Foto: Thomas Girke HelikopterDatabase)

[66] Unter der Hand bezeichnete man diese Antennen auf Grund ihrer Form als »Handtuchhalter«.

Erkennbar war die Mi-9 an den zusätzlichen Antennen am Heck. (Foto: Normann)

Weitere Antennen waren unter dem Rumpf des Hubschraubers angebracht. (Foto: Normann)

Auf den ersten Blick war die Mi-9 nur schwer von der Mi-8T zu unterscheiden. (Foto: Normann)

Die Mi-9 war eine Spezialversion der Mi-8T. Sie sollte Führungsaufgaben übernehmen. Foto Normann)

Mi-14PL (NATO Code: Haze A)

Die Einsatzerfahrungen mit der Mi-4M zeigten, dass es Hubschraubern möglich war in relativ kleinen und flachen Randmeeren, wie der Ostsee, effektiv U-Boote zu suchen und zu bekämpfen. Allerdings veraltete die Mi-4M relativ schnell, so dass man im OKB Mil begann sich Gedanken darüber zu machen, wie ein moderner UAW-Hubschrauber[67] auszusehen habe. Das geschah ab 1958. Das Projekt hatte zunächst keine sonderlich hohe Priorität und lief unter der Bezeichnung W-8G[68]. Zunächst war W-8G nur eine Ideensammlung. Es wurden einige mögliche Varianten zur Ausgestaltung eines UAW-Hubschraubers theoretisch durchgespielt. Darunter waren sowohl amphibische als auch rein landbasierte Helikopter. 1961 begann sich das Militär für das Projekt W-8G zu interessieren und gab einen Anforderungskatalog heraus. Der neue Hubschrauber war als Amphibium[69] angedacht. Er sollte in der Lage sein U-Boote bei Tag und Nacht, sowie unter allen Wetterbedingungen zu suchen, zu finden und zu bekämpfen. Die Einsätze sollten bis zu einer Distanz von 200 km vor der eigenen Küste möglich sein. Ein U-Boot-Kontakt musste mindestens für zwei Stunden verfolgt werden können. Die Zielbekämpfung und -vernichtung sollte bis 400 m Tauchtiefe des Ziels und bei einer Zielgeschwindigkeit von 30 Knoten sichergestellt werden.
Mit diesen Vorgaben begann das Projekt Fahrt aufzunehmen. 1962 startete die Designphase unter der Leitung des Chefkonstrukteurs Babuschkin.

Technische Daten der Mi-14PL	
Einsatzzeitraum	1979 – 1990
Bezeichnung NATO	Haze A
Abmessungen	
Rotorkreisdurchmesser	21,29 m
Rumpflänge	18,37 m
Länge über alles	25,32 m
Höhe	6,94 m
Rotorkreisfläche	355,92 m²
Massen	
Leermasse	8.275 kg
Startmasse	13.000 kg
max. Startmasse	14.000 kg
Treibstoffmenge	3.530 l + 465 l Zusatzbehälter
Antrieb	2 x TW-3-117M
Startleistung	2 x 1.636 kW / 2.225 PS
Flugleistungen	
Höchstgeschwindigkeit	230 km/h in Seehöhe
Marschgeschwindigkeit	170 – 210 km/h
Reichweite	800 – 1.135 km
Gipfelhöhe	4.000 m
Steiggeschwindigkeit	7,8 m/s
Bewaffnung	Wasserbomben bis 2.000 kg
Nutzlast	2.000 kg
Besatzung	4

Für eine Wasserlandung wurden bei der Mi-14PL aus den Seitenwülsten Schwimmkörper ausgefahren. (Foto: Girke Helicopter-Database.net)

Um Entwicklungszeit und -kosten zu sparen, sowie Risiken zu minimieren wurde als Ausgangspunkt die Mi-8T gewählt. Von ihr übernahm man den größten Teil der Zelle, das Cockpit, den Antrieb und das Rotorsystem. Eine Forderung des Militärs besagte, dass der Hubschrauber in der Lage sein sollte auf dem Wasser zu landen und von dort aus auch wieder zu starten. Deshalb wurde der untere Teil der Hubschrauberzelle neu konstruiert. Er erhielt eine bootsförmige Gestalt. Weil ein starres Fahrwerk bei einer Wasserlandung äußerst störend war baute man ein einziehbares Vierpunktfahrwerk ein. Die beiden Bug-

[67] UAW … U-Boot-Abwehr
[68] Das G stand für Gijdro, Hydro.
[69] Amphibische Fluggeräte können sowohl von Land, als auch vom Wasser aus operieren.

Die Stützschwimmer stabilisierten die Mi-14PL auf dem Wasser. (Foto: Sammlung Normann)

Ein bei U-Bootfahrern unbeliebter Anblick. Eine Mi-14PL kurvt auf ihr Ziel ein. Beim Zielanflug übernimmt der Autopilot die Steuerung und der Waffenkontrollrechner löst vollautomatisch die Waffen aus. (Foto: Sammlung Normann)

fahrwerke wurden nach vorn eingezogen, das Hauptfahrwerk fuhr nach hinten in die Seitenwülste ein. In den Seitenwülsten waren zusätzlich aufblasbare Stützschwimmer untergebracht. Sie wurden vor einer Wasserlandung aufgeblasen und stabilisierten den Hubschrauber auf dem Wasser. Von der Kombination eines bootsförmigen Rumpfes und Stützschwimmern erwartete man gute Schwimmeigenschaften bis zum Seegang der Stärke 3. Im Wasser gelandet sollte sich der Hubschrauber mit etwa 10 km/h vorwärts bewegen können.

Im Vorderteil des bootsförmigen Rumpfteils, kurz hinter dem Bug, befand sich ein großdimensioniertes Radom. Das war die aerodynamische Verkleidung des vorgesehenen Rundumsichtfunkmessgerätes.

In dieser Form wurde das Maket der W-8G dem Militär präsentiert.

Die Vertreter des Militärs waren im Großen und Ganzen zufrieden, verlangten aber nach stärkeren Triebwerken, um eine Leistungsreserve bei Flügen über der offenen See zu haben.

Daraufhin begannen im OKB Klimow die Arbeiten am Turbinenwellentriebwerk TW3-117.

1965 waren die Projektarbeiten soweit fortgeschritten, dass der Ministerrat der UdSSR am 30. April den Beschluss fasste das OKB Mil mit der Entwicklung eines UAW-Hubschraubers zu beauftragen. Die Projektbezeichnung wurde in W-14 geändert.

Zwei Jahre später war der erste Prototyp fertiggestellt. Er erhielt die Bemalung der Luftfahrtgesellschaft Aeroflot und die zivile Registrierung »CCCP 11051«. Am 1. August 1967 startete die erste Mi-14 zum Jungfernflug.

Weil das Triebwerk TW3-117 zu diesem Zeitpunkt noch nicht fertig war wurde zunächst das leistungsschwächere Triebwerk

Das Tauchsonar Oka-2 wird abgesenkt. Mit diesem Sonar konnten U-Boote des Typs 206 auf eine Distanz von 1.200 Metern genau geortet werden. (Foto: Sammlung Normann)

der Mi-8 verwendet. Für das TW3-117 waren später noch einige Änderungen am Hubschrauber notwendig. Berechnungen zeigten, dass die neuen Triebwerke für das bisher verwendete Hauptgetriebe zu stark waren. Deshalb baute man das Getriebe der Mi-24 ein. Als sich bei der Erprobung der Mi-24 zeigte, dass es günstiger war den Heckrotor von der rechten auf die linke Seite zu verlagern und seine Drehrichtung umzukehren, wurde diese Konfiguration auch bei der W-14 vorgenommen. Nach ein paar weiteren Veränderungen stammte schließlich der komplette Antriebsstrang der W-14 von der Mi-24. Eine Ausnahme bildete der Hauptrotor, der wie gehabt von der Mi-8 übernommen wurde.[70]

1968 begann die staatliche Erprobung, die sich in zwei Phasen bis 1974 erstreckte. Hierfür wurden mehrere W-14 Prototypen gebaut, die alle als Umbauten aus Mi-8T entstanden.

Die Erprobung war langwierig, etliche Probleme und Kinderkrankheiten mussten überwunden werden. Das lag zum Teil am, im Vergleich zur Mi-8, veränderten Flugverhalten des Hubschraubers, aber auch an den hochkomplexen Sensor- und Flugsteuerungssystemen, die im automatisierten UAW-Komplex PPS-7071 Kalmar vereinigt waren. Zu diesem Komplex gehörten u.a. das Rundumsichtradar Iniziatiwa-2M, das Tauchsonar Oka-2, das Magnetometer APM-60 Orscha, das automatisierte Flugsteuerungssystem SAU-14, sowie eine Datenübertragungsanlage.

Mit dem vernetzten Komplex PPS-7071 Kalmar sollte der Hubschrauber in die Lage versetzt werden ein geortetes U-Boot vollautomatisiert zu verfolgen und anzugreifen. Das zu realisieren war mit den damals zur Verfügung stehenden technischen Möglichkeiten eine enorme Herausforderung.

Ende 1974 wurde die Erprobung erfolgreich beendet und die Serienfertigung aufgenommen. Die Typenbezeichnung lautete fortan Mi-14PL. Am 11. Mai 1976 erfolgte die offizielle Übernahme in der Bewaffnung der Sowjetischen Seekriegsflotte. 1978 wurde die Mi-14PL für den Export freigegeben.

1979 und 1980 beschaffte die DDR neun UAW-Hubschrauber Mi-14PL als Nachfolger für die bereits 1977 außer Dienst gestellten Mi-4M. Sie kamen im Marinehubschraubergeschwader-18[71] zum Einsatz.

Die Mi-14PL war speziell für die U-Boot-Abwehr konstruiert und dementsprechend ausgerüstet. Zur Suche von Überwasserzielen und schnorchelnden U-Booten, sowie zur Orientierung an Küstenlinien besaß sie eine Rundumsichtfunkmessstation.

[70] Interessanterweise wurde der Antriebsstrang der Mi-14 später in den modernen Varianten der Mi-8 bzw. Mi-17 verwendet.

[71] Die 18 als Teil einer Einheitsbezeichnung war der Volksmarine zugeordnet. So gab es neben dem MHG-18 unter anderem noch das KSK-18, das Kampfschwimmerkommando-18.

Getauchte U-Boote suchte man mit dem Magnetortungsgerät (MOG). Zu diesem Gerät gehörte ein torpedoförmiger Suchkopf, der im normalen Flugbetrieb am Heck des Hubschraubers fixiert war. Für die U-Boot-Suche wurde er mit Hilfe eines Stahlseils abgesenkt und in etwa 100 m Höhe über der Wasserlinie nachgeschleppt. Im Truppendienst stellte sich heraus, dass das MOG gegen den Hauptgegner, die westdeutschen U-Boote des Typs 206, nahezu wirkungslos war. Und zwar deshalb, weil die Bundesmarine großen Wert auf eine gute Entmagnetisierung ihrer Boote legte. Nur wenn bei der Entmagnetisierung »gepfuscht« wurde konnte die Mi-14PL ein U-Boot mit Hilfe des MOG entdecken.

Als wirksamstes Ortungsmittel für getauchte U-Boote erwiesen sich die hydroakustischen Funkbojen (HAFB)[72], die aus dem Waffenschacht der Mi-14PL abgeworfen wurden. Im Waffenschacht konnten zwei Kassetten mit jeweils 18 Bojen des Typs RGB-NW Schinara oder acht Bojen des Typs RGB-N Iwa mitgeführt werden. Außerdem gab es die von der Mi-4M bekannten Markierungsbomben, die in zwei Varianten für den Tag- und den Nachteinsatz vorhanden waren.[73]

Ebenfalls als sehr wirksam erwies sich das Tauchsonar Oka-2. Mit ihm war es möglich ein Typ 206 U-Boot auf eine Distanz von 1.200 m zu orten.[74]

Zur Bekämpfung der U-Boote konnte die Mi-14PL Wasserbomben mitführen. Die einsetzbaren Bombenklassen wogen 250 kg, 100 kg, 50 kg und 15 kg[75]. Die Gesamtwaffenlast betrug dabei 2.000 kg.

Die Mi-14PL war auch in der Lage UAW-Torpedos einzusetzen. Die Hubschrauber der Volksmarine waren aber nicht mit diesen Waffen ausgerüstet. Die Beschaffung von UAW-Torpedos war geplant, wurde jedoch bis 1990 nicht durchgeführt.

In der Regel operierten die Mi-14PL bei der U-Boot-Bekämpfung paarweise. Dabei war eine Maschine in der Suchvariante konfiguriert, die andere in der Schlagvariante. In der Suchvariante trug die Mi-14PL keine Waffen, dafür aber eine größere Zahl an hydroakustischen Funkbojen. Die in der Schlagvariante konfigurierte Mi-14PL war hingegen mit der maximalen Waffenlast beladen. Beide Maschinen operierten zusammen, wobei die vom Suchhubschrauber ermittelten Daten per Datenübertragungsanlage automatisch an den Schlaghubschrauber übermittelt wurden. Anhand dieser Daten unternahm das automatische Steuerungssystem des Schlaghubschraubers den Zielanflug und der Waffenrechner löste ebenfalls vollautomatisch die Waffen aus. Ein Zusammenwirken mit UAW Schiffen wurde ebenfalls regelmäßig praktiziert.

Die Erfahrungen der lokalen Kriege der 1970er und 1980er-Jah-

Flug über Kap Arkona, die Nordspitze der Insel Rügen. (Foto: Sammlung Normann)

[72] Im westlichen Sprachgebrauch als Sonarbojen bezeichnet. Die HAFB funkten ihre gesammelten Daten an den Hubschrauber, wo diese verarbeitet wurden.

[73] Eine Variante der Markierungsbojen war mit Radarreflektoren ausgestattet und war deshalb durch die Radarstationen der Hubschrauber und UAW-Schiffe besser zu erkennen.

[74] Zum Vergleich: sowjetische dieselelektrische U-Boote konnten, abhängig vom U-Boot-Typ, auf eine Entfernung von 3.000 bis 4.000 m aufgeklärt werden.

[75] Es gab auch Berichte, dass die Mi-14PL 500 kg Wasserbomben tragen konnte. Neben den konventionellen Wasserbomben gab es auch eine nukleare Variante. Sie hatte eine Explosionsstärke von 1 kt und stellte die Vernichtung eines U-Boots in einem Radius von 800 m um den Nullpunkt der Detonation sicher. Die NVA besaß nur konventionelle Wasserbomben.

Eine Mi-14PL fliegt mit abgesenktem Tauchsonar ihrem Ziel entgegen. (Foto: Müller)

re zeigten, dass sich Hubschrauber auch zur Unterstützung der Schlagkräfte einer Marine eigneten. Das galt vor allem für die Operationen von Schnellbootverbänden. Hubschrauber konnten mit ihren Funkmessgeräten gegnerische Schiffsverbände über größere Distanzen entdecken, als es die in den Schnellbooten verbauten Radaranlagen vermochten[76]. Außerdem zeigte sich, dass Hubschrauber, die über einem eigenen Schiffsverband operierten, in der Lage waren gegnerische Seezielraketen[77] vom eigentlichen Ziel abzulenken[78].

Die Vorstellungen der Volksmarine über den Einsatz von Hubschraubern veränderten sich deshalb in die Richtung das Marinehubschraubergeschwader nicht mehr nur zur U-Boot-Abwehr oder zur Unterstützung von Seelandungsunternehmen einzusetzen. Man übertrug den Marinefliegern fortan zusätzlich die Aufgabe die Schlagverbände der Überwasserkräfte direkt zu unterstützen. Die mit Radar ausgerüsteten Mi-14 wurden bei solchen Einsätzen als Verbandsführer einer Schlaggruppe verwendet. Sie führten Gruppen von Mi-8TB Transportkampfhubschraubern an, die den eigenen Schnellbootverbänden bei der Bekämpfung gegnerischer Schiffsziele Feuerunterstützung geben sollten.

Die Mi-14PL war ein zuverlässiger und hocheffektiver Hubschrauber zur U-Boot-Abwehr. Er wurde 1990 von der Bundeswehr übernommen, jedoch nicht in Dienst gestellt. Zwei Helikopter wurden im Rahmen der Vorbereitungen für den Golfkrieg 1991 an die USA verschenkt.

[76] Radaranlagen auf kleinen Schiffen haben, bedingt durch die Erdkrümmung, eine geringere Reichweite als die weit oberhalb der Wasserlinie angebrachten Radaranlagen von Großkampfschiffen oder Radargeräte fliegender Hubschrauber. Außerdem haben die Schiffsradargeräte oftmals Probleme kleine, nah vor der Küste operierende Schiffsziele von den Reflexionen der Küstenlinie zu unterscheiden. Weil die Hubschrauberradargeräte quasi von schräg oben auf die Seeziele »schauen« tritt dieses Problem bei ihnen in der Regel nicht auf.

[77] In der NATO als Anti-Ship-Missile, kurz ASM bezeichnet.

[78] Die Suchköpfe der Seezielraketen wurden durch die Hubschrauber verwirrt und vom eigentlichen Ziel abgelenkt. Die Royal Navy nutzte dieses Verfahren während des Falklandkrieges von 1982 um eigene Schiffe vor den von den Argentiniern eingesetzten Raketen des Typs Exocet zu schützen. Der Einsatz von Hubschraubern erwies sich als erfolgreich, vor allem dann, wenn zusätzlich Düppelstreifen zur Anwendung kamen.

Mi-14BT (NATO Code: Haze B)

Seeminen sind hocheffiziente und heimtückische Mittel der Seekriegsführung. Es gibt sie als Grundminen, Ankertauminen und Treibminen. Nach ihrer Art der Zündung unterscheidet man Kontakt- und Fernzündungsminen. Minen sind vergleichsweise billig, so billig, dass sie in den beiden Weltkriegen in so großer Zahl eingesetzt wurden, dass noch heute Teile der Ostsee als minenverseucht gelten.

Auch in späteren Konflikten kam die Seemine regelmäßig zum Einsatz. Im Koreakrieg warfen sowjetische Marineflieger heimlich still und leise Minen in das Seegebiet vor Wonsan[79] und verhinderten damit eine Seelandung im Stil von Inchon[80]. Die Amerikaner verminten im Vietnamkrieg die Fahrrouten zum Hafen Haiphong. Israelis und Ägypter blockierten mit Seeminen den Suezkanal und warfen etliche Exemplare ins Rote Meer.

Die sowjetische Marineführung nahm an, dass die westlichen Seestreitkräfte in einem zukünftigen Konflikt die Ostseeausgänge mit dichten Minensperren blockieren würden. Ein Ausbruch der Vereinten Ostseeflotten[81] in die Nordsee konnte nur gelingen, wenn diese Sperren überwunden wurden. Dafür mussten starke Minenräumkräfte aufgebaut werden.

Die technologische Weiterentwicklung machte aber auch vor der Seemine nicht halt. Sie wurde im Laufe der Zeit immer effizienter und heimtückischer. Als nach dem Pariser Friedensabkommen von 1973 die US-Navy antreten musste, um die amerikanischen Seeminen vor Haiphong zu räumen, hatte sie erstaunliche Schwierigkeiten diese Aufgabe zu bewältigen. Das machte sich die Sowjetunion zu Nutze und bot an mit eigenen maritimen Minenräumkräften diese Aufgabe zu übernehmen. Nachdem sich die Amerikaner zurückgezogen hatten machten sich die sowjetischen Minenräumer ans Werk. Dabei gelangten modernste amerikanische Minen in den Besitz der Sowjetmarine. Als später der Suezkanal und das Rote Meer geräumt werden musste traten wiederum sowjetische Minenräumverbände an. Die bei diesen Einsätzen gewonnenen Erkenntnisse wurden zur Weiterentwicklung der eigenen Minenräumtechnik verwendet.

Während der Räumeinsätze hatte es sich gezeigt, dass es für Minenräumschiffe oftmals zu gefährlich war sich in ein minenverseuchtes Gebiet hineinzuwagen. Deshalb ging man dazu über Minenräumgeräte nicht mehr nur durch Schiffe, sondern auch durch Hubschrauber schleppen zu lassen[82]. Für diese Aufgabe wurde die Mi-14BT entwickelt.

Technische Daten der Mi-14BT	
Einsatzzeitraum	1985 – 1990
Bezeichnung NATO	Haze B
Abmessungen	
Rotorkreisdurchmesser	21,29 m
Rumpflänge	18,37 m
Länge über alles	25,32 m
Höhe	6,94 m
Rotorkreisfläche	355,92 m²
Massen	
Leermasse	8.800 kg
Startmasse	13.000 kg
max. Startmasse	14.000 kg
Treibstoffmenge	3.530 l + 465 l Zusatzbehälter
Antrieb	2 x TW-3-117M
Startleistung	2 x 1.636 kW / 2.225 PS
Flugleistungen	
Höchstgeschwindigkeit	230 km/h in Seehöhe
Marschgeschwindigkeit	170 – 210 km/h
Reichweite	1.100 km
Gipfelhöhe	4.000 m
Steiggeschwindigkeit	7,8 m/s
Bewaffnung	keine
Nutzlast	keine
Besatzung	4

79 Wonsan ist eine große Hafenstadt an der Ostküste der koreanischen Halbinsel. Die Kriegspläne der Amerikaner sahen vor den Koreakrieg mit zwei aufeinanderfolgenden Seelandungen für sich zu entscheiden. Die erste Seelandung sollte an der Westküste bei Inchon erfolgen. Nach erfolgter Landung hatte die Landungsflotte zu ihren Ausgangshäfen zurückkehren, um neue Truppen an Bord zu nehmen. Diese Truppen sollten anschließend bei Wonsan an Land gehen, um von dort aus die letzten Rückzugswege der Nordkoreaner abzuschneiden.
Die Landung bei Inchon wurde zum vollen Erfolg für die Amerikaner. Von ihrem Landungskopf aus stießen die Truppen weit ins Innere des Landes vor, erreichten die Gebirgszüge in der Mitte der Halbinsel. Den Nordkoreanern blieb nur die Flucht auf Routen östlich der Gebirgskette. Weil die US-Landungsflotte tagelang vor Wonsan warten musste, bis die Mienensperre beseitigt war, gelang einem Großteil der nordkoreanischen Verbände die Flucht.

80 Die Nordkoreaner behaupteten »revolutionäre Fischer« hätten die Seeminen vor Wonsan in einer heldenhaften Aktion bei Nacht und Nebel verlegt. Die Amerikaner fanden später beim Räumen der Minensperre auch modernste deutsche Grundminen die wahrscheinlich aus sowjetischen Beuteständen stammten.

81 Als Vereinte Ostseeflotten bezeichnete man im Warschauer Vertrag die Verbände der Baltischen Rotbannerflotte, der polnischen Seekriegsflotte und der Volksmarine.

82 Das erste Mal wurden Hubschrauber während des Koreakrieges durch die US Navy zum Minenräumen eingesetzt.

Erkennungsmerkmale der Mi-14BT waren die lange Leiste unter und die Verkleidung des SKW-Systems über den Fenstern. (Foto: Sammlung Scheffler)

Bei der Gestaltung der Mi-14BT griff das OKB Mil auf Erfahrungen zurück, die es mit der versuchsweise zur Minenräumung eingesetzten Mi-4M gewonnen hatte. Außerdem beobachtete man sehr genau, wie die Hubschrauberkräfte der US-Navy mit dem Minenabwehrproblem umgingen.

Ausgangspunkt der Entwicklung war die UAW-Variante Mi-14PL. Sie wurde in einem ersten Schritt gründlich entkernt. Die gesamte Waffenanlage wurde entfernt, sowie die Sonarsensorsysteme ausgebaut. So konnte der Hubschrauber leichter gemacht werden. 1973 begann der Bau des ersten Mi-14BT Prototyps. Er entstand als Umbau aus einer Mi-14PL.

Äußerlich unterschied sich die Mi-14BT kaum von der Mi-14PL. Auffällig war das Fehlen des torpedoförmigen Magnetortungsgerätes am Heck. In der linken Heckseite gab es zwei kleine viereckige Fenster, in der rechten Heckseite war ein kleines dreieckiges Fenster eingebaut. Durch diese Fenster konnte der Operateur das rückwärtige Gebiet beobachten. Auf der rechten Rumpfseite befand sich oberhalb der Fensterreihe eine längliche Verkleidung. Sie beherbergte Teile des SKW-Systems. Das SKW sorgte für die Klimatisierung des Hubschraubers. Es heizte oder kühlte und belüftete nicht nur das Innere des Helikopters, sondern auch die Seenotrettungsanzüge der Besatzung[83]. Ein weiterer äußerer Unterschied zwischen der Mi-14BT und der UAW-Variante war die lange leistenförmige Verkleidung unterhalb der Fensterreihe auf der rechten Rumpfseite.

Ein von außen nicht zu erkennender Unterschied zwischen Mi-14BT und PL war der deutlich stärkere Generator. Dieser erzeugte eine größere Strommenge, die notwendig war um das Minenräumgerät zu betreiben. So konnte z.B. ein Magnetfeld erzeugt werden, dass dem eines Kampfschiffes glich. Alternativ war es möglich Geräuschemitter oder andere nachschleppbare Scheinziele mit Strom zu versorgen.

Im Heck der Mi-14BT gab es eine große Luke, die sich nach innen öffnen ließ. Durch diese Luke wurde der MAW-Ausleger[84] ausgefahren. Der MAW-Ausleger war ein massives Stahlgerüst, das mit Rollen versehen war. Über diese Rollen wurde ein Stahlseil geführt, das vom Hubschrauber herabgelassen wurde. Am Endstück des Seils befestigte man dann die Schlepptrosse des Minenräumgeräts.

[83] Die Seenotrettungsanzüge waren so gut isoliert, dass die Besatzung ohne eine zusätzliche Kühlung von außen im Laufe der Zeit überhitzen würde.
[84] MAW … Minenabwehr

Mi-14BT bei der Wasserung. Die taktischen Nummern der Mi-14 variierten in ihrer Ausführung. Es gab sie rein schwarz und mit weißer Umrandung. (Foto: Girke HelicopterDatabase.net)

Mi-14BT mit ausgefahrenen Schwimmkörpern am Boden. (Foto: Girke HelicopterDatabase.net)

Die Erprobung der Mi-14BT begann 1974. Sie verlief nicht ganz unproblematisch. 1979 wurde die Mi-14BT in den Truppendienst übernommen. Mitte der 80er-Jahre erhielt sie die Freigabe für den Export.

Ende 1985 stellte die Volksmarine sechs Mi-14BT in Dienst. Sie wurden beim Marinehubschraubergeschwader 18 in Parow verwendet.

Das Minenräumen mit der Mi-14BT war eine schwierige Aufgabe. Sie konnte nur von hervorragend ausgebildeten Besatzungen bewältigt werden.

Im Einsatz arbeiteten die Mi-14BT nie allein, sondern stets mit MAW-Schiffen[85] zusammen. Die Schiffe fuhren in das Einsatzgebiet voraus und wenn sie es erreicht hatten folgten die Hubschrauber nach. Beim Flug ins Einsatzgebiet konnten die Piloten anhand des gut funktionierenden Dopplernavigationssystems DISS-15 und der Rundumsichtradarstation Iniziatiwa-2 punktgenau navigieren. Vor Ort angekommen öffnete der Operateur die Heckluke des Hubschraubers und fuhr den MAW-Ausleger aus. Dann ließ er das Stahlseil herab, während sich der Hubschrauber dem MAW-Schiff von hinten näherte. In etwa 10 m Höhe über dem Schiff ging die Mi-14BT in die Standschwebe[86] über. Die Mannschaft des MAW-Schiffes musste nun die Schlepptrosse des Minenräumgerätes mit dem Schleppseil des Hubschraubers verbinden. Das war eine nicht ganz ungefährliche Aufgabe, sowohl für die Matrosen, als auch für den Hubschrauber. Es war bei diesem Manöver sehr wichtig, dass Pilot und Operateur per Sprechverbindung schnell und effizient kommunizierten.

Wenn die Verbindung zwischen Hubschrauber und Minenräumgerät stand zog der Helikopter den Schlepprahmen des Minenräumgerätes ins Einsatzgebiet. Dabei durfte eine Fluggeschwindigkeit von 20 bis 30 km/h nicht überschritten werden. Bei höheren Geschwindigkeiten bestand die Gefahr, dass das Schleppseil riss und das Minensuchgerät verloren ging. Der Hubschrauber hatte im Räumeinsatz aus denselben Gründen eine Flughöhe von 15 bis 20 m über der Meeresoberfläche einzuhalten.

Diese Restriktionen konnten, bei den oft rauen Wetterbedingungen in der Ostsee, nur von sehr erfahrenen Hubschrauberführern eingehalten werden. Zur Unterstützung der Besatzung gab es ein automatisiertes Sprachinformationssystem, das vor dem Überschreiten eingestellter Parameter warnte. Weil die Stimme dieses Systems von einer in der Sowjetunion sehr populären Fernsehsprecherin stammte, nannte man das Sprachinformationssystem unter der Hand »Natascha«.

Das Minenräumen konnte auf zwei Weisen erfolgen. Entweder zog man das Suchgeschirr kurz unter der Wasseroberfläche hinter dem Hubschrauber her, oder man ließ das Geschirr über der Grund des Meeres gleiten.

Beim ersten Verfahren ging es darum Fernzündungsminen mit Hilfe eines vom Minenräumgerät erzeugten Magnetfeldes oder Geräuschteppichs zur Explosion zu bringen. Mit dem zweiten Verfahren sollten Ankertau- und andere Grundminenarten aufgespürt werden.

Wenn sich dabei das Suchgeschirr am Grund des Meeres verhakte, konnte es zu gefährlichen Flugzuständen kommen, bei denen der Hubschrauber »wie ein Lämmerschwanz« am Schleppseil herumtanzte.

Die Aufgabe der Mi-14BT war es Gassen in Minenfelder zu schlagen. Diese Gassen wurden mit abgeworfenen Bojen markiert. So konnten die Besatzungen der MAW-Schiffe die Wege erkennen, die sie gefahrlos befahren mussten, um von dort

[85] MAW-Schiff … Minenabwehrschiff. Eine Zeitlang auch als Minensuch- und -räumschiff, kurz MSR-Schiff bezeichnet.

[86] Standschwebe … im englisch angehauchten Sprachgebrauch der Bundeswehr »hovern« genannt.

Mi-14BT beim Tag der offenen Tür 1990. (Foto: Sammlung Normann)

Am Ende der DDR wurden die Hubschrauber für die Seenotrettung eingesetzt und mit einer SAR-Bemalung versehen. (Foto: Girke HelicopterDatabase.net)

aus das Minenfeld vollständig zu räumen. Die Mi-14BT sollte aber auch dort zum Einsatz kommen, wo die Schiffe aufgrund der örtlichen Gegebenheiten nicht operieren konnten.

Die Mi-14BT wurde von der Volksmarine bis Ende 1989 allein zum Zwecke der Minenabwehr eingesetzt. In der Wendezeit wurden einige Maschinen mit einem SAR-Anstrich versehen und als Seenotretter genutzt.

Die sechs Mi-14BT wurden 1990 von der Bundeswehr übernommen und bis 1991 betrieben.

Als 1991 die polnische Fähre »Jan Heweliusz« im Sturm vor Rügen versank hätte dies zur großen Bewährungsprobe für die in Parow, nahe Stralsund, stationierten Mi-14BT Seenotretter werden können. Mit Unverständnis reagierten die Besatzungen darauf, dass sie von der Rettungsleitstelle nicht angefordert und stattdessen Helikopter aus Lübeck herbeigerufen wurden. Der längere Anmarschweg der aus Schleswig-Holstein herbeieilenden Hubschrauber und das Fehlen einer Radarausrüstung an Bord dieser Maschinen verzögerten die Rettungsmaßnahmen, was letzten Endes Menschenleben kostete[87].

[87] Die Ignorierung der Fähigkeiten der Ostdeutschen war Anfang der 1990er-Jahre leider keine Ausnahme, sondern hatte Methode. Im Jahr 1991 beschrieb Arnulf Baring in seinem Buch »Deutschland was nun?« die koloniale Attitüde vieler gesamtdeutscher Amtsträger gegenüber den Eingeborenen im Osten des Landes folgendermaßen: »... viele Menschen sind wegen ihrer fehlenden Fachkenntnis nicht weiterverwendbar. Sie haben einfach nichts gelernt, was sie in die freie Marktwirtschaft einbringen können.«
Diese Einstellung hat im vereinten Deutschland Schäden in Milliardenhöhe verursacht und wurde im Fall der »Jan Heweliusz« mit Menschenleben bezahlt.

Mi-24D (NATO Code: Hind D)

Anfang, Mitte der 60er-Jahre erkannten sowjetischen Militärspezialisten und Hubschrauberbauer, dass es in den USA vermehrt Bestrebungen gab einen echten Kampfhubschrauber zu bauen. Die Entwicklung des amerikanischen Air Cavalry Konzeptes und dessen Umsetzung in der Anfangsphase des Vietnamkrieges wurden ebenfalls mit Argusaugen beobachtet.
Als sich der bewaffnete Hubschrauber in Vietnam als voller Erfolg herausstellte wollte auch das sowjetische Militär mit vergleichbaren Waffensystemen ausgestattet werden. Allerdings gab es ein Problem. Nikita Chruschtschow, der damalige Parteichef und erster Mann im Staat, hatte eine Abneigung gegen bewaffnete Hubschrauber. Er hielt sie für genauso nutzlos wie schwere Panzer und Flugzeugträger.
Als 1963 der Hubschrauberkonstrukteur Michail L. Mil vorschlug einen Kampfhubschrauber zu entwickeln würgte Chruschtschow die aufkeimende Debatte zu diesem Thema ab, indem er den Anwesenden befahl »einfach die Klappe zu halten!«
1965 konstatierte Mil nach einem Besuch des Pariser Luftfahrtsalons in Le Bourget, dass die Sowjetunion im Rüstungswettlauf mit dem Westen auf dem Gebiet der Militärhubschrauber ins Hintertreffen geraten war. Während sowjetische Zivilhubschrauber zur Weltspitze zählten, hinkte man bei den bewaffneten Hubschraubern weit hinterher. Diesen Rückstand wollte der geniale sowjetische Hubschrauberkonstrukteur aufholen. In der Folgezeit entwickelte er das Konzept des »fliegenden Schützenpanzers«, das er als Zwischenschritt zum vollwertigen Kampfhubschrauber ansah. Im Prinzip war der »fliegende Schützenpanzer« nichts anderes als die Übertragung des im BMP-1[88] realisierten Schützenpanzerkonzeptes auf den Hubschrauber.
Ein »fliegender Schützenpanzer« sollte acht voll ausgerüstete Soldaten ins Kampfgebiet transportieren und aktiv in die Kampfhandlungen eingreifen. Dazu musste er so stark bewaffnet sein, dass er im Kampf sowohl gegen feindliche Infanterie, als auch gegen Panzerkräfte bestehen konnte.
Nach einigen Zwischenschritten kristallisierte sich das Projekt W-24 heraus. Die etwa 10 t schwere W-24 basierte auf der bewährten Mi-8 und übernahm von dieser wesentliche Teile des Antriebs, des Rotorsystems und der Hydraulik.
1968 sollte den Militärbehörden ein Maket[89] vorgestellt werden. Da man sich im OKB[90] aber nicht sicher war wie ein Kampfhubschrauber zu gestalten sei, baute man drei voneinander abweichende Attrappen und zusätzlich noch zwei weitere Cockpitsektionen. Die Militärs suchten sich unter den drei Hubschrauberkonfigurationen und fünf Cockpitversionen die wohl am wenigsten attraktiv aussehende Variante heraus. Außerdem mäkelten sie an der vorgesehenen Bewaffnung herum. Statt der avisierten 23 mm Bordkanone GScha-23L wollten die Vertreter des Militärs lieber ein 12,7 mm Gatling MG haben.

Technische Daten der Mi-24D	
Einsatzzeitraum	1978 – 1990
Bezeichnung NATO	Hind D
Abmessungen	
Rotorkreisdurchmesser	17,30 m
Rumpflänge	17,51 m
Länge über alles	19,79 m
Höhe	4,44 m
Rotorkreisfläche	235,00 m²
Massen	
Leermasse	8.260 kg
Startmasse	11.200 kg
max. Startmasse	11.500 kg
Treibstoffmenge	2.130 l + 2 x 850 l Zusatzbehälter
Antrieb	2 x TW-3-117
Startleistung	2 x 1.471 kW / 2.000 PS
Flugleistungen	
Höchstgeschwindigkeit	330 km/h in 1000 m
Marschgeschwindigkeit	260 km/h
Reichweite	500 – 750 km
Gipfelhöhe	4.500 m
Steiggeschwindigkeit	bis 12,5 m/s
Bewaffnung	
Waffenstationen	4 x UB-32 je 32 Raketen S-5 4 x Bomben bis 500 kg 4 x PALR Falanga-P
Nutzlast	2.400 kg, 8 Soldaten
Besatzung	2 – 3

[88] BMP … Bojewaja Maschina Pechota, Kampfmaschine der Infanterie oder Schützenpanzer.
[89] Maket, russ. für Attrappe oder Mock-up
[90] OKB … russ. …. Versuchskonstruktionsbüro. Die OKB's waren in der Sowjetunion organisatorisch nicht mit den Herstellerwerken der Fluggeräte verbunden, sondern agierten eigenständig.

Diese beiden Mi-24D sind mit UB-32 Raketenbehältern bewaffnet. (Foto: Rob Schleiffert)

Mi-24D beim Start. (Foto: Rob Schleiffert)

Zudem war ihnen das vom OKB Mil vorgesehene Panzerabwehrlenkraketensystem Falanga[91] nicht fortschrittlich genug. Das Militär verlangte die Integration des hochmodernen Systems Schturm[92]. Das Problem bestand nun darin, dass weder das 12,7 mm Gatling MG noch die PALR[93] Schturm verfügbar waren. Sie mussten erst noch entwickelt werden.

[91] Falanga … russ. … Phalanx

[92] Schturm … russ. … Sturm, aber nicht im Sinne des Wetterphänomens, sondern im militärischen Sinne von »Sturmangriff« oder sportlichen Sinn von »Sturm« beim Fußball.

[93] PALR … NVA-Begriff für Panzerabwehrlenkrakete. Im Bundeswehrsprachgebrauch PALfk … Panzerabwehrlenkflugkörper.

Zur Wartung sind die Triebwerksverkleidungen geöffnet. (Foto: Rob Schleiffert)

Der Hinweis von Vertretern des OKB, dass das Bestehen auf die geforderten Systeme die Entwicklung des Hubschraubers um Jahre verzögern würde wurde von den Militärs ignoriert.

Die Entwicklung der Mi-24 ging relativ schnell vonstatten. Da bei der Konstruktion des Hubschraubers zu großen Teilen auf bewährte Baugruppen zurückgegriffen werden konnte erwiesen sich die Entwicklungskosten und -risiken als relativ gering. Die Entwicklung der Hauptwaffensysteme lag jedoch im Zeitplan weit zurück. Im Ergebnis war der Prototyp der Mi-24 fertiggestellt, stand jedoch waffenlos in der Gegend herum.

Um keine weitere Zeit zu verlieren entschloss man sich im OKB Mil kurzerhand das Waffensystem der Mi-8TW in die Mi-24 einzubauen. Man installierte ein Afanasiew 12,7 mm MG in die Bugnase und verwendete die PALR Falanga. So ausgestattet absolvierten die Mi-24 Prototypen die Flugerprobung, die sie mit Bravour bestanden.

Unter der Bezeichnung Mi-24A begann die Serienfertigung. Die Mi-24A war nur als Übergangslösung gedacht. Sie sollte zur Ausbildung von Piloten dienen und die Zeit bis zur Verfügbarkeit der, mit den vom Militär geforderten Hauptwaffensystemen bestückten, Varianten Mi-24B und W überbrücken.

In der Truppe wurde die Mi-24A mit gemischten Gefühlen aufgenommen. Die Hubschrauberpiloten waren vom Flugverhalten und der Leistungsfähigkeit des neuen Kampfhubschraubers beeindruckt. Das Cockpit gefiel ihnen jedoch überhaupt nicht. Sie fühlten sich als ob sie in einem Glashaus sitzen würden. Trotz der großen Glasflächen waren die Sichtbedingungen suboptimal.

Die diesbezügliche Kritik wurde von den Konstrukteuren sehr ernst genommen. Eine komplett neue Cockpitsektion entstand. Die Piloten saßen fortan in getrennten Cockpits. Jedes Cockpit bot eine hervorragende Sicht nach draußen, war gut gepanzert und so ausgestattet, dass sowohl Pilot, als auch Bordschütze den Hubschrauber fliegen konnten.

Der Zugang zum Frachtraum der Mi-24D erfolgte über zwei horizontal geteilte Luken. (Foto: Rob Schleiffert)

Die Mi-24D der NVA wurden mit Störkörperwerfern und einem Infrarotstörgerät nachgerüstet. (Foto: Rob Schleiffert)

Als das 12,7 mm Gatling MG des Typs JakB endlich einsatzbereit war wurde es in den Prototypen der Mi-24B getestet. Da zum gleichen Zeitpunkt aber auch die neue Cockpitsektion verfügbar war entschloss man sich im OKB Mil auf die Mi-24B zu verzichten und stattdessen eine weitere Übergangsversion zu bauen. Diese nannte man Mi-24D.[94]

[94] Nach der Abfolge des kyrillischen Alphabets hätte diese Version Mi-24G genannt werden müssen. Man übersprang des G jedoch, weil man verhindern wollte, dass sich für die Mi-24 der Spitzname »Gowno« einbürgert. »Gowno« ist ein nicht druckreifer Kraftausdruck, den die Franzosen gern mit »Merde« umschreiben.

Die kleinste taktische Einheit eines Kampfhubschrauberverbandes wurde von zwei Maschinen gebildet. Man nannte das ein Paar. (Foto: Sammlung Scheffler)

Die Mi-24D war eine Notlösung, die die Zeit bis zur Einsatzreife der Mi-24W überbrücken sollte. Doch wie viele Provisorien vor und nach ihr erwies sich auch die Mi-24D als langlebiger als erwartet. Sie wurde 10 Jahre lang hergestellt, viele Jahre davon parallel zum Nachfolgemuster Mi-24W.

Die Mi-24D entstand als Kombination des Mi-24B Waffensystems mit der durch die neuentwickelte Frontsektion veränderten Hubschrauberzelle. Im Juni 1972 wurden zwei Prototypen gebaut, die durch den Umbau von zwei Mi-24A (Mi-24B nach anderer Quelle) entstanden. Die Prototypen sahen den späteren Serienmodellen bereits sehr ähnlich, besaßen jedoch noch die alte Heckrotorauslegung, bei der sich der Rotor auf der rechten Seite (steuerbord) der Heckflosse befand.

Die Flugerprobung der Mi-24D wurde im Spätsommer 1972 aufgenommen und dauerte bis in den Herbst 1974.

Bereits 1973 nahm das Hubschrauberwerk Arsenijew die Serienfertigung der Mi-24D auf. Sie lief eine Zeitlang parallel zur Fertigung der alten Mi-24A. Wenig später startete auch im Hubschrauberwerk Nr.168 in Rostow am Don die Serienproduktion. Die Fertigung in Arsenijew lief bis 1977. Nach etwa 350 produzierten Einheiten stellte das Werk auf die Mi-24W um. In Rostow am Don wurde die Mi-24D bis 1983 (1985 nach anderer Quelle) hergestellt. Hier entstanden vor allem Mi-24D, die für den Export bestimmt waren.

Die in die Staaten des Warschauer Vertrages exportierten Mi-24D waren, bis auf wenige Details, mit denen identisch, die für die sowjetischen Streitkräfte gefertigt wurden. Eine »entfeinerte«, sprich vereinfachte Exportversion wurde als Mi-25 an »befreundete Staaten«, die nicht der Warschauer Vertragsorganisation angehörten, geliefert[95].

Interessant ist der Umstand, dass der Mi-24D lange Zeit die offizielle Übernahme in die sowjetischen Streitkräfte verweigert wurde. Und das, obwohl die Serienproduktion in vollen Zügen lief und die Fronteinheiten zügig mit der neuen Mi-24 Variante ausgerüstet wurden. Die offizielle Übernahme erfolgte erst am 29. März 1976, am selben Tag, an dem auch die Mi-24W offiziell in den Bestand der sowjetischen Fliegerkräfte überging. Es ist zu vermuten, dass der Grund für diese Herangehensweise darin zu suchen ist, dass man versuchte die alphabetische Reihenfolge einzuhalten. (W = 3. Buchstabe im kyrillischen Alphabet, G als 4. Buchstabe wurde aus »ästhetischen« Gründen ausgelassen, D = 5. Buchstabe.)

Zu diesem Zeitpunkt befanden sich bereits gut 200 Mi-24D im Truppendienst.

Die Mi-24D wurde im Laufe ihrer Geschichte immer weiter verbessert. Ab 1975 erhielt sie Staubkappen vor den Lufteinlässen, um die Triebwerke vor Beschädigungen durch aufgewirbelte und dann angesaugte Fremdkörper zu schützen. Ab 1977

[95] Mi-25 gingen unter anderem nach Nikaragua und Libyen.

Das Paar bestand aus dem »Führenden« und dem »Geführten«. (Foto: Sammlung Scheffler)

wurde die 3. Serie des Triebwerks TW3-117 verwendet. Diese Triebwerke hatten eine längere Lebensdauer und eine gesteigerte Funktionssicherheit. Die letzten, in den 1980er-Jahren für den Export gebauten Mi-24D erhielten die leistungsgesteigerte Triebwerksvariante TW3-117W.
Ab 1980 nahm die Mi-24D an der Besetzung Afghanistans durch die sowjetischen Streitkräfte teil. Der sich aus einer handstreichartigen Aktion entwickelnde zehnjährige Krieg wurde zur Härteprobe für den Hubschrauber. Von den dort kämpfenden sowjetischen Einheiten wurde die Mi-24D dank ihrer hohen Beschussfestigkeit und überwältigenden Feuerkraft gern gesehen. In der Truppe erhielt der Hubschrauber den Spitznamen »Krokodil«. Oft reichte das pure Auftauchen der »Krokodile« aus um den Feind in die Defensive zu treiben. Bei den sowjetischen Soldaten war die Mi-24D höchstbeliebt. Bei den Feinden, Duschmanen (tadschikisch: Feind) nach sowjetischer Lesart, Mujaheddin (arabisch: Gotteskrieger) nach westlicher Lesart, war die Mi-24D dagegen gefürchtet und verhasst. Sie nannten die Mi-24 »Shaitan Arba«, was so viel wie »Streitwagen des Satans« bedeutet. Mit Handfeuerwaffen war der Mi-24D kaum beizukommen. Lediglich seitlicher Beschuss des Cockpits konnte zum Erfolg führen. Das änderte sich erst als westliche Staaten begannen tragbare Fla-Raketenkomplexe (Manpads) an die Aufständischen zu liefern. Für eine gewisse Zeit waren die sowjetischen Hubschrauberkräfte paralysiert, die Verluste stiegen deutlich an. Doch der Erfolg war nur von zeitweiliger Natur.
Um der Gefahr, die von infrarotgelenkten Raketen ausging, begegnen zu können wurden die Mi-24D zunächst mit zwei, später mit vier Leuchtköderwerfern nachgerüstet. Die Werferkassetten wurden mit Spannbändern am Heckausleger befestigt, die dazugehörigen Bedienteile im Cockpit installiert.
Mitte der 80er-Jahre kam zusätzlich das IR-Störgerät Lipa (Ispanka)[96] zum Einsatz.
Im Afghanistanfeldzug bewährte sich die Mi-24D gut. Sie war robust und beschussfest. Sie zeigte aber Schwächen bei Flügen in großen Höhen. Ihre Gipfelhöhe war zu gering, so dass sie hochaufragende Gebirgsmassive nicht überfliegen konnte. Die Besatzungen waren deshalb gezwungen durch die Täler zu fliegen, was Umwege und Zeitverlust bedeutete und sie der Gefahr von Feindfeuer aussetzte. Außerdem erwies sich die verfügbare Waffenpalette zum Teil als nicht effektiv genug.
In Mitteleuropa, wo die Mi-24D die Masse der Kampfhubschrauber der Warschauer Vertragsstaaten stellte, begann sie spätestens ab Mitte der 80er zu veralten. Das PALR-System Falanga-P war nicht in der Lage die Bugpanzerung der neuesten Panzergeneration der NATO Armeen zu durchdringen. Deshalb gab es Ende der 80er-Jahre Bestrebungen die vorhandenen Mi-24D auf den Mi-24W Standard zu modernisieren.
Die DDR sah sich in den 1970er-Jahren verstärkt mit sowjeti-

[96] Lipa … russ.: … Linde, Ispanka … russ.: … Spanierin

Paarstart (Foto: Sammlung Scheffler)

Nach ihrem Absturz wurde die 521 wiederaufgebaut, aber nicht mehr geflogen. Sie kam mit der neuen Nummer 5211 zur MTS Bad Düben, wo sie als Ausbildungsobjekt Verwendung fand. (Foto: Neef)

schen Forderungen konfrontiert, die eine Erhöhung der Offensivfähigkeit der fliegenden Verbände verlangten. Deshalb wurde neben der Aufstellung eines Jagdbombenfliegergeschwaders auch ein Kampfhubschraubergeschwader ins Auge gefasst.
Keimzelle des neuen Verbandes war die 5. Staffel des Hubschraubergeschwaders-34 (HG-34) in Brandenburg-Briest. Die Staffel flog mit bewaffneten Mi-2 und Mi-8T Hubschraubern, die vor allem zur Umschulung von Piloten und Bordschützen auf die neue Aufgabe genutzt werden sollten.
Offiziell wurde der neue Verband am 1. November 1975 ins Leben gerufen. Er erhielt die Bezeichnung Hubschraubergeschwader-54, kurz HG-54. Am 21. November 1975 verlegte das HG-54 zum eigens neu eingerichteten Hubschrauberlandeplatz Basepohl in der Nähe von Neubrandenburg, wo das Geschwader fortan beheimatet war.
Das HG-54 flog zunächst weiterhin mit bewaffneten Hubschraubern der Typen Mi-2 und Mi-8T. Im Februar 1977 wurden die ersten schwerbewaffneten und gepanzerten Mi-8TB zugeführt und im August 1978 trafen die ersten vier Mi-24D ein. Die DDR, als treuester Verbündeter der Sowjetunion, erhielt als erster Staat außerhalb der UdSSR den neuen Kampfhubschrauber. Das wurde von der DDR-Führung wohlwollend zur Kenntnis genommen. 1979 erhielt das Geschwader vier weitere Mi-24D. Am 7. Oktober 1979 nahmen sieben Mi-24 an der Parade zu Ehren des 30. Jahrestages der DDR in Berlin teil. Die Westalliierten beschwerten sich daraufhin heftig bei den Sowjets, was die DDR Führung aber nicht davon abhielt 1984 eine Luftparade zum 35. Republikgeburtstag durchzuführen.
Am 1. März 1980, dem Tag der NVA, wurde dem HG-54 der Ehrenname »Adolf von Lützow« verliehen. Die Wahl des Namens zeigte eine veränderte Traditionslinie in der NVA. Neue Verbände wurden nicht mehr nur nach kommunistischen Heroen benannt, sondern auch nach Helden der Befreiungskriege gegen Napoleon[97].
Am 30. April 1981 war die Ausbildung der Piloten soweit fortgeschritten, dass das Hubschraubergeschwader in das Diensthabende System des Warschauer Vertrages übernommen wurde. Es hatte damit offiziell die volle Einsatzbereitschaft erreicht. Im Laufe des Jahres 1981 erhielt das Hubschraubergeschwader achtzehn weitere Mi-24D. Das Verhältnis zwischen Mi-8TB und Mi-24D verschob sich damit entscheidend zugunsten des Kampfhubschraubers. Dieser Entwicklung wurde auch in der Einheitenbezeichnung Rechnung getragen. Aus dem HG-54 entstand am 1. Dezember 1981 das Kampfhubschraubergeschwader-57, kurz KHG-57.
Etwa zur gleichen Zeit wurde ein zweites Kampfhubschraubergeschwader aus der Taufe gehoben. In Brandenburg-Briest bildete sich aus der Hubschrauberstaffel-64 (HS-64) das Kampfhubschraubergeschwader-67 (KHG-67). Dieser Verband war zunächst mit Mi-8TB ausgerüstet. Ab 19. Juni 1982 erhielt auch

[97] Die Änderung der Traditionslinien betraf nicht nur die NVA. Auch andere Bereiche der Gesellschaft wurden davon erfasst. So wurde in Berlin ein Denkmal des Preußenköniges Friedrich II an prominenter Stelle wieder aufgestellt. Das Bild Bismarcks wandelte sich von einer reinen Hassgestalt zu einem Politiker, der nicht nur für die Unterdrückung der Sozialdemokratie stand, sondern auch für soziale Verbesserungen im Leben der Arbeiterklasse gesorgt hatte. Im Fernsehen lief eine Reihe von Filmen, die unter dem Titel »Sachsens Glanz und Preußens Gloria« die Geschichte Deutschlands anders darstellte, als man es in der DDR bis dato gewohnt war. Selbst Karl May kam wieder zu Ehren und »Winnetou« war in der Flimmerkiste zu bewundern.

In der Einsatztaktik bilden zwei Paare bilden eine Kette. (Foto: Sammlung Normann)

Die Mi-24D war der erste echte Kampfhubschrauber der NVA. (Foto: Quarzgut.info)

das KHG-67 die Mi-24D. Da Brandenburg-Briest unter einem alliierten Luftkorridor nach Westberlin lag und die Amerikaner, Briten und Franzosen diesen Umstand ausgiebig zur Luftspionage nutzten, verlegte das KHG-67 im November 1982 nach Cottbus. Der dortige Flugplatz war vom Jagdfliegergeschwader JG-1 geräumt worden, weil sich die Stadt Cottbus in den 70er-Jahren so stark ausgedehnt hatte, dass die Einflugschneise zum Flugplatz über Wohngebiete führte. Ein Unfall mit Todesfolge, bei dem eine MiG-21 in ein Wohnhaus abstürzte, hatte die Unhaltbarkeit dieser Zustände offenkundig gemacht. Das JG-1 verlegte daraufhin auf den neuerrichteten Flugplatz Holzdorf und das KHG-67 übernahm den Landeplatz in Cottbus. Er blieb bis zum Ende der DDR die Heimatbasis des neuen Kampfhubschraubergeschwaders.

Am 7. Oktober 1984 wurde dem Geschwader der Ehrenname »Ferdinand von Schill« verliehen.

Beide Kampfhubschraubergeschwader waren mit jeweils einer Staffel Mi-8TB und einer Staffel Mi-24D ausgerüstet. Hinzu kamen jeweils noch 3. Staffeln, die für Sonderaufgaben, Führung und Aufklärung vorgesehen waren. Beide Geschwader hatten darüber hinaus eigene Kontroll- und Reparaturstaffeln[98], die für kleinere periodische Kontrollen und Reparaturen zuständig waren. Größere Kontrollen und Reparaturen wurden im VEB Flugzeugwerft Dresden durchgeführt.

Bis 1983 lieferte die Sowjetunion insgesamt 42 Mi-24D, die sowohl im KHG-57 in Basepohl und im KHG-67 in Cottbus Dienst taten.

Zwei Mi-24D des KHG-5 beim Flug. (Foto: Quarzgut.info)

Eine Mi-24D wird zum Start vorbereitet. Der Starterwagen ist bereits herangefahren. (Foto: Quarzgut.info)

Die Mi-24D war für die NVA ein gewaltiger Schritt nach vorn. Die Fähigkeit der NVA-Luftstreitkräfte (LSK) die eigenen Bodentruppen (Landstreitkräfte, LaSK) im Gefecht unterstützen zu können steigerte sich erheblich.

Bald schon zeigte es sich, dass das Zusammenwirken von LSK und LaSK nicht ganz unproblematisch war. Deshalb wurde 1982 das Führungsorgan Front- und Armeefliegerkräfte (FO FAFK) gegründet, in dem Offiziere der Landstreitkräfte mit den Geschwadern der LSK zusammen arbeiten sollten. Das KHG-57 wurde am 30. September 1982 diesem Führungsorgan zugeordnet.

Bis Ende 1984 war die Entwicklung soweit gediehen, dass beide Kampfhubschraubergeschwader aus dem Bestand der LSK ausgegliedert und den Landstreitkräften unterstellt wurden. Das geschah am 30. November 1984. Die Armeefliegerkräfte wurden Realität.

Um die neuen Unterstellungsverhältnisse zu dokumentieren erhielten die Geschwader am 1. Dezember 1986 neue Bezeichnungen. Aus dem KHG-57 wurde das KHG-5 und das KHG-67 taufte man in KHG-3 um. Die neuen Nummern korrespondierten mit den Nummern der Militärbezirke in der DDR, die im E-Fall[99] die 3. und die 5. Armee des Warschauer Vertrages hätten bilden sollen.

[98] In kleineren Verbänden hießen diese Einheiten KRG, Kontroll- und Reparaturgruppe. Die KRG bzw. KRS war für die Reparatur der Hubschrauber zuständig. Daneben gab es das ITP, das Ingenieurtechnische Personal. Das ITP war für die Wartung und Pflege der Technik auf der »Piste« verantwortlich. Deshalb auch der Spitzname »Pisties« für die Angehörigen des ITP. Piloten wurden in einigen Verbänden als »blaue Wattebällchen« bezeichnet.

[99] E-Fall … alter deutscher Militärausdruck für Ernstfall, sprich Krieg.

Eine Mi-24D beim Start in Basepohl. Im Hintergrund sieht man eine Mi-2 fliegen. (Foto: Quarzgut.info)

Die Stationierungsorte Basepohl und Cottbus blieben erhalten. Obwohl die Kampfhubschraubergeschwader offiziell und strukturmäßig zu den Landstreitkräften gehörten, trugen die Angehörigen beider Verbände die Uniformen der Luftstreitkräfte. Das Personal wurde auch weiterhin an den Schulen der LSK ausgebildet und auch die technische Sicherstellung erfolgte im Rahmen der Luftstreitkräfte.

Die Einführung der Mi-24D gelang recht schnell und verlief relativ unproblematisch. 1979 wurde der neue Hubschrauber während einer Truppenschau für die Partei- und Staatsführung der Öffentlichkeit zum ersten Mal vorgeführt. Im September 1980 waren bereits genügend Mi-24D geliefert und Besatzungen ausgebildet, dass das KHG-57 am Großmanöver Waffenbrüderschaft-80, welches auf dem Gebiet der DDR durchgeführt wurde, teilnehmen konnte.

Während des Manövers zeigten die Besatzungen, dass sie mit ihren Mi-24D Panzervorstöße des Gegners abwehren und zerschlagen konnten. In erstaunlich kurzer Zeit wurde die volle Gefechtsbereitschaft des für die NVA vollkommen neuen Waffensystems Mi-24D erreicht.

Doch es lief auch nicht alles glatt. Zum ersten tödliche Unfall mit einer Mi-24D kam es am 26. August 1980, als sich eine Besatzung während des Kunstflugtrainings von den hervorragenden Flugeigenschaften der Mi-24D verleiten ließ die Maschine über Gebühr zu beanspruchen. Zunächst hatte man geglaubt den Absturz einem Vogelschlag zuschreiben zu müssen, doch stellte sich bei genauerer Untersuchung des Vorfalls heraus, dass sich bei der zu rasanten Ausführung eines Flugmanövers die Tragschraubenblätter soweit durchgebogen hatten, dass sie auf dem Heckausleger aufschlugen und zerstört wurden. Ein Absturz war unvermeidlich, die gesamte Besatzung kam ums Leben. Es war das erste und einzige Mal, dass einer Mi-24 der NVA dieses Missgeschick widerfuhr. Die sowjetischen Streitkräfte hatten derweil schon öfter mit diesem Phänomen zu tun gehabt, die entsprechende Information war aber bei den Piloten der NVA nie angekommen. Deshalb kaufte man von der Sowjetunion zusätzliche Vorschriften und Handlungsanweisungen und übersetzte die russischsprachigen Dokumentationen vollständig ins Deutsche. In diesen Dokumenten wurde man bezüglich der Flugparameterbeschränkungen fündig. Es bewahrheitete sich die Weisheit sowjetischer Mi-24 Piloten, die auch heute noch unter russischen Mi-24 Piloten kursiert: *»Wenn man genau weiß, was man mit einer Mi-24 machen kann und vor allem was man tunlichst vermeiden sollte, dann ist das Krokodil der beste Kampfhubschrauber der Welt!«*

Ein weiterer Unfall mit Todesfolge ereignete sich am 3. Juni 1982, als die Mi-24D mit der taktischen Nummer 521 im Uferbereich der Havel eine Standschwebe durchführte. Das unglückliche Zusammenspiel von hohen Temperaturen und unerwarteten Luftströmungen führte zu einer Kollision des Hauptrotors mit am Ufer stehenden Bäumen. Der Rotor wurde zerstört, was zum Absturz führte. Der Pilot kam ums Leben, während Bordingenieur und Fluglehrer überlebten und nach Auskurieren ihrer Verletzungen auch wieder flogen.

Zur Ausbildung der Kampfhubschrauberverbände gehörte auch das Feldlager. (Foto: Quarzgut.info)

Die 521 wurde geborgen und instandgesetzt. Im Flugbetrieb wurde sie aber nicht wieder eingesetzt. Sie kam stattdessen in die Militärtechnische Schule »Harry Kuhn« Bad Düben, wo sie als Ausbildungsobjekt für angehende Hubschraubertechniker genutzt wurde.

In Bad Düben erhielt die Maschine die neue taktische Nummer 5211 und war damit der einzige Hubschrauber der NVA, der offiziell über eine vierstellige Bordnummer verfügte[100].

Heute ist die 5211 im Luftwaffenmuseum Gatow ausgestellt.

Relativ glimpflich lief ein Startunfall am 24. August 1984 ab. Während des Starts versagte das rechte Triebwerk, der Hubschrauber sackte durch und schlug hart auf. Teile des Fahrwerks brachen. Die Schäden waren aber reparierbar und die Besatzung kam mit dem Schrecken davon.

Tragisch hingegen war der letzte Verlust einer Mi-24D, der am 26. Oktober 1984 stattfand. Eine Mi-24D befand sich routinemäßig auf einem vorgeschobenen Landeplatz nahe der Grenze zur Bundesrepublik[101]. Am Tag der Ablösung herrschte dichter Nebel mit Sichtweiten unter 50 Meter. Da am Heimatlandeplatz Cottbus jedoch ausreichende Sichtbedingungen vorherrschten startete die Besatzung um mittels Instrumentenflug zur Heimatbasis zurückzukehren. Dabei kollidierte die Mi-24 mit einem Abstützkabel des Funkmastes einer sowjetischen Jägerleitstation (Radarstation nach anderer Quelle). Die Kollision erfolgte so unglücklich, dass die gesamte Cockpitsektion abgetrennt wurde als der Hubschrauber abstürzte und ausbrannte. Pilot und Bordschütze starben. Der Bordingenieur hatte Glück im Unglück er wurde aus dem zerbrechenden

[100] Es gibt auch Bilder anderer Mi-24 der NVA mit vier- oder zweistelligen Bordnummern. Diese wurden aber aus Gründen der »Irreführung des potentiellen Gegners« manipuliert indem man eine Nummer hinzufügte oder übermalte.

[101] Die 1980er-Jahre waren eine Spannungsphase während des Kalten Krieges. Amerikanische Kampfhubschrauber patrouillierten entlang der Grenze zur DDR. Als Antwort darauf wurden von der DDR und der Sowjetunion auf Landepunkten entlang der Grenze einzelne Kampfhubschrauber stationiert. Die Stationierung erfolgte aber nicht permanent, sondern nur tageweise, indem bei Bedarf Kampfhubschrauber oder Transportkampfhubschrauber von ihren Geschwadern auf die vorgeschobenen Landeplätze verlegt wurden. Als Landeplätze nutzte man die ausgebauten Landeplätze der Grenzflieger und provisorische Landeplätze in der Nähe von Radarstationen entlang der Grenze. So stand z.B. auf dem Landeplatz Meiningen eine Mi-24D im Diensthabenden System, kurz DHS. In Nordhausen und Salzwedel wurden im Bedarfsfall je eine Mi-8TB stationiert.

Wartung unter feldmäßigen Bedingungen. (Foto: Quarzgut.info)

Hubschrauber herausgeschleudert und »nur (!)« schwer verletzt.

Wie bereits erwähnt wurden die Mi-24D bis 1983 zugeführt. Unter der Hand ging in den Hubschraubereinheiten die Geschichte herum, dass manche dieser Hubschrauber vor ihrer Auslieferung an die DDR direkt vom Herstellerwerk aus einer intensiven »Felderprobung« in Afghanistan unterzogen worden sein sollen. Diese Erprobung erfolgte ohne das Wissen der deutschen Seite.

Eine abgewandelte Geschichte berichtet, dass die vier zuerst gelieferten Mi-24 zu einer größeren periodischen Kontrolldurchsicht nach Moskau gebracht wurden und sich diese Kontrolluntersuchung ungewöhnlich lang hinzog. Nach mehrmaligem Nachfragen beim Hersteller, wo denn die Mi-24 abgeblieben seien, kamen die Hubschrauber zurück nach Basepohl. Die NVA-Verantwortlichen waren sich zunächst nicht sicher, ob man aus Moskau die richtigen Hubschrauber zurückerhalten hatte. Es gab geflickte Einschussstellen und andere reparierte Beschädigungen, die zuvor nicht vorhanden gewesen waren. Der neuaufgebrachte Lack schien direkt über eine Staubschicht gespritzt worden zu sein, denn man konnte Sandkörner unter dem Lack erfühlen.

Nach einer Überprüfung der Seriennummern an Zelle und Triebwerken stand fest, dass es sich tatsächlich um die NVA-Maschinen handelte. Auf Nachfrage beim Hersteller, was denn mit den NVA Mi-24D geschehen sei, sprachen Vertreter des Herstellerwerkes unter der Hand und nach einigen Gläsern die Zunge lösenden Wodkas, von einer »Werkserprobung« in Afghanistan.

Von manchen Zeitzeugen wird diese Darstellung bezweifelt, sie ist also mit Vorsicht zu genießen. Fest steht aber, dass fortan alle größeren Kontrollen und Reparaturen von NVA Mi-24 im VEB Flugzeugwerft Dresden durchgeführt wurden.

Da das Waffensystem der Mi-24D in den späten 80er-Jahren nicht mehr auf der Höhe der Zeit war, wurde beschlossen die Maschinen auf den Standard der Mi-24W aufzurüsten. Dazu sollten neue Triebwerke, ein besserer Radarwarner und das moderne Panzerabwehrlenkwaffensystem Schturm-W integriert werden.

Die Modernisierung war für die frühen 90er-Jahren vorgesehen. Im Laufe des Jahres 1990 sollte eine einzelne Mi-24W aus der Sowjetunion geliefert werden. Diese Maschine war als Anschauungsobjekt für die zukünftige, in Eigenregie durchzuführende Kampfwertsteigerung gedacht.

Doch dazu kam es nicht mehr. Die im März 1990 gewählte neue Regierung der DDR stornierte auf Anraten westdeutscher

Die Mi-24 hat ein ganz charakteristisches, unverwechselbares Aussehen. (Foto: Flugplatzmuseum Cottbus)

Die 396 war in Cottbus stationiert. (Foto: Flugplatzmuseum Cottbus)

Die Mi-24D wurde für eine kurze Zeit von der Bundeswehr betrieben. (Foto: Flugplatzmuseum Cottbus)

Diese Mi-24D ist im Flugplatzmuseum Cottbus ausgestellt. (Foto: Normann)

Eine Kette Mi-24 erhebt sich beim Start im Verband in die Lüfte. (Foto: Quarzgut.info)

Berater diese Bestellung und zahlte stattdessen eine hohe Konventionalstrafe an den Hersteller.

Die Mi-24D der NVA wurden zunächst von der Bundeswehr übernommen und bis 1993 eingeschränkt betrieben. Einzelne Maschinen gingen an die Wehrtechnische Dienststelle WTD 61 in Manching, wo sie auf Herz und Nieren getestet wurden. Im Rahmen dieser Tests unternahm man einen deutschlandweiten Rundflug, um verschiedenen Bundeswehreinheiten die Leistungsfähigkeit der Mi-24 zu demonstrieren. Die Flüge bei der WTD 61 dauerten bis 1996.

1995 wurden etliche Mi-24D an Ungarn abgegeben. Da sich die Ungarn den Unterhalt der Mi-24 damals nicht leisten konnten nutzten sie die ehemaligen NVA-Maschinen lediglich als Ersatzteilspender. Später sollen einige Mi-24D wieder flugfähig gemacht worden sein.

Anfang 1996 gingen einige Mi-24D an Polen. In Polen wurden nur zwei Maschinen als Ersatzteilspender genutzt, der Rest wurde in den aktiven Dienst überführt. Im Rahmen der polnischen Teilnahme an der ISAF Schutztruppe sollen einige ex NVA-Maschinen in Afghanistan eingesetzt worden sein.

Eine Mi-24D wurde bereits 1991 an die USA verschenkt. Sie wurde dort im Rahmen der Feinddarstellungskräfte verwendet. Ein paar Mi-24D der NVA fanden ihren Weg ins Museum. Heute kann man sie unter anderem im Flugplatzmuseum Cottbus oder im Luftwaffenmuseum Gatow besichtigen.

Mi-24P (NATO Code: Hind F)

Von Anfang an hatte Michail L. Mil bei der Entwicklung der Mi-24 geplant diesen Kampfhubschrauber mit einer Bordkanone auszurüsten. Seine Wahl fiel auf die Kanone GScha-23L, die auch im sowjetischen Jagdflugzeugbau eingesetzt wurde und sich durch eine hohe Zuverlässigkeit auszeichnete. Im Kaliber 23 mm sah Mil einen guten Kompromiss zwischen Durchschlagskraft, Reichweite und Gewicht.

Das Militär war jedoch anderer Meinung. Es wollte unbedingt ein Gatling-MG. Der Grund hierfür war der Vietnamkrieg. Bei den dortigen Kampfhandlungen hatten sich Gatlings als äußerst starke Hubschrauberwaffen herausgestellt. Deshalb bestanden die verantwortlichen Militärs auf einem Gatling und weil sie die Amerikaner übertrumpfen wollten auf einem Gatling im Kaliber 12,7 mm[102].

Daraufhin wurde das JakB-12,7 entwickelt. Die Entwicklung dieser Waffe war nicht ganz unkompliziert und deshalb langwierig. Als es einsatzreif wurde glänzte das JakB allerdings mit einer beeindruckenden Feuerkraft. Afghanistanveteranen berichteten, dass es mit dieser Waffe problemlos möglich war LKWs oder Autos in zwei Teile zu »schneiden«. Bis zu einer Distanz von etwa 1.500 Meter war das Feuer dieser Waffe sehr präzise. Die hohe Feuerdichte sorgte für eine verheerende Wirkung im Ziel.

Das JakB hatte aber auch seine Schattenseiten. Es war, anders als man es von sowjetischen Schusswaffen gewohnt war, unzuverlässig. Es neigte bei Verschmutzungen zu Ladehemmungen und hatte die Tendenz sich heißzuschießen. Ladehemmungen wegen Überhitzung traten bereits nach etwa 500 Schuss Dauerfeuer auf.

Im Friedensbetrieb fiel das Problem nicht auf[103]. In Afghanistan wurde es akut. Das JakB musste umkonstruiert werden, was Jahre später zum JakBJu-12,7 führte.

Dem Argument der »Milowzij«[104], dass ein nur mit einem MG bewaffneter Kampfhubschrauber auf dem mitteleuropäischen Kriegsschauplatz unterbewaffnet sein würde, konnte sich aber auch das Militär nicht verschließen. Deshalb wurde bereits in die Anfangsplanung der zu entwickelnden Mi-24 Versionen eine mit einer Bordkanone ausgerüstete Variante aufgenommen. Die Entwicklung dieser Variante begann Mitte der 70er-Jahre.

Das OKB Mil bot erneut an die Kanone GScha-23L in den Hubschrauber einzubauen. Die Unterbringung der Waffe in einem Drehturm war machbar. Die Reichweite, die Genauigkeit und Zielwirkung des Feuers waren gut. Das verhältnismäßig geringe Gewicht der Granatpatronen erlaubte einen anständigen Munitionsvorrat.

Technische Daten der Mi-24P	
Einsatzzeitraum	1989 – 1990
Bezeichnung NATO	Hind F
Abmessungen	
Rumpflänge	17,51 m
Länge über alles	19,19 m
Spannweite	6,54 m
Höhe	4,44 m
Rotorkreisdurchmesser	17,30 m
Rotorkreisfläche	235,06 m^2
Rotorblattzahl	5 Blatthaupt-, 3 Blattheckrotor
Massen	
Leermasse	8.570 kg
Startmasse	11.300 kg
max. Startmasse	11.800 kg
Treibstoffmenge	2.125 l + 4 x 425 l Zusatzbehälter
Antrieb	2 x TW3-117W
Startleistung	2 x 1.546 kW / 2.100 PS (bis 2.060 kW / 2.800 PS im Notfallregime)
Flugleistungen	
Höchstgeschwindigkeit	330 km/h in 1.000 m
Marschgeschwindigkeit	260 km/h
Reichweite	450 – 1.000 km
Standschwebe bis Höhe	2.000 m
Gipfelhöhe	4.500 m
Steiggeschwindigkeit	bis 12,5 m/s
Bewaffnung	
Bordkanone	1 x GScha-30-2K mit 250 Schuss
Waffenstationen	4 x UB-32 je 32 Raketen 57 mm 4 x B-8 je 20 Raketen 80 mm 4 x Bomben oder KMGU 2 x Kanonenbehälter 8 x PALR Sturm-W
Nutzlast	2.400 kg, 8 Soldaten
Besatzung	2 – 3

[102] Die Amerikaner verwendeten Gatlings im Kaliber 7,62 mm.

[103] In Friedenszeiten wurde das JakB oftmals nur mit einem 50 Schuss Gurt bestückt. Das war zwar munitionssparend, reichte aber noch nicht einmal aus um einen 1-Sekunden Feuerstoß abzugeben. Dementsprechend durchwachsen waren Schießergebnisse bei Übungen. Weil eine Feuerkorrektur, wegen des schmalen Kampfsatzes bei gleichzeitig extrem hoher Feuergeschwindigkeit, kaum möglich war lagen entweder alle Geschosse im Ziel oder

Die Mi-24P war der modernste Kampfhubschrauber der NVA. (Foto: Sammlung Scheffler)

Die Mi-24P wurde im Herbst 1989 ausgeliefert. Ein Jahr später fand der letzte Geschwaderflugdienst statt. (Foto: Quarzgut.info)

Doch wieder einmal hatten die verantwortlichen Militärs andere Vorstellungen. Sie legte sich auf eine Waffe im Kaliber 30 mm fest. 30 mm schien den Militärbürokraten eine optimale Kalibergröße. Sie sollte bei Maschinenkanonen aller Teilstreitkräfte Verwendung finden. Dazu muss man wissen, dass es damals in der Sowjetunion Bestrebungen gab die Logistik der Munitionsbevorratung zu vereinfachen. Alle Waffen des Kalibers 30 mm sollten für eine neue, einheitliche Standardpatrone eingerichtet werden. Egal ob eine Maschinenkanone in einem Kampfflugzeug, Hubschrauber, Schützenpanzer, Flaksystem oder Kampfschiff verbaut sein würde, die Munition wäre überall gleich. Die Versorgung der Truppen wäre einfacher zu bewerkstelligen, als beim bis dato üblichen Durcheinander verschiedenster Granatpatronen für ein und dasselbe Kaliber.

Entsprechend der Kalibervorgabe durch das Militär wurde für die kanonenbewaffnete Variante der Mi-24 die Doppelrohrkanone GScha-30-2 (alias GScha-2-30, alias GScha-302, alias GSh-302 etc.) ausgewählt. Sie basierte auf der weitverbreiteten, bewährten und zuverlässigen GScha-23, weshalb die Moskauer Hubschrauberentwickler zu Recht davon ausgingen, dass die 30 mm Kanone die positiven Eigenschaften ihrer Vorgängerin geerbt haben würde.

1974 begannen die ersten Vorarbeiten am Projekt. 1975 wurde die GScha-30-2 erstmalig in eine Mi-24 eingebaut. Als Testobjekt musste ein Mi-24W Prototyp herhalten, dem man das 12,7 mm JakB Bord-MG entfernt hatte. Die Unterbringung der GScha-30-2 in einem Drehturm war auf Grund des Gewichts und der zu erwartenden hohen Rückstoßkräfte der Maschinenkanone nicht möglich. Deshalb platzierte man die Waffe starr zur Längsachse, direkt über dem in der rechten Rumpfseite befindlichen Munitionsmagazin. Die so modifizierte Maschine erhielt die Bezeichnung Mi-24P. Das P stand für Puschka (russ.: пушка), d.h. Kanone, konnte aber auch als puschetschnij (russ.: пушечный), kanonenbestückt gedeutet werden.

Bei der Erprobung dieser Waffenvariante stießen die Entwickler auf eine Reihe unerwarteter Probleme.

Der Mündungsdruck der GScha-30-2 war so heftig, dass er die Außenhaut der Mi-24P beschädigte. Und die Mündungen der Waffe waren derart ungünstig platziert, dass die grellen

das Ziel wurde überhaupt nicht getroffen. Es gab also entweder die Note 1 oder die 5. Zwischenwerte waren kaum vorhanden. Deshalb schnitten Hubschraubereinheiten mit Mi-2 oder Mi-8 beim MG-Schießen im Durchschnitt besser ab als Mi-24 Truppenteile.

104 Milowzij, Einzahl: Milowez, war die landläufige Bezeichnung für Mitarbeiter des OKB Mil. Ein vergleichbarer deutscher Begriff wäre Opelaner, für Mitarbeiter des Autoherstellers Opel.

Die Mi-24P wird für ihrem ersten Flug vorbereitet. (Foto: Quarzgut.info)

Mündungsblitze Bordschütze und Pilot blendeten, was vor allem bei Flügen in der Nacht und der Dämmerung ein großes Problem darstellte. Die durch das Abfeuern der Waffe erzeugten heftigen Erschütterungen ließen in schöner Regelmäßigkeit elektronische Bauelemente versagen[105] und zu guter Letzt erwies sich die Durchschlagskraft der Waffe als bei weitem nicht so gut wie erwartet.

Um die Mi-24P mit der notwendigen Durchsetzungskraft versehen zu können war es notwendig die Leistungen der Maschinenkanone zu verbessern. Vertreter des OKB Mil nahmen Kontakt zu den Tulaer Waffenschmieden auf und deren Chefkonstrukteur versprach Abhilfe. Die Läufe der Waffe sollten um etwa einen Meter verlängert werden.

Die Arbeiten zur Modifizierung der Kanone dauerten einige Jahre. Und als die nun als GScha-30-2K bezeichnete Waffe einsatzbereit war verging noch geraume Zeit bis das Problem der starken Erschütterungen gelöst werden konnte.

1980 wurden die staatlichen Erprobungen der Mi-24P erfolgreich abgeschlossen. Ab 1981 bauten beide Mi-24 Herstellerwerken die neue Version in Serie. Bis zur Einstellung der Produktion im Jahr 1989 entstanden 623 Maschinen dieses Typs.

Die Mi-24P war ein zweimotoriger Kampfhubschrauber mit Stummelflügeln und einem einziehbaren Dreipunktfahrwerk. Die Besatzung der Mi-24P saß in getrennten Cockpits im Bug der Maschine. Der Bordschütze war im vorderen Cockpit untergebracht, der Pilot saß im hinteren, erhöht eingebauten Cockpit. Beide Cockpits ermöglichten eine sehr gute Sicht nach draußen. Der Bordschütze war für den Einsatz der Lenkwaffen verantwortlich. Dazu hatte er die entsprechenden Zielsysteme und Steuerelemente in seinem Cockpit verbaut. Sein Cockpit war so ausgestattet, dass er im Bedarfsfall den Hubschrauber fliegen konnte. Der Pilot hatte die Aufgabe den Hubschrauber zu steuern. Er war für den Waffeneinsatz mit ungelenkten Waffen und der Bordkanone zuständig. Sowohl das Piloten- als auch das Bordschützencockpit waren gegen Beschuss von vorn mit einer dicken Panzerglasscheibe geschützt. Diese war so ausgelegt, dass sie panzerbrechenden 12,7 mm Geschossen standhielt. Die Seitenpanzerung der Cockpits war direkt in die Außenhaut der Mi-24P integriert. Sie war so ausgelegt, dass sie Gewehrfeuer zuverlässig aufhielt. Die einzigen ungepanzerten Teile des Cockpits waren in der seitlichen Cockpitverglasung zu finden[106].

Unter der dem Bug waren Teile des Lenksystems für die Panzerabwehrlenkwaffen verbaut. Unter dem Cockpit befand sich

[105] In der Regel flogen bei der Erprobung die Sicherungen heraus, wenn die Bordkanone abgefeuert wurde.

[106] Kriegserfahrungen in Afghanistan führten dazu, dass die Schutzhelme der Besatzung beschussfest ausgelegt und schusssichere Westen in die Pilotenausrüstung aufgenommen wurden.

Die Mi-24P war bereits ab Werk mit Störkörperwerfern und einem Infrarotstörgerät ausgerüstet. (Foto: Quarzgut.info)

das Magazin für die Bordkanone, die an der rechten Rumpfseite befestigt war.

Hinter dem Cockpit erstreckte sich der Frachtraum. Zwischen ihm und dem Pilotencockpit gab es einen extrem schmalen Durchgang. Im Durchgang befand sich der Sitz des Bordmechanikers. Dieser Sitz war alles andere als bequem. Er ähnelte in seiner Form einem Fahrradsattel. Der Frachtraum der Mi-24P war recht niedrig, aufrechtes stehen war nicht möglich. Im Frachtraum gab es Verzurrungspunkte um Frachtstücke flugsicher zu befestigen. Wo die Frachtstücke platziert werden mussten, ohne die Schwerpunktlage des Hubschraubers zu verändern, war durch farbliche Markierungen gekennzeichnet[107]. Da die ursprüngliche Aufgabe der Mi-24 darin bestand Soldaten in den Kampf zu transportieren konnte man in den Frachtraum der Mi-24P Sitzbänke einbauen. Die Sitzbänke waren auf der Mittellinie des Hubschraubers platziert. Die Soldaten saßen dabei Rücken an Rücken und schauten nach außen[108].

Der Zugang zum Frachtraum erfolgte über horizontal geteilte Klapptüren in beiden Rumpfseiten. Im Frachtraum gab es auf jeder Seite vier Fenster. Die Fenster konnte man öffnen. An ihnen waren Halterungen für Waffen der Kalaschnikow-Familie befestigt. Zu jeder Halterung gehörte ein Rauchabsauger, der über einen flexiblen Schlauch mit der Kalaschnikow verbunden wurde und beim Feuerkampf die Pulvergase aus dem Frachtraum entfernte.

Unterhalb des Frachtraums befand sich ein Treibstofftank[109]. Er war mit einer selbstversiegelnden Gummischicht gegen Schützenwaffenfeuer gesichert. Außerdem war er mit einem System des neutralen Gases versehen, bei dem ein nichtbrennbares Gas in den Tank gedrückt wurde, um ein explosionsfähiges Luft-Benzin-Gemisch zu verhindern.

Oberhalb des Frachtraums befanden sich die beiden Triebwerke TW3-117W. Die Triebwerksverkleidung konnte man wie bei allen Abkömmlingen der Mi-8 aufklappen und als Arbeitsbühnen verwenden. In die Verkleidungen waren Panzerungselemente eingearbeitet.

Die Triebwerke gaben ihre Leistung über das Hauptgetriebe an den Fünfblatthauptrotor und über eine Fernwelle an den Dreiblattheckrotor ab. Der Hautrotor war um etwa 3° zur Seite geneigt, was die Flugstabilität verbessern sollte. Die Rotorblätter bestanden aus einzelnen Segmenten. Sie waren so massiv ausgelegt, dass der Hubschrauber auch nach Durchschüssen noch für mindestens 30 Minuten weiterfliegen konnte.

Beiderseits des Rumpfes, oberhalb des Frachtraums, waren die Stummelflügel der Mi-24P befestigt. Sie hatten eine negative V-Stellung um die Flugstabilität zu verbessern. Je nach Fluggeschwindigkeit erzeugten die Stummelflügel 18 bis 25% des Gesamtauftriebs. Damit wurde die Rotorbelastung reduziert und die Beweglichkeit des Hubschraubers erhöht.

Unter den Stummelflügeln befanden sich zwei Pylone. An ihnen konnten Treibstoffzusatzbehälter, Startbehälter für ungelenkte Raketen, Bomben und Kanonenbehälter befestigt werden. Die äußeren Pylone waren auch in der Lage Doppelstarter für Panzerabwehrlenkwaffen des Typs Schturm-W zu tragen. An den heruntergezogenen Tragflächenenden der Mi-24P waren, wie auch bei allen Vorgängervarianten, Doppelträger für Panzerabwehrlenkwaffen befestigt.

Hinter dem Frachtraum verjüngte sich der Rumpf der Mi-24P zum Heckausleger. Am Heckausleger waren steuerbare Stabilisierungsflossen befestigt. Der Heckausleger ging in die Heckflosse über. Diese war aerodynamisch so geformt, dass sie einen Teil des Drehmomentausgleichs erzeugte. Der Dreiblattheckrotor befand sich auf der linken Seite. Seine Rotorblätter waren etwas breiter (tiefer) als die der Mi-24D. So sollte seine Effizienz vergrößert werden. Das war vor allem bei Seitenwinden hilfreich.

[107] Zur Reichweitensteigerung konnten im Frachtraum auch Treibstoffzusatzbehälter eingebaut werden.

[108] Das Mitfliegen im Frachtraum einer Mi-24 fühlte sich an wie Achterbahnfahren. Die Stahlhelme schepperten aneinander, man versuchte sich krampfhaft irgendwo festzuklammern und den Inhalt seines Magens dort zu behalten wo er hingehört. Unter Mi-24 Besatzungen ging deshalb der Spruch um, dass man lieber Fracht als Soldaten herumflog, denn »Fracht kotzt nicht, Fracht motzt nicht!«

[109] In Unterlagen des Hubschrauberherstellers Rostvertol aus Rostow am Don ist nur von einem Tank die Rede. Ein ehemaliger Mi-24 Pilot der NVA schrieb mir nach der Lektüre meines Buches »Mi-24«, dass es zwei Tanks gewesen sind, die miteinander verbunden waren, die man aber im Bedarfsfall vom Cockpit aus voneinander trennen konnte. Vielleicht gab es unterschiedliche Ausführungen der Mi-24?

Diese Mi-24P ist im Luftwaffenmuseum Gatow ausgestellt. (Foto: Normann)

Unterhalb der Heckflosse befand sich der Hecksporn, der ein Aufschlagen des Heckträgers auf den Boden verhindern sollte. Die Mi-24P war mit einem einfahrbaren Dreipunktfahrwerk ausgestattet. Das Bugrad wurde nach hinten eingezogen, die Hauptfahrwerke fuhren in den Rumpf ein[110].

Die Mi-24P durchlief, genau wie die parallel dazu gebaute und bis auf die Kanonenbewaffnung identische Mi-24W, einen ständigen Weiterentwicklungsprozess.

Die ersten Mi-24P hatten noch das Triebwerk TW3-117 der 3. Bauserie. Alle für den Afghanistan-Feldzug bestimmten Mi-24P erhielten bald das TW3-117W und ab 1986 das TW3-117WMA. Die neuen Triebwerke wurden später für alle Mi-24P verwendet.

Die Mi-24P hatte zunächst keinerlei Schutzausrüstung vor infrarotgelenkten Raketen. Störkörperwerfer wurden während des Afghanistankrieges nachgerüstet indem man sie mit Spannbändern unter dem Heckausleger befestigte. Später wurde die Mi-24P ab Werk mit jeweils drei Startkassetten auf jeder Rumpfseite bestückt. Die Kassetten waren zunächst einfach am Rumpf angeschraubt, später wurden sie mit einer aerodynamischen Verkleidung ummantelt.

Ab 1984 erhielten alle neugebauten Mi-24P die Möglichkeit das Abgaskühlsystem ÄWU (russ.: ЭВУ) zu tragen. Der Infrarotstörer Lipa (Ispanka) wurde ebenfalls nachgerüstet und bei späteren Serien ab Werk eingebaut.

Die Mi-24P erwies sich als sehr brauchbarer Kampfhubschrauber und wird auch heute noch weltweit eingesetzt. Nach einer langen Phase in der alte Mi-24P lediglich kampfwertgesteigert wurde nahm das Hubschrauberwerk »Rostvertol« aus Rostow am Don im Jahr 2009 die Serienproduktion wieder auf. In die neugebauten Mi-24P, bzw. Mi-35P wurden viele für die Mi-28 entwickelte Bauelemente integriert.

1989 beschaffte die NVA zwölf Maschinen des Typs Mi-24P. Sie wurden direkt in der Wendezeit geliefert und im Kampfhubschraubergeschwader KHG-5 in Dienst gestellt.

Die Mi-24P wurden zunächst von der Bundeswehr übernommen und für kurze Zeit in der Heeresfliegerstaffel HFS Ost betrieben. Einige Maschinen erprobte man in der Wehrtechnischen Dienststelle WTD 61 in Manching, andere wurden an Ungarn und die USA verschenkt. Ein paar Exemplare landeten im Museum.

Dass die Bundeswehr die Mi-24P nicht in den aktiven Dienst übernahm ist auf den ersten Blick verwunderlich, denn die Mi-24P war Anfang der 1990er-Jahre ein Spitzenprodukt des Hubschrauberbaus und allen Hubschraubern der Bundeswehr haushoch überlegen.

Bei genauerer Betrachtung war aber der Verzicht auf die Mi-24P folgerichtig. Die Bundeswehrführung war in ihrer Vorstellungswelt bezüglich des Kampfeinsatzes von Hubschraubern, anders als Amerikaner, Briten und Holländer, nicht auf der Höhe der Zeit. In einem Machtkampf zwischen Luftwaffe und Heer um das *»Recht die eigenen Truppen aus der Luft unterstützen zu dürfen«* war die Luftwaffe als Sieger hervorgegangen. Das Heer durfte lediglich defensiv einsetzbare Hubschrauber zur lokalen Panzerabwehr betreiben. Offensive Hubschraubereinsätze waren dem Heer verboten. Das führte dazu, dass sogar die Verwendung des Terminus »Kampfhubschrauber« für eine Zeitlang beim Heer verboten war. Aus dieser Denkfalle haben sich die Heeresflieger nie befreien können, weshalb ein offensiver Kampfhubschrauber, wie die Mi-24P, völlig diametral zur Vorstellungswelt der Bundeswehr stand.

[110] Genauere Informationen und Beschreibungen zu den Versionen der Mi-24, sowie zur Entwicklungsgeschichte, Kampftaktiken etc. findet der geneigte Leser in meinem beim Motorbuchverlag erschienenen Buch »Mi-24«.

Diese ehemalige NVA Maschine wurde an die USA verschenkt und wird dort als Feinddarsteller genutzt. (Foto: USAF Steven Turner)

Selbst als die Zeit der Auslandseinsätze der Bundeswehr begann und die Truppe dringend Luftunterstützung benötigte, verzichtete man auf die schlagkräftige Mi-24P. Ein Pilot der Heeresflieger erklärte dem Verfasser dieser Zeilen Anfang der 90er-Jahre, um wieviel besser sich seine UH-1D für Auslandseinsätze eignen würde als eine Mi-24. Die Fragwürdigkeit dieser Argumentation zeigte sich bereits beim Einsatz in Somalia. Am Horn von Afrika konnten sich die mit zusätzlichen Panzerungselementen bestückten UH-1D kaum noch vom Boden erheben, geschweige denn irgendeine sinnvolle Nutzlast transportieren.

Spätestens seit Beginn des Afghanistaneinsatzes war es mehr als offensichtlich, dass die kämpfende Truppe einen echten Kampfhubschrauber benötigte. Bis zum heutigen Tag hat sich an dieser Situation leider nicht viel geändert. Der heute verwendete Kampfhubschrauber Tiger ist zwar ein hervorragendes Mittel zur Panzerbekämpfung. Für den Einsatz als Unterstützungshubschrauber der Infanterie ist er, wegen seines nahezu fehlenden Panzerschutzes[111] und seiner inadäquaten Bewaffnung[112], jedoch kaum geeignet. Das macht sich bei Auslandseinsätzen, bei denen deutschen Soldaten mit leichtbewaffneten Aufständischen konfrontiert sind, negativ bemerkbar.

Die Polen zeigten während ihres Afghanistaneinsatzes wie man es besser machen konnte. Sie setzten Mi-24, auch aus ex-NVA-Beständen stammende Maschinen, ein und sorgten für eine zuverlässige Luftunterstützung für die kämpfende Truppe am Boden. Deutsche Soldaten mussten dagegen oft im Feindfeuer ausharren bis amerikanische Kampfhubschrauber auftauchten um die Lage zu klären. Mi-24P in deutschen Diensten hätte solche gefährlichen Situationen vor Ort schnell und zur Zufriedenheit der Soldaten bereinigen können.

Deshalb ist die Außerdienststellung der Mi-24P als ein schwerer Fehler anzusehen, der in Afghanistan mit Blut bezahlt wurde.

[111] Im Tiger wird die aus Verbundwerkstoffen gebaute Zelle als Panzerung verwendet. Sie hat zwar eine ordentliche Dicke und kann auch kleinkalibrige Geschosse aufhalten, doch dürfte sie Probleme haben, wenn sie mit panzerbrechender Munition aus 12,7 mm Waffen, wie dem in lokalen Konflikten allgegenwärtigen »Duschka« DSHK MG, beschossen wird. Um diesem Mangel abzuhelfen wurden bei der Aufrüstung des Tigers zur ASGARD Variante Panzerungselemente nachgerüstet.
Problematisch sind beim Tiger weiterhin die großen Glasflächen des Cockpits. Die Glaselemente bieten keinerlei Schutz vor Beschuss jeglichen Kalibers. In Bäumen versteckte Heckenschützen stellen somit eine große Gefahr für die Besatzungen dar.

[112] Ein Hauptproblem des deutschen Tigers ist die fehlende Maschinenkanone. Die Bekämpfung einzelner Heckenschützen, ein Szenario das bei Auslandseinsätzen immer mal wieder vorkommen kann, ist mit der vorhandenen Bewaffnung aus Panzerabwehrlenkflugkörpern und ungelenkten Raketen so gut wie nicht möglich. Im ersten Fall ist es schlichtweg zu teuer eine Lenkwaffe auf einen Heckenschützen abzufeuern, im zweiten Fall besteht die Gefahr von Kollateralschäden, die der Öffentlichkeit heutzutage nicht mehr zu vermitteln sind. Deshalb wurde der Tiger mit einem MG-Behälter nachgerüstet. Diese Lösung ist aus mehreren Gründen suboptimal. Zum ersten blockiert der Behälter einen Aufhängepunkt unter den Stummelflügeln, der besser zur Mitführung eines Treibstoffzusatztanks genutzt würde. Zum zweiten stimmt die Feuerlinie des MGs nicht mit der Sichtlinie des Bordschützen überein. Ein punktgenaues Schießen wird damit schwierig. Zum dritten führt eine asymmetrische Beladung (ein MG Behälter auf der einen Seite, ein Zusatztank auf der anderen) zu einer negativen Veränderung des Flugverhaltens des Hubschraubers.
Die bei französischen Tiger Varianten verwendete 30 mm Bordkanone erwies sich unter Einsatzbedingungen auch nicht als optimal. Sie erzeugte einen so großen Rückstoß, dass es in der Nasenstruktur der Tiger zu Ermüdungsbrüchen kam. Deshalb wurde der Schwenkbereich der Kanone eine Zeitlang auf +/- 5° begrenzt.

Detailaufnahme der 30 mm Bordkanone. Sie ist ein sicheres Unterscheidungsmerkmal zur Mi-24D. (Foto: Normann)

Die Mi-24P hat stärkere Triebwerke und ein moderneres Waffensystem. (Foto: Quarzgut.info)

Jak-11 (NATO Code: Moose)

Während des Zweiten Weltkriegs vollzog sich die Weiterentwicklung des Flugzeugs in einem rasanten Tempo. Zuckelte man zu Beginn des Krieges vielerorts noch mit Doppeldeckern und gut 350 Sachen am Himmel herum, so fegten die Flugzeuge nur zwei, drei Jahre später bereits mit deutlich höheren Geschwindigkeiten über den Himmel und gegen Kriegsende erreichten die schnellsten Maschinen 900 km/h und mehr.
Zur Ausbildung junger Piloten stand aber nur die vorhandene alte Technik zur Verfügung. Die Flugschulen mussten mit dem auskommen was sie hatten.
Für die sowjetischen Flugschüler bedeutete das, dass sie in der Regel von der guten alten *»fliegenden Nähmaschine«* Po-2 direkt auf eine Schulversion eines Jagdflugzeugs umsteigen mussten. Diesen gewaltigen Schritt meisterte nicht jeder. Deshalb begann man sich im OKB Jakowlew im Laufe des Jahres 1944 Gedanken darüber zu machen, wie ein neues Trainingsflugzeug auszusehen hatte. Im Nachgang entstand das Anfängerschulflugzeug Jak-18. Doch es war absehbar, dass auch von der Jak-18 der Sprung zu einem Jagdflugzeug noch sehr groß sein würde. Deshalb wurde die Idee geboren aus einem bereits produzierten Jagdflugzeug einen Fortgeschrittenentrainer abzuleiten und ein solches, bereits in der Serienfertigung befindliches Flugzeug war die Jak-3.
Die Jak-3 war eine außergewöhnlich agile Maschine. Sie war relativ klein, leicht, spitzig und übertraf in ihrer Wendigkeit die besten Spitfire Versionen um Längen. Die Jak-3 konnte jedes andere Flugzeug im Kurvenkampf ausmanövrieren. Nicht umsonst wurde sie von den Piloten des französischen Elitejagdverbandes Normandie-Njemen bevorzugt.
Anfang 1945 versuchte das OKB Jakowlew die Jak-3 auf den Sternmotor der La-7 umzurüsten. Die als Jak-3U bezeichnete Version erreichte eine Höchstgeschwindigkeit von über 700 km/h, wurde aber wegen des absehbaren Kriegsendes nicht mehr in die Bewaffnung der Streitkräfte aufgenommen. Auch wenn sich die Jak-3U letztendlich als Fehlschlag entpuppte, so spürte Jakowlew doch, dass in diesem Flugzeuge ein verborgenes Entwicklungspotential schlummerte. Für ihn war es offensichtlich, dass das zukünftige Übungsjagdflugzeug weitestgehend auf der Jak-3U basieren sollte.
Das Projekt wurde deshalb unter der Bezeichnung Jak-3UTI vorangetrieben.
Ziel war es mit der Jak-3UTI ein Übungsjagdflugzeug[113] zu entwickeln, das die leistungsmäßige Lücke zwischen den

Technische Daten Jak-11	
Einsatzzeitraum	1953/56 – 1962/63
Bezeichnung NATO	Moose
Abmessungen	
Spannweite	9,40 m
Länge	8,50 m
Höhe	3,23 m
Flügelfläche	15,40 m²
Massen	
Leermasse	1.811 kg
Startmasse	2.373 kg
max. Startmasse	2.480 kg
max. Waffenlast	100 kg
Treibstoffmenge	360 Liter
Antrieb	1 x ASch-21
Leistung	515 kW / 700 PS
Flugleistungen	
Höchstgeschwindigkeit	475 km/h in 4.500 m
Marschgeschwindigkeit	400 km/h
Aktionsradius	500 km
Gipfelhöhe	7.100 m
Steiggeschwindigkeit	9 m/s
Bewaffnung	
Waffenstationen	2 x Bomben bis 50 kg
Bordbewaffnung	1 x 12,7 mm MG UBS

Das Übungsjagdflugzeug Jak-11 gehörte zur Erstausstattung der NVA. (Foto: Dubravcik)

113 Heute würde man dieses Flugzeug als Fortgeschrittenentrainer oder Lead-In-Fighter bezeichnen.

Motorstandlauf beim zweiten Kultur und Sportfest der Luftstreitkräfte 1957. (Foto: Flugplatzmuseum Cottbus)

Schulflugzeugen für Fluganfänger und den eigentlichen Einsatzmaschinen schließen konnte. Das Übungsjagdflugzeug musste schneller und agiler als die herkömmlichen Schulflugzeuge sein, aber auch robuster, kostengünstiger und vor allem langlebiger als ein Jagdflugzeug.

Ein wichtiger Punkt war das Triebwerk. Der Reihenmotor M-105-PF2[114] der ursprünglichen Jak-3, aber auch der M-82FN der Jak-3U waren für die Aufgabe ein Übungsjagdflugzeug anzutreiben deutlich überdimensioniert. Deshalb musste ein neuer Motor entwickelt werden.

Um Zeit zu sparen und Entwicklungsrisiken gering zu halten wurde der neue Motor direkt aus dem M-82FN[115] abgeleitet. Der M-82FN war ein etwa 1.800 PS leistender 14-Zylinder-Doppelsternmotor mit Direkteinspritzung und Radialaufladung. Er fand in den Jagdflugzeugen des OKB Lawotschkin breite Anwendung, war aber für ein Schulflugzeug natürlich viel zu stark. Deshalb halbierte man die Zylinderzahl auf sieben, indem man einfach einen Zylinderkreis wegließ. Der neue Motor erhielt die Bezeichnung M-21[116]. Er hatte nun eine Startleistung von 515 kW bzw. 700 PS.

Die Jak-3UTI basierte weitestgehend auf der Jak-3U. Wie diese unterschied sie sich von der mit einem Reihenmotor ausgerüsteten Jak-3 durch einen überarbeiteten Rumpfbug. Der Sternmotor sorgte für einen deutlich bulligeren Look, die elegante Linienführung der Jak-3 war verschwunden. Ein weiterer Unterschied war der Propeller. Bei der UTI kam ein verstellbarer Zweiblattpropeller zum Einsatz. Es gab ihn mit sichelförmigen oder geraden Luftschraubenblättern. Der Motor wurde, wie es damals üblich war, an einem Stahlrohrgerüst befestigt. Die aufklappbare Motorabdeckung war aus Metall gefertigt. Die Beplankung des Rumpfes bestand weitestgehend aus Holz[117]. Die Unterseite des Rumpfes war mit Stoff bespannt.

Eine Jak-11 wird zum Start vorbereitet. Man beachte die Reithose des Piloten. Sie gehörte in der ersten Zeit standardmäßig zur Pilotenbekleidung. (Foto: Dubravcik)

[114] Der M-105-PF2 wurde später auch als WK-105-PF2 bezeichnet. WK stand für die Initialen des Motorenentwicklers Klimow.

[115] Der M-82 wurde 1952 in ASch-82 umgetauft. Auch hier stehen A und Sch für die Initialen des Triebwerkskonstrukteurs Schewzow.

[116] Ab 1952 nannte man ihn ASch-21.

[117] Es wurde Birkenholz verwendet, das zu Sperrholzplatten verklebt wurde. In einem weiteren Arbeitsschritt wurde es in Harz getränkt und anschließend in die gewünschte Form gepresst. Die Holzbauweise wurde auch bei westlichen Flugzeugen angewendet. Man denke nur an die legendäre de Havilland Mosquito, die als »wooden wonder«, als hölzernes Wunder bezeichnet wurde.

Eine Jak-11 rollt zum Start. Die Maschine trägt ein frühes NVA Hoheitszeichen mit weißer Umrandung. (Foto: Flugplatzmuseum Cottbus)

Im Rumpf gab es große Wartungsöffnungen, so dass die Techniker recht gute Arbeitsbedingungen vorfanden[118].
Das Tragwerk des Schulflugzeugs bestand zum größten Teil aus Duraluminium. Eine Stoffbespannung gab es nur an den Ruderflächen.
Das Fahrwerk legte man analog zu dem der Jak-Jagdflugzeuge aus. Es war ein Dreipunktfahrwerk mit Heckrad. Das Hauptfahrwerk wurde nach innen eingezogen, das Spornrad ließ sich nicht einfahren.
Die Besatzung saß in einem Tandemcockpit. Es war für sowjetische Verhältnisse großzügig ausgelegt und ermöglichte eine gute Rundumsicht. Der Flugschüler nahm auf dem vorderen Sitz Platz, der Fluglehrer wurde dahinter untergebracht. Das Cockpit war, wie bei Schulflugzeugen üblich, mit einer Doppelsteuerung ausgerüstet. Die notwendigen Bordinstrumente waren für beide Piloten vorhanden.
Bewaffnet war die Jak-3UTI mit einem 12,7 mm MG des Typs UBS, das synchronisiert durch den Propellerkreis feuerte. Unter den Tragflächen befanden sich Bombenschlösser die für Bomben bis 50 kg[119] Gewicht ausgelegt waren.
Das Flugzeug wurde im Herbst 1945 den Verantwortlichen von Partei und Militär vorgeführt. Es fand Anklang. Am 10. November 1945 startete es zu seinen Jungfernflug. Bei der Flugerprobung gab es noch einige kleinere Probleme, die nach und nach beseitigt wurden. Nach Abschluss der Erprobung wurde empfohlen die Jak-3UTI in den Serienbau zu übernehmen. Außerdem stellten die Verantwortlichen fest, dass die Unterschiede zum Jagdflugzeug Jak-3 so groß seien, dass eine eigene Typenbezeichnung gerechtfertigt wäre. Deshalb begann die Serienfertigung im Jahr 1946 unter der neuen Bezeichnung Jak-11.
Ab 1952 wurde die Jak-11 in der Tschechoslowakei in Lizenz gefertigt. Die dort gebauten Maschinen liefen als C-11[120] vom Band. Insgesamt sollen 4.566 Jak-11 bzw. C-11 gebaut worden sein, davon 707 in der Tschechoslowakei.
Die Jak-11 gehörte zur Grundausstattung der fliegenden Verbände der DDR. Bereits der Vorläufer der Luftstreitkräfte, die KVP-Luft[121], nutzte diesen Flugzeugtyp. Ab Sommer 1953 wurde die Jak-11 in mehreren Staffeln der als Aeroklubs bezeichneten KVP-Luft Einheiten geflogen. Die Maschinen waren mit einer blaugrauen Sichtschutzbemalung versehen und trugen den Roten Stern als Hoheitszeichen. Je nach Staffelzugehörigkeit hatten die Propellerspinner eine rote, gelbe oder blaue Bemalung.
Die Jak-11 der Aeroklubs diente vorranging dazu Piloten heranzubilden, die dafür vorgesehen waren in Zukunft auf der La-9[122] und später auf der MiG-15 eingesetzt zu werden. Sie wurde auch zur Bekämpfung westlicher Propagandaballons eingesetzt. Diese Ballons kamen aus Westdeutschland, wo sie von Geheimdiensten, geheimdienstähnlichen Organisationen und von Propagandaeinheiten des BGS[123] und der Bundeswehr aufgelassen wurden. Sie trieben mit der meist aus west-

[118] Einige russische Quellen sprechen davon, dass der Rumpf des Flugzeugs ganz aus Metall gefertigt wurde.
[119] Eine andere Quelle spricht von einer Bombenlast von bis zu 100 kg pro Aufhängepunkt. Ich glaube diese Quelle liegt falsch.
[120] Im tschechoslowakischen Bezeichnungssystem stand das C für »cvičny«, also Trainer oder Schulflugzeug.
[121] KVP … Kasernierte Volkspolizei
[122] Zur Ausrüstung mit der Lawotschkin La-9 kam es nicht mehr. Es wurde lediglich eine La-9 geliefert, die man zur Ausbildung von Technikern verwendete. Der Grund hierfür war, dass die Zeit der propellergetriebenen Kampfflugzeuge endgültig vorbei war und sich international der Übergang zum Düsenantrieb mit rasanter Geschwindigkeit vollzog.
[123] Bundesgrenzschutz, der Vorläufer der heutigen Bundespolizei.

Diese Jak-11 wurde mit einer roten Sonderbemalung samt weißem Blitz versehen. (Foto: Flugplatzmuseum Cottbus)

Diese Jak-11 ist im Luftwaffenmuseum Gatow ausgestellt Foto Normann)

licher Richtung kommenden Luftströmung nach Osten und sollten Flugblätter und anderes Propagandamaterial transportieren. Die Effizienz dieses Propagandamittels war stets umstritten. Nicht umstritten war der Fakt, dass die Ballons eine nicht zu unterschätzende Gefahr für die Luftfahrt darstellten. Um Kollisionen von Ballons mit Flugzeugen zu verhindern wurde versucht die Ballons mit Hilfe der Jak-11 abzuschießen.
Wie viele Jak-11 durch die DDR im Zeitraum von 1953 bis 56 beschafft worden sind ist nicht ganz klar. Es sollen über 100 Maschinen gewesen sein. Eine andere Quelle spricht davon, dass bis 1955 insgesamt 91 Jak-11 durch die DDR angekauft wurden.
Nach der Gründung der NVA im Jahr 1956 gingen 99 Jak-11 (82 nach anderer Quelle) in den Bestand der LSK über. Auch in den Luftstreitkräften der NVA wurde sie vornehmlich für die fliegerische Fortgeschrittenenausbildung verwendet. Daneben erfüllte die Jak-11 aber auch in den Reihen der LSK die Aufgabe Propagandaballons abzufangen. Für diesen Zweck wurden bis Ende 1957 neben MiG-15 auch einige Jak-11 in ständiger Einsatzbereitschaft gehalten.
Eine weitere Aufgabe, die im Laufe der Zeit eine immer größere Bedeutung erhielt, war die Zieldarstellung für Flakeinheiten und die Seestreitkräfte. Darüber hinaus wurde die Jak-11 für Aufklärungseinsätze herangezogen. Zu diesem Zweck wurden einige Maschinen mit Luftbildkameras ausgerüstet.

Das Eintreffen der MiG-15UTI verdrängte die Jak-11 allmählich aus der Trainerrolle. 1958/1959 wurde sie aus den fliegenden Verbänden weitestgehend abgezogen. Die fünf am besten erhaltenen Exemplare zog man in der Zieldarstellungsstaffel ZDS-21 zusammen. Die Jak-11 der ZDS-21 flogen Zieldarstellung für die Flakeinheiten der Luftverteidigung bzw. der Truppenluftabwehr der Landstreitkräfte, sowie die Schiffe der Volksmarine. Als die Jak-11 ihre maximale Nutzungsdauer erreicht hatte ersetzte man sie zunächst durch die IL-28, die ihrerseits viele Jahre später von der L-39 Albatros abgelöst wurde.
Die Jak-11 blieb bis 1962 im Einsatz. 1963 löschte man sie aus den Bestandslisten.
Während ihrer relativ kurzen Dienstzeit gingen 13 Maschinen durch Unfälle und Havarien verloren. Dennoch wurde die Jak-11 als ein angenehm und sicher fliegendes Flugzeug angesehen. Sie erfreute sich bei Piloten und Technikern einer großen Beliebtheit. In der horizontalen Ebene flog sie sich sehr agil. Wegen ihrer relativ schwachen Motorisierung benötigte sie aber recht lange Startbahnen und ihre Steiggeschwindigkeit war eher schwach ausgeprägt.
Nach ihrer Außerdienststellung wurden die meisten Jak-11 verschrottet. Einige überlebten und sind heute in Museen ausgestellt. Eine schön restaurierte Jak-11 findet man im Flugplatzmuseum Cottbus, eine weitere im Luftwaffenmuseum Gatow.

Die im Luftwaffenmuseum Gatow ausgestellte Jak-11 führt das erste NVA-Hoheitszeichen, welches noch ohne Staatswappen auskam. Es hat eine schwarze Umrandung. (Foto: Normann)

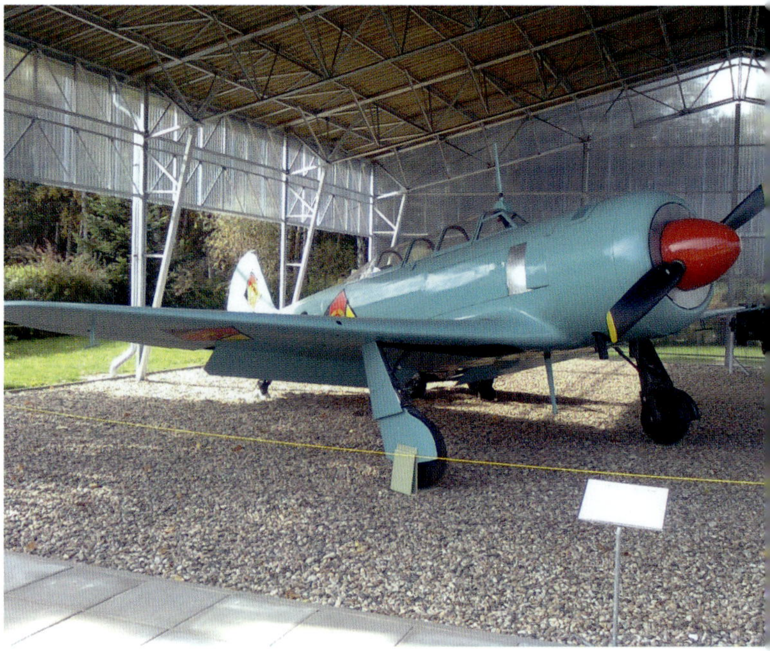
Diese Jak-11 ist im Flugplatzmuseum Cottbus ausgestellt. Der große Radabstand sorgte für gute Rolleigenschaften auf Rasenpisten (Foto: Normann)

Jak-18 (NATO Code: Max)

Für die Ausbildung von Flugschülern wurde in der Sowjetunion lange Zeit Maschinen wie die UT-2 oder die Po-2[124] verwendet. Die meisten Piloten lernten auf der legendären Po-Dwa. So robust, gutmütig und zuverlässig die Po-2 auch sein mochte, als Doppeldecker mit offenem Cockpit war sie bereits am Anfang des Zweiten Weltkrieges mehr als veraltet. Bedingt durch den rasanten Fortschritt bei der Entwicklung der Kampfflugzeuge entstand bald eine Leistungslücke zwischen den Schul- und den Kampfflugzeugen, die von den Flugschülern mitunter schwer zu überwinden war. Deshalb wurden moderе, leistungsstarke und zugleich gutmütige Schulflugzeuge notwendig.

1944 begannen im OKB Jakowlew die Arbeiten an solch einem Flugzeug. Ausgangspunkt der Entwicklung war die UT-2. Das war ein recht fortschrittliches Schulflugzeug, das jedoch auch nicht mehr den Anforderungen entsprach. Zu den neuen Anforderungen zählten unter anderem ein Einziehfahrwerk, ein geschlossenes Cockpit, eine Nachtflugausrüstung und die Ausstattung mit einem Funkgerät.

Die Vorarbeiten dauerten etwa ein Jahr. Am 10. Dezember 1945 erteilte der Generalkonstrukteur Jakowlew einem seiner Abteilungsleiter den Auftrag das Projekt soweit auszuarbeiten, dass es den Verantwortlichen von Partei und Militär vorgelegt werden konnte. Am 26. Februar 1946 gab der Ministerrat der Sowjetunion grünes Licht und am 27. März desselben Jahres gaben die Luftstreitkräfte einen endgültigen Forderungskatalog heraus.

Das neue Anfängerschulflugzeug sollte mit den Motoren M-11FM oder M-12 ausgerüstet werden. Als Flugleistungen wurden eine Höchstgeschwindigkeit von 260 km/h, eine Landegeschwindigkeit von höchstens 75 km/h, eine Flugweite von 900 km und eine Dienstgipfelhöhe von 5.500 m verlangt.

Das Militär befahl die Fertigstellung eines Prototyps bis zum 1. Juni 1946.

Dem OKB Jakowlew gelang es die zeitliche Vorgabe einzuhalten. Es wurden sogar zwei Prototypen gebaut, für jede geforderte Motorisierungsvariante jeweils einen. Mit Ausnahme des Motors unterschieden sich beide Flugzeuge nicht. Der mit dem M-11FM ausgerüstete Prototyp startete am 6. Mai 1946 zum Jungfernflug, das vom M-12 angetriebene Flugzeug hob erstmalig am 17. Mai 1946 ab.

Nach der Werkserprobung, die bis zum 6. Juni 1946 durchgeführt wurde, begann die staatliche Erprobung, deren erste Phase am 12. September 1946 beendet war. Die Testpiloten fanden lobende Worte für das neue Schulflugzeug. Es ließ sich leicht steuern und konnte auch von unerfahrenen Piloten beherrscht werden. Allerdings konnten nicht alle vom Auftraggeber gewünschten Flugleistungen erbracht werden. Deshalb wurde die Luftschraube gegen ein anderes Model ausgetauscht. Auch war das Tankvolumen nicht groß genug um die geforderte Flugdauer und -weite zu erreichen.

Nacharbeiten an den Prototypen waren deshalb notwendig.

Dennoch wurde beschlossen die nun als Jak-18 bezeichnete Maschine in den Serienbau zu überführen. Die ersten Serienflugzeuge sollten bereits im Mai 1947 geliefert werden. Dieser Termin konnte zwar mit Müh und Not gehalten werden, doch zeigte sich, dass die mit dem Serienbau beauftragten Flugzeugwerke große Schwierigkeiten hatten. Die Luftstreitkräfte verweigerten die Abnahme der ersten Jak-18, weil sie mit Produktionsmängeln behaftet waren und auch keine Funkgeräte hatten.

Die Gründe hierfür waren mannigfaltig. Zum einen waren die Flugzeugwerke mit der Produktionstechnologie noch nicht vertraut, zum anderen erfolgte die Zulieferung dringend benötigter Bauteile schleppend. Außerdem hatte man noch oft mit der Beseitigung von Kriegsfolgen zu tun. Deshalb ist es kaum verwunderlich, dass die von oben gestellten Planziele zunächst nicht erreicht werden konnten. Doch nach einer gewissen Anlaufphase kam die Serienfertigung endlich ins Rollen. Am 21. März 1948 wurde die Jak-18 offiziell in die Bewaffnung der Streitkräfte aufgenommen.

Die Jak-18 wurde bis 1954 gebaut, dann wurde die Fertigung nahtlos auf die Jak-18U umgestellt.

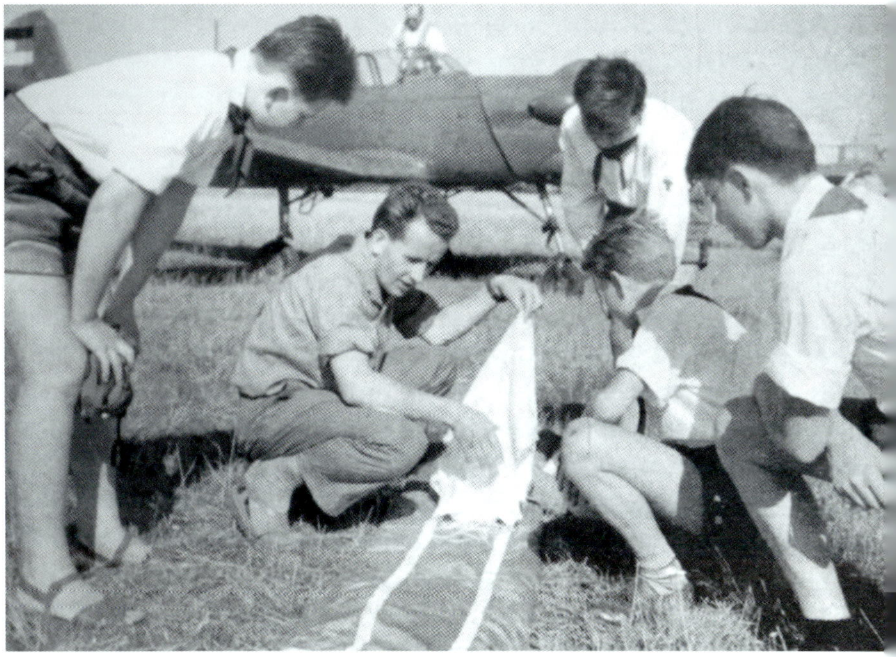

Im Rahmen der Nachwuchsgewinnung wurden Junge Pioniere eingeladen sich am Tag der offenen Tür mit der Technik vertraut zu machen. (Foto: Flugplatzmuseum Cottbus)

Eine Jak-18 der GST wartet auf die Startfreigabe. (Foto: Flugplatzmuseum Cottbus)

Technische Daten der Jak-18, Jak-18U, Jak-18A			
Einsatzzeitraum	1952/56 – 1956/57	1957 – 1959	1958 – 1974
Bezeichnung NATO	Max	Max	Max
Abmessungen			
Spannweite	10,60 m	10,60 m	10,60 m
Länge	8,03 m	8,13 m	8,13 m
Höhe	2,80 m	3,23 m	3,23 m
Flügelfläche	17,00 m²	17,00 m²	17,00 m²
Massen			
Leermasse	785 kg	880 kg	995 kg
Startmasse	1.087 kg	1.160 kg	1.281 kg
max. Startmasse	1.165 kg	1.305 kg	1.316 kg
Treibstoffmenge	150 Liter	126 Liter	122 Liter
Antrieb	1 x M-11FR	1 x M-11FR	1 x AI-14R
Leistung	118 kW / 160 PS	118 kW / 160 PS	162 kW / 220 PS (spätere Baureihen hatten 191 kW / 260 PS)
Flugleistungen			
Höchstgeschwindigkeit	245 km/h in 2.000 m	235 km/h in 2.000 m	254 km/h in 2.500 m
Marschgeschwindigkeit	170 km/h	160 km/h	175 km/h
Aktionsradius	350 km	300 km	270 km
Gipfelhöhe	4.000 m	4.000 m	5.000 m
Steiggeschwindigkeit	3,5 m/s	3,5 m/s	5,0 m/s

[124] Im Alltag oft nur als »Po-Dwa« bezeichnet. Po stand für Polikarpow, Dwa ist das russische Wort für Zwei.

Flugschüler beim Verkontern der Maschine. Er trägt die Uniform der GST. (Foto: Wegerich)

Die Jak-18U entstand weil die Jak-18 noch mit einem Heckfahrwerk ausgerüstet war. Alle neuen Einsatzflugzeuge hatten aber bereits Bugfahrwerke. Es war deshalb dringend erforderlich, dass sich auch die Flugschüler mit dieser damals neuen Fahrwerksart vertraut machen konnten.
Im OKB Jakowlew wurde nun eine Variante der Jak-18 entwickelt, die so konstruiert war, dass es im Bug genügend Platz gab um ein Bugfahrwerk unterzubringen. Die Jak-18U war konstruktiv bedingt schwerer als die Jak-18. Bei gleichbleibender Motorkraft ergaben sich deshalb schlechtere Flugleistungen. Trotzdem wurde sie in den Serienbau überführt und im Zeitraum 1954 bis 57 gefertigt.
Die Untermotorisierung der Jak-18U war von Anfang an erkannt worden. Um sie zu überwinden war ein neuer Motor notwendig. Dieser wurde im OKB Iwtschenko konstruiert. Der AI-14R war zunächst für 220 PS ausgelegt. Später leistete er bis zu 260 PS. Das war ein willkommener Leistungszuwachs, den die Jak-18 dringen benötigte. 1956 wurde der Prototyp der Jak-18 »modifizirowanij« gebaut. Er unterschied sich äußerlich durch eine neue, glatte Triebwerksverkleidung vom Vorgängermodell. Die Werkserprobung wurde im Oktober 1956 durchgeführt, die staatliche Erprobung fand im Zeitraum Februar bis März 1957 statt. Nach bestandener Erprobung sollte das neue, deutlich leistungsfähigere Flugzeug zunächst als Jak-20 in den Serienbau überführt werden, doch dann entschieden die Verantwortlichen die Typenbezeichnung Jak-18A zu verwenden. Ab Juli 1957 rollte die Jak-18A aus den Fertigungshallen[125].
Die Jak-18 war ein einfaches und sehr robustes Schulflugzeug. Das Flugzeug wurde in Gemischtbauweise hergestellt. Die Grundstruktur des Rumpfes bestand aus einem Stahlrohrgerüst. Der vordere Teil des Rumpfes war mit Duraluminium verkleidet, der hintere Teil des Rumpfes hatte eine Stoffbespannung. Die Zylinderköpfe des 118 kW alias 160 PS leistenden 5-Zylinder-Sternmotors M-11FR1 waren aerodynamisch verkleidet. An manchen Jak-18 gab es an der Propellernabe einen Spinner, andere hatten keinen Spinner.
Die Tragflächen der Jak-18 waren in Tiefdeckeranordnung am Rumpf befestigt. Sie hatten eine tragende Struktur aus zwei Metallholmen und waren an den Flügelnasen mit Dural beplankt. Die restliche Flügeloberfläche war stoffbespannt. Das galt auch für die Ruder. Unter den Tragflächen befanden sich pneumatisch betriebene Landeklappen.
Das Höhenleitwerk der Jak-18 war abgestrebt.
Das Fahrwerk der Jak-18 war als klassisches Dreipunktfahrwerk mit Spornrad ausgelegt. Die Hauptfahrwerksbeine wurden nach hinten eingezogen. Dabei wurden die Räder nur halb versenkt. Das wurde so gehandhabt, weil damit die Räder in der Lage waren bei einer Bauchlandung einen Teil des Landestoßes zu absorbieren. So sollten Beschädigungen des Rumpfes abgemildert oder ganz vermieden werden.
In dieser Konfiguration galt die Jak-18 als ein robustes und sehr zuverlässiges Schulflugzeug, dessen Kunstflugfähigkeit jedoch begrenzt war. Für die Anfängerausbildung war sie perfekt geeignet.
Mit der Jak-18U wurde das Bugfahrwerk eingeführt. Um es unterbringen zu können war es notwendig gewesen den Bug der Maschine ein wenig zu verlängern. Die Motorverkleidung musste ebenfalls leicht verändert werden.
Das Bugfahrwerk wurde direkt am Brandspant befestigt. Es ließ sich nach hinten einfahren. Die Position des Hauptfahrwerks verschob man in Richtung Tragflächenhinterkante, damit die Fahrwerksbeine der Jak-18U nach vorn eingezogen werden konnten. Die Fahrwerksräder blieben, wie beim Vorgängermodell, im eingezogenen Zustand halb versenkt.
Die Jak-18U war um 154 kg schwerer als die Jak-18, was bei gleicher Motorisierung zu schlechteren Flugleistungen führte.
Die Jak-18A war eine völlig überarbeitete Variante. Sie erhielt einen stärkeren 9-Zylinder-Sternmotor AI-14R mit 162 kW, sprich 220 PS Startleistung. Die Motorabdeckung war nun glatt gestaltet. Die Kombination von kräftigerem Motor und verbesserter Aerodynamik führten zu spürbar besseren Flugleistungen. Waren die Vorgängerversionen nur beschränkt kunstflugtauglich, so konnten mit der Jak-18A, bis auf wenige Ausnahmen, alle Kunstflugfiguren trainiert werden.
Weitere Änderungen betrafen die Ausrüstung. Die Jak-18A besaß ein UKW-Funkgerät, einen Funkkompass und ihr künstlicher Horizont war kunstflugtauglich. Das Cockpit war nun auch für den Nachtflugbetrieb ausgelegt.
In der DDR wurde die Jak-18 in den Versionen Jak-18, Jak-18U und Jak-18A eingesetzt. Sie diente an den Fliegerschulen der KVP und in den Fliegerausbildungsgeschwadern der NVA. Nach ihrem Abzug aus den Truppenteilen wurde sie zum

[125] Vertreter des OKB Jakowlew sprachen davon, dass es ursprünglich vorgesehen gewesen sei die Jak-18A auch in der DDR fertigen zu lassen. Zur Aufnahme der Serienfertigung in der DDR sei es aber aus »Gründen, die die UdSSR nicht zu vertreten hatte« nicht gekommen. Was auch immer das heißen mag.

Jak-18 im Flug. (Foto: Sammlung Scheffler)

Zweck der vormilitärischen Ausbildung des Pilotennachwuchses der Gesellschaft für Sport und Technik[126] (GST) übergeben. Die ersten Jak-18 kamen 1952[127] zur KVP-Luft, wo sie in den Staffeln der ersten Abteilungen der Aeroklubs Dienst tat. Die DDR beschaffte 37 Maschinen, die bei der Gründung der NVA von den Luftstreitkräften übernommen wurden. Sie kamen im Fliegerausbildungsgeschwader-1 (FAG-1) zum Einsatz.
Bereits 1957 wurde die Jak-18 durch das Nachfolgemuster Jak-18U abgelöst. Die Jak-18 wurden der GST übergeben und wo sie bis 1965 im Betrieb waren.
Die Dienstzeit der Jak-18U in der NVA war kurz. Die 31 Maschinen waren nur knapp zwei Jahre im FAG-1 anzutreffen. Ab September 1958 begann man sie durch die Jak-18A zu ersetzen. Im Laufe des Jahres 1959 wurde der Austausch abgeschlossen. Eine Jak-18U musste während der Dienstzeit in der NVA abgeschrieben werden. 30 Jak-18U wurden an die GST abgegeben und dort bis 1971 betrieben.
Ab September 1958 traf die Jak-18A in größerer Stückzahl im FAG-1 ein. Im Laufe der Zeit erwarb die NVA 62 Maschinen dieses Typs.
Anfang der 60er-Jahre kam es in der NVA zu einer Umstellung des Pilotenausbildungssystems. In den Luftstreitkräften sollten Flugschüler, die für den Einsatz auf Kampfflugzeugen ausgebildet wurden, zukünftig nur noch auf Strahlflugzeugen geschult werden. Die Grundausbildung auf Propellermaschinen sollte dagegen durch die GST erfolgen. Deshalb wurden 1960 sechzehn nagelneue Jak-18A direkt an die GST weitergegeben.
Das FAG-1 wurde 1961 in Jagdfliegerausbildungsgeschwader-10 (JAG-10) umbenannt. Die Ausbildung auf der Jak-18A lief noch bis 1964. Dann wurde das JAG-10 aufgelöst. 25 Jak-18A gingen nach Auflösung des Geschwaders an die GST, wo sie die Rolle des Standardschulflugzeugs übernahmen. 19 Jak-18A verblieben im Bestand der LSK und wurden als Kurier- und Reiseflugzeuge verwendet[128]. In ganz wenigen Fällen sollen sie auch als Zieldarsteller fungiert haben.
Die Jak-18A blieb bei den LSK bis 1974 im Einsatz. Bei der GST nutze man sie bis ins Jahr 1978.
Die Jak-18 war in all ihren Versionen für eine lange Zeit der »Pilotenmacher« in der DDR. Sie galt als zuverlässiges, leistungsfähiges und vor allem zweckmäßiges Flugzeug. Sie wurde von ihren Ljotschiks[129] sehr, sehr gern geflogen.
Noch heute schwärmen viele Piloten, die auf der Jak-18 ihre ersten Flugstunden absolvierten, von ihrer Zeit auf der Jak und bei manchen von ihnen hält diese »erste Liebe« bis zum heutigen Tag an. Auch heute gibt es noch fliegende Jak-18 und ihre Piloten sind immer noch von ihr begeistert. Wie sagt man doch so schön: »Alte Liebe rostet nicht!«

[126] Der nachwachsenden Generationen und jenen Lesern, die jenseits von Elbe und Werra aufgewachsen sind, muss erklärt werden, dass sich das militärische Ausbildungssystem der DDR von dem der Bundesrepublik deutlich unterschied. Die Bundeswehr war von Anfang an eine Wehrpflichtarmee. Die NVA war in ihrer Anfangszeit dagegen eine Freiwilligenarmee (erst 1962/63 wurde auch sie zur Wehrpflichtarmee). Und wie jede Freiwilligenarmee musste sie aktiv um Nachwuchs werben. Zur Nachwuchsgewinnung setzte die NVA dabei von Anfang an auf die vormilitärische Ausbildung, die im Rahmen der Gesellschaft für Sport und Technik (GST) organisiert wurde. Jugendliche konnten bei der GST quasi als Freizeitbeschäftigung nahezu kostenlos LKW- und Motorradfahren lernen, Sportschießen, Fallschirmspringen, sich auf eine Marinelaufbahn vorbereiten, Segelfliegen oder auch das Fliegen von Motorflugzeugen lernen. Später, als sich auch die NVA zur Wehrpflichtarmee wandelte, wurde die vormilitärische Ausbildung Teil des obligatorischen Schulbetriebs (Wehrkunde) bzw. der Lehrausbildung. Die zu absolvierenden Ausbildungsstunden und die dazugehörigen Wehrlager waren bei den meisten Schülern und Lehrlingen »höchstbeliebt«. Sie vermittelten ihnen aber die Grundlagen des Soldatseins, so dass die NVA bei der Rekrutenausbildung auf einem deutlich höheren Niveau beginnen konnte, als es bei der Bundeswehr der Fall war. Nebenbei vermittelte die vormilitärische Ausbildung den Jugendlichen, dass es für die meisten von ihnen nicht unbedingt zu den erstrebenswertesten Dingen der Welt gehörte bei Wind und Wetter durchs Gelände zu robben, dass das Leben des Soldaten anstrengend war und man sich dabei durchaus ordentlich weh tun konnte. Vor allem letztere Erfahrungen fehlen der heutigen nachwachsenden Generation. Was es heißt ein Soldat zu sein lernt man nicht bei Ego-Shootern und Online-Spielen. Die vormilitärische Ausbildung bei der GST war in der Regel nicht beliebt, sie gab aber zumindest einen kleinen Vorgeschmack auf das, was einen beim Militär erwartete.

[127] Nach anderer Quelle 1953.

[128] Mit einer Jak-18A wurde der einzige Fluchtversuch eines NVA-Piloten unternommen. Da ihm der direkte Weg nach Westen zu gefährlich erschien steuerte der Pilot die Oder entlang, um dann über die Ostsee zur dänischen Insel Bornholm zu fliegen. Nach der Flucht wurde die Jak-18A wieder an die DDR zurückgegeben.

[129] Russischer Begriff für Flieger. Er wurde benutzt, weil bei den NVA-Oberen der westlich angehauchte Terminus »Pilot« nicht gern gehört wurde.

L-29 Delfin (NATO Code: Maya)

Ende der 50er-Jahre suchten viele Luftstreitkräfte nach kostengünstigen und einfach zu betreibenden Strahltrainern. Diese Flugzeuge sollten es einer Vielzahl junger Piloten ermöglichen, so problemlos wie nur möglich, von herkömmlichen Propellermaschinen auf strahlgetriebene Kampfflugzeuge umzuschulen.

Die Sowjetunion entschied sich bei ihrer Suche nach einem solchen Flugzeug eine Ausschreibung herauszugeben, die auch verbündeten Staaten die Möglichkeit gab mit eigenen Entwürfen daran teilzunehmen.

Zum Vergleich stellten sich im Herbst 1961 die sowjetische Jak-30, die polnische TS-11 Iskra[130] und die tschechoslowakische L-29 Delfin.

Bereits Mitte der 50er-Jahre hatten sich die tschechoslowakischen Streitkräfte Gedanken über ein zukünftiges Schulflugzeug gemacht. Ein Anforderungskatalog wurde erstellt und der durchaus leistungsfähigen tschechoslowakischen Luftfahrtindustrie übergeben. Bei der Firma Aero erarbeiteten die Konstrukteure Rublic und Tomas‘ das Projekt eines düsengetriebenen doppelsitzigen Flugzeugs.

Das Grunddesign des Flugzeugs war einfach gehalten. Es gab einen langgestreckten, aerodynamisch hochwertig geformten Rumpf, an den sich in Mitteldeckeranordnung angebrachte ungepfeilte Tragflächen anschlossen. Die Tragflächen waren relativ dick. Sie besaßen großdimensionierte Querruder und Landeklappen, die eine leichte Steuerung des Flugzeugs und eine geringe Landegeschwindigkeit versprachen. Das Hauptfahrwerk fuhr nach innen in die Tragflächen ein. Das Fahrwerk war sehr robust konstruiert und konnte auch Starts von und Landungen auf unvorbereiteten Graspisten problemlos verkraften.

In den Tragflächenwurzeln befanden sich die Lufteinläufe für das Triebwerk. Das Triebwerk M-701 wurde von der Firma Motorlet entwickelt. Es war ein kleines Strahltriebwerk mit Radialverdichtung, das 900 kp, sprich 8,72 kN Schub erzeugen sollte. Da es bis zum Bau des Prototyps XL-29 nicht einsatzbereit war, musste zunächst auf ein Triebwerk des Typs Viper, vom britischen Hersteller Bristol-Siddeley zurückgegriffen werden.

Das Leitwerk der XL-29 wurde als T-Leitwerk ausgelegt. Das Höhenleitwerk war in Höhenflosse und Ruder geteilt. Beiderseits des Hecks befanden sich große Bremsklappen.

Das Cockpit war in Anlehnung an die MiG-21F-13 gestaltet. So sollte der Umstieg des Flugschülers auf die MiG erleichtert werden. Der Flugschüler saß auf dem vorderen Sitz des Tandemcockpits. Der Fluglehrer war dahinter untergebracht. Sein Sitz war etwas erhöht eingebaut, um ihm eine ausreichende Sicht nach vorn zu ermöglichen.

Technische Daten L-29 Delfin	
Einsatzzeitraum	1963 – 1980
Bezeichnung NATO	Maya
Abmessungen	
Spannweite	10,29 m
Länge	10,81 m
Höhe	3,13 m
Flügelfläche	19,85 m²
Massen	
Leermasse	2.364 kg
Startmasse	3.280 kg
max. Startmasse	3.540 kg
max. Waffenlast	200 kg
Treibstoffmenge	1.100 kg + 2 x Zusatzbehälter
Antrieb	1 x M-701
Schub	8,72 kN
Flugleistungen	
Höchstgeschwindigkeit	655 km/h in 5.000 m
Marschgeschwindigkeit	545 km/h
Aktionsradius	250 – 300 km
Gipfelhöhe	11.000 m
Steiggeschwindigkeit	14 m/s
Bewaffnung	
Waffenstationen	2 x Bomben bis 100 kg 2 x Raketenbehälter R-57/4M mit je 4 Raketen 2 x Treibstoffzusatzbehälter

Der bewegliche Teil der Cockpithaube war zweiteilig. Die vordere Haube öffnete nach rechts, die hintere wurde zum Öffnen nach hinten geschoben.

Fluglehrer und -schüler saßen auf tschechoslowakischen Schleudersitzen. Bei der Auslösung des Rettungsschusses wurden beide Sitze zueinander zeitverzögert gezündet. So sollte eine Kollision in der Luft vermieden werden.

Die XL-29 konnte mit Startbehältern für ungelenkte Raketen, Bomben bis 100 kg, MG-Gondeln oder Treibstoffzusatzbehälter beladen werden.

Der Prototyp XL-29 startete am 15. April 1959 zum Jungfern-

[130] Das Wort Iskra bedeutet in vielen slawischen Sprachen »der Funke«.

Die gelben Markierungen an Nase, Tragflächenenden und am Leitwerk standen für die Zugehörigkeit des Flugzeugs zu einer Staffel. (Foto: Normann)

Die L-29 war für lange Jahre das Standardschulflugzeug der NVA. (Foto: Normann)

L-29 Delfin mit ihrer schlanken, aerodynamisch günstigen Form und das Nachfolgemodell L-39 Albatros im Luftwaffenmuseum Gatow. (Foto: Normann)

flug. Nach bestandener Flugerprobung wurde eine geringe Zahl von L-29 Delfin gebaut. Einige dieser Maschinen schickte man im Frühherbst 1961 in die Sowjetunion, um am Vergleichsfliegen gegen die Jak-30 und die TS-11 Iskra teilzunehmen.

Obwohl die anderen beiden Flugzeugtypen hervorragende und zum Teil bessere Flugleistungen zeigten gewann die Aero L-29 Delfin den Wettbewerb. Das war für etliche Beobachter eine Überraschung, hatte man doch mit dem Sieg der Jak-30 gerechnet und die Teilnahme der beiden anderen Anbieter als Alibiveranstaltung angesehen.

Zu den Punkten, die für die L-29 Delfin sprachen gehörten eine hohe Zuverlässigkeit, eine exzellente Verarbeitungsqualität und ein gutmütiges Flugverhalten. In diesen Punkten war sie der Jak-30 und auch der Iskra überlegen.

Nach dem Ende des Wettbewerbs wurde den Streitkräften der Warschauer Vertragsstaaten nahegelegt die L-29 Delfin als Standardtrainingsflugzeug einzuführen. Alle Staaten, außer Polen[131], statteten daraufhin ihre Schulverbände mit L-29 aus. Von 1960 bis zur Einstellung der Serienfertigung im Jahr 1974 liefen über 3.000 Maschinen vom Band. Mehr als 2.000 L-29 Delfin gingen an die Sowjetunion, wo der Typ auch zur vormilitärischen Ausbildung[132] genutzt wurde.

Die LSK erhielt ihre ersten L-29 Delfin im Dezember 1963. Bis 1966 wurden insgesamt 51 Maschinen aus fünf Produktionsserien beschafft. Zunächst dienten die L-29 beim Jagdfliegerausbildungsgeschwader JAG-15 in Rothenburg, Mitte 1964 wurden die L-29 Delfin ins Jagdfliegerausbildungsgeschwader JAG-11 (später in Fliegerausbildungsgeschwader FAG-25 umbenannt) in Bautzen überstellt. Das war notwendig weil die Flugschüler zunächst in Bautzen auf der L-29 Delfin das Fliegen strahlgetriebener Flugzeuge erlernen und später in Rothenburg auf die MiG umschulen sollten.

Die L-29 Delfin diente der Grundausbildung der Piloten, wurde aber auch zur Kunstflugausbildung und zum Waffentraining verwendet. Zu letzterem konnte die L-29 Delfin mit Bomben und ungelenkte Raketen ausgerüstet werden.

Die L-29 Delfin war eine gute, zuverlässige und qualitativ hochwertige Übungsmaschine. Sie ermöglichte den leichten Umstieg von den propellergetriebenen Schulflugzeugen, die die Masse der Flugschüler in der Ausbildung bei der GST[133] geflogen hatten, auf die MiG-21.

Die L-29 Delfin der Luftstreitkräfte flogen bis auf eine Ausnahme stets in silbergrauer Bemalung. Entsprechend der Staffelzugehörigkeit hatten sie gelbe oder rote Bugnasen und Tragflächenenden. Lediglich ein Flugzeug erhielt 1978 im Rahmen einer Übung einen zweifarbigen Tarnanstrich.

Die L-29 Delfin blieb bis Ende der 70er-Jahre im Einsatz. Ab 1978 wurde sie schrittweise durch die leistungsfähigere L-39 Albatros ersetzt. Die letzten L-29 stellte man im November 1980 außer Dienst. Sie wurden zum größten Teil verschrottet. Einige Maschinen überlebten aber als Traditionsmaschinen, als Denkmal oder wurden im Museum ausgestellt.

[131] Die Volksrepublik Polen verweigerte den Ankauf der L-29. Sie produzierte lieber für den Eigenbedarf die TS-11 Iskra. Die Iskra erwies sich als sehr langlebig und wird auch heute noch von den polnischen Streitkräften als Schulflugzeug verwendet.

[132] Diese fand im Rahmen der DOSAAF statt. Die DOSAAF war das sowjetische Gegenstück zur GST in der DDR.

[133] GST, Gesellschaft für Sport und Technik. Eine Organisation die für die vormilitärische Ausbildung in der DDR zuständig war. Im Sprachgebrauch der DDR verwendete man in der Regel das Kürzel GST. Der vollständige Name der Organisation wurde selten genutzt.

Die L-29 wurde in der NVA in der Regel metallfarben geflogen. (Foto: Normann)

L-29 und L-39 im Museum Rothenburg. (Foto: Normann)

Die roten Markierungen standen für die Staffelzugehörigkeit des Flugzeugs. (Foto: Normann)

L-39ZO Albatros

Mit der Entwicklung der L-29 Delfin hatte die tschechoslowakische Luftfahrtindustrie bewiesen, dass sie in der Lage war ein zuverlässiges, kostengünstiges und qualitativ hochwertiges Schulflugzeug zu bauen. Deshalb bekam die CSSR im Rahmen der sozialistischen ökonomischen Integration[134] der RGW-Staaten[135] den Auftrag sich zukünftig um die Weiterentwicklung und Produktion von Strahltrainern zu kümmern.
Ab 1964[136] arbeitete man deshalb bei der Firma Aero Vodochody am Projekt C-39. Der Buchstabe C stand für das tschechische Wort cvicny, was so viel wie Trainer oder Ausbilder bedeutet. Ziel dieses Projektes war es ein modernes düsengetriebenes Schulflugzeug mit sekundärer Eignung als Erdkampfflugzeug zu entwickeln. Es sollte perspektivisch die L-29 Delfin ablösen.
Das Konstruktionskollektiv der Firma Aero unter Leitung von Jan Vlcek erhielt den Auftrag das Projekt C-39 in die Tat umzusetzen. Zunächst wurde die C-39 als eine modernisierte Variante der L-29 ins Auge gefasst[137]. Berechnungen zeigten aber, dass dieses Flugzeug nicht in der Lage sein würde alle gestellten Aufgaben vollständig zu erfüllen.
Deshalb wurden mehrere Neuentwürfe und Studien durchgeführt, aus denen sich ein erfolgversprechendes Konzept herauskristallisierte. Von diesem Konzeptentwurf wurde ein Windkanalmodell gebaut und ausgiebig getestet.
Als die Windkanaltests abgeschlossen waren begann man mit dem Bau einer Attrappe der Cockpitsektion. Mit ihr wurde die günstigste Anordnung von Fluginstrumenten und Steuerorganen, sowie der neu zu entwickelnden Schleudersitze gesucht. Schließlich einigte man sich darauf die Gestaltung des Cockpits wieder an das Design eines MiG-21 Cockpits anzupassen. Die wichtigsten Fluginstrumente wurden genauso angeordnet wie es bei der MiG-21 der Fall war. Durch diese Anordnung sollte den Flugschülern der Umstieg vom Strahltrainer auf die MiG erleichtert werden.
Nachdem das Cockpitdesign feststand baute man bei Aero Vodochody eine lebensgroße Attrappe des gesamten Flugzeugs.
1967 begutachtete eine staatliche Kommission das Projekt und gab grünes Licht für die Weiterentwicklung des Flugzeugs, sowie der dazu gehörigen Komponenten. Dazu zählten unter anderem der Flugsimulator TL-39, der Schleudersitztrainer NKTL-29-39, der Schleudersitz VS-1BRI, sowie die mobile Kontrolltechnik KL-39.
1968 wurden drei Prototypen fertiggestellt. Der Prototyp X-01 wurde nur zur Bodenerprobung verwendet. Man nutzte ihn

Technische Daten L-39ZO Albatros	
Einsatzzeitraum	1977 – 1990
Bezeichnung NATO	keine
Abmessungen	
Spannweite	9,46 m
Länge	12,13 m
Höhe	4,77 m
Flügelfläche	18,80 m²
Massen	
Leermasse	3.540 kg
Startmasse	4.500 kg
max. Startmasse	5.600 kg
max. Waffenlast	1.000 kg
Treibstoffmenge	1.050 Liter + 2 x Zusatzbehälter
Antrieb	1 x AI-25TL
Schub	16,87 kN
Flugleistungen	
Höchstgeschwindigkeit	755 km/h in 5.000 m
Marschgeschwindigkeit	680 km/h
Aktionsradius	300 km
Gipfelhöhe	10.000 m
Steiggeschwindigkeit	17 m/s
Bewaffnung	
Waffenstationen	4 x Bomben bis 250 kg 2 x Bomben bis 500 kg 4 x Raketenbehälter UB-16 2 x Luft-Luft-Raketen 2 x Treibstoffzusatzbehälter

134 Die »sozialistische ökonomische Integration« war der Versuch die Industrien der RGW-Länder auf bestimmte Produktgruppen zu spezialisieren. So bekam z.B. Ungarn den Auftrag Busse für alle RGW-Staaten zu bauen. Auf diesem Wege sollte Know-How gebündelt werden und Produkte entstehen, die keinen Vergleich zu Produkten westlicher Staaten zu scheuen brauchen. De facto funktionierte dieser Ansatz eher schlecht als recht. Es entstanden Monopole und es ergaben sich Probleme, die weltweit bei Monopolbildungen zu beobachten sind, wie überteuerte Produkte, schlechte Qualität und mieser Service.
135 RGW. Der **R**at für **g**egenseitige **W**irtschaftshilfe war ein Wirtschaftsbündnis mehrerer sozialistischer Staaten.
136 Nach anderer Quelle liefen die Arbeiten an der C-39 bereits ab 1963.
137 Man bezeichnete diese Varianten auch als L-129 und L-229.

Blick ins Cockpit der L-39 Albatros. (Foto: Normann)

Techniker beim Schleudersitzwechsel. (Foto: Sammlung Normann)

ausschließlich zu Belastungs- und Bruchtests. Mit dem Prototyp X-02 begann die Flugerprobung. X-02 startete am 4. November 1968 zum Jungfernflug. Im Dezember desselben Jahres nahm auch X-03 die Flugerprobung auf. Weitere Prototypen folgten in den nächsten Jahren.

Der siebente Prototyp X-07 wurde zum Ausgangspunkt für die erste Serienversion. Er flog erstmalig am 15. Dezember 1970. Seine Erprobung dauerte zweieinhalb Jahre. Dann wurde er den sowjetischen Streitkräften zur Truppenerprobung übergeben, wo er sich hervorragend bewährte. Zufrieden mit dem tschechischen Schulflugzeug orderte die Sowjetunion eine große Anzahl von Flugzeugen, worauf Anfang 1974 die Serienfertigung der L-39C Albatros anlief.

Weiter Prototypen waren die X-08, die zum Ausgangspunkt für den Luftzielschlepper L-39V wurde, sowie die X-09 und X-10, aus denen sich das erdkampffähige Schulflugzeug L-39ZO ableitete. Abschließend wurde noch X-11 gebaut, der Prototyp für das leichte Erdkampfflugzeug L-39ZA und die X-12 für Langzeitermüdungstests. Die Flugerprobung der letzten Prototypen wurde 1977 abgeschlossen.

Die L-39ZO war ein einstrahliges, doppelsitziges Schulflugzeug. Sein Rumpfbug war spitz zulaufend. In ihm waren Elektronikkomponenten, wie der Funkentfernungsmesser untergebracht. Das Cockpit der L-39ZO war als Tandemcockpit ausgelegt, d.h. Flugschüler und Fluglehrer nahmen hintereinander Platz. Beide Piloten saßen auf Schleudersitzen des Typs VS-1BRI, wobei die Sitzposition des Fluglehrers leicht erhöht war, um ihm eine bessere Sicht nach vorn zu gewähren. Die Cockpithaube war dreigeteilt. Der feststehende Teil bestand aus Plexiglas. Die Cockpithauben für Flugschüler und Fluglehrer konnten separat nach rechts geöffnet werden.

Hinter der Cockpitsektion befanden sich die halbrunden Lufteinlässe für das Triebwerk AI-25TL. Die Lufteinlässe besaßen beheizbare Vorderkanten, um einer Vereisung vorzubeugen. Im Rumpf direkt hinter dem Cockpit befanden sich auch die fünf flexiblen Treibstofftanks des Flugzeugs. Sie nahmen 1.070 Liter Kraftstoff auf.

Die Treibstofftanks waren durch ein Brandschott vom Triebwerk getrennt. Das AI-25TL befand sich in der Hecksektion des Flugzeugs. Es war die Weiterentwicklung eines Mantelstromtriebwerks, das ursprünglich für das Verkehrsflugzeug Jak-40 entwickelt worden war und zeichnete sich durch einen relativ geringen Treibstoffverbrauch aus. So konnten die Kosten pro Flugstunde vergleichsweise niedrig gehalten werden.

Unterhalb der Lufteinläufe waren die Tragflächen angesetzt. Die in Tiefdeckeranordnung platzierten Flügel besaßen keine nennenswerte Pfeilung, dafür aber großdimensionierte Lande-

Diese L-39 ist im Museum Rothenburg ausgestellt. (Foto: Normann)

Verband dreht ab. (Foto: Sammlung Normann)

klappen und Ruderflächen. So konnte ein gutmütiges Flugverhalten und eine geringe Landegeschwindigkeit sichergestellt werden. An der Tragflächenenden waren nichtabnehmbare Treibstoffbehälter in Keulenform befestigt. Jeder Treibstoffbehälter fasste 100 Liter[138].

Unterhalb der Tragflächen gab es jeweils zwei Aufhängepunkte. Die inneren Pylonen konnten mit Lasten bis 500 kg, die äußeren Pylone mit bis zu 250 kg beladen werden. Zu den Beladungsoptionen zählten Startbehälter für ungelenkte Raketen UB-16, Treibstoffzusatzbehälter, sowie Freifallbomben und MG-Behälter PK-3. Die L-39ZO konnte auch mit Startschienen für Luftkampfraketen des Typs R-3S Atoll ausgerüstet werden. Während erstgenannte Waffenoptionen sinnvoll waren, gab es mit der Lenkrakete R-3S einige Probleme. Diese lagen darin, dass die Rakete eine Mindestgeschwindigkeit des Trägerflugzeugs benötigte um erfolgreich eingesetzt werden zu können. Die L-39ZO war aber durch ihr relativ schwaches Triebwerk kaum in der Lage die notwendige Mindestgeschwindigkeit zu erreichen. Praktisch war diese Geschwindigkeit nur im Sink- oder Sturzflug zu realisieren. Und hier griff ein Sicherheitsmechanismus störend ein. Beim Erreichen der kritischen Fluggeschwindigkeit fuhren die unterhalb des Rumpfes befindlichen Bremsklappen automatisch aus, um die Maschine im sicheren Flugbereich zu halten. Diese Maßnahme sollte die Flugsicherheit erhöhen und das Überschreiten der maximal erlaubten Geschwindigkeit verhindern. Beim Gefechtseinsatz der Rakete R-3S war aber genau dieser Sicherheitsmechanismus hinderlich, weshalb die Verwendung der R-3S eher theoretischer Natur war, statt eine tatsächliche Bewaffnungsoption darzustellen.

Das Fahrwerk der L-39ZO war als Dreipunktfahrwerk mit Bugrad ausgelegt. Das Hauptfahrwerk fuhr nach innen in die Tragflächen ein, das Bugfahrwerk wurde nach vorn eingezogen. Das Fahrwerk der L-39ZO war im Vergleich zum Vorgängermodell L-39C verstärkt. Es war so solide ausgelegt, dass Starts und Landungen auch auf unvorbereiteten Rasenflächen möglich waren.

Bei der nachfolgenden Variante L-39ZA[139] war eine nochmalige Verstärkung des Fahrwerks notwendig gewesen. Die ZA unterschied sich von der ZO durch die Bordkanone GScha-23L. Diese war bei der ZA unterhalb des Cockpits platziert. Der Kampfsatz von 150 Schuss befand sich unterhalb des Fluglehrersitzes.

Das konventionell ausgelegte Höhenleitwerk war hoch am Rumpf angesetzt. Das Seitenleitwerk besaß eine leicht geschwungene Vorderkante.

Die Bordelektronik der L-39ZO Albatros war vergleichsweise einfach gehalten. Es gab eine Bordfunkstation, die im UKW-Bereich sendete, Funkkompass und Funkhöhenmesser. Zur Navigation diente das von der MiG-21 bekannte System RSBN-5S. Zur Identifikation gab es ein Freund-Feind-Kenngerät. Für den Waffeneinsatz besaß die L-39ZO einen Funkentfernungsmesser und ein einfaches Kreiselvisier.

Die L-39ZO Albatros galt als einfach zu fliegendes, gutmütiges

[138] Eine andere Quelle spricht von 150 Liter pro Tragflächenendtank.

[139] Die NVA hatte keine L-39ZA. Allerdings war auf dem Titel des »Fliegerkalenders der DDR 1980« die Zeichnung einer L-39ZA in den Farben der NVA zu sehen. Deshalb gab es Spekulationen, dass diese Version auch in der DDR genutzt wurde.

Das Fliegen im Verband gehörte zur Ausbildung der Flugschüler. (Foto: Sammlung Normann)

und zuverlässiges Flugzeug, das auch von Fluganfängern leicht beherrscht werden konnte[140]. Sie hatte eine hochwertige Verarbeitungsqualität und bestach durch ihre elegante Formgebung. 2018 realisierte der tschechische Hersteller Aero Vodochody eine Neuauflage der Albatros. Sie wurde als L-39NG bezeichnet und war von der »Ur-Albatros« durch das Fehlen der Treibstoffbehälter an den Tragflächenenden leicht zu unterscheiden[141].
Interessanterweise wurde von der NATO für die L-39 Albatros, im Gegensatz zu allen anderen Flugzeugentwicklungen des sozialistischen Lagers, kein spezieller Identifikationscode vergeben.
Die NVA beschaffte 1977 die ersten 21 L-39ZO Albatros. Im darauffolgenden Jahr wurden weitere 27 Maschinen geliefert. 1982 kaufte man noch einmal vier L-39ZO nach. Insgesamt wurden 52 Flugzeuge dieses Typs in der NVA betrieben. Sie kamen im Jagdfliegerausbildungsgeschwader 25[142] zum Einsatz und wurden zur Flugausbildung der Offiziersschüler der ersten beiden Studienjahre genutzt.
Drei L-39ZO wurden im Laufe der Zeit zur Zieldarstellungskette ZDK-33 transferiert, wo sie als Schleppflugzeuge für Luftsäcke fungierten oder als Feinddarsteller für Luftabwehr- und Marineeinheiten agierten. Die L-39ZO der ZDK-33 wurden Mitte der 80er-Jahre auch dazu genutzt Marschflugkörper zu simulieren, um die Jagdfliegereinheiten für die Abwehr amerikanischer Cruise Missiles zu schulen.
In ihrer gesamten Dienstzeit bewährten sich die L-39 als hervorragende Flugzeuge. Von den insgesamt 52 beschafften Maschinen ging lediglich zwei verloren.
1990 wurden die L-39 Albatros von der Bundeswehr übernommen, aber nicht in Dienst gestellt. Das hatte nichts mit der Qualität des Flugzeugs zu tun. Die Albatros passte einfach nicht ins Pilotenausbildungskonzept der Bundesluftwaffe. Deshalb wurden viele Maschinen an andere Luftstreitkräfte quasi verschenkt. So gingen ehemalige NVA L-39 ins Baltikum und nach Ungarn.
Andere L-39 wurden an Museen abgegeben. Zwei ehemalige L-39 der NVA waren in der Eröffnungssequenz des James-Bond-Films »Die Welt ist nicht genug« zu sehen[143].

Obwohl die L-39ZO mit dem Hoheitszeichen der Bundesluftwaffe versehen war, wurde sie doch nicht in Dienst gestellt. (Foto: Hendrik van Broekhuizen)

[140] Für gewöhnlich sammelten die Flugschüler der NVA ihre ersten Flugstunden auf Propellerflugzeugen der GST. Es gab aber auch Ausnahmen, bei denen Flugschüler ohne vorherige fliegerische Kenntnisse den Berufsweg eines NVA-Piloten antraten. Erfahrungen zeigten, dass auch diese »blutigen Anfänger« problemlos mit der L-39ZO Albatros zurechtkamen.

[141] Bereits in den 80er-Jahren war das Nachfolgemodell L-59 entwickelt worden. Die L-59 wurde aber wegen des Zusammenbruchs des sozialistischen Staatensystems nur in geringer Stückzahl gebaut.

[142] Das JAG-25 wurde 1982 in Fliegerausbildungsgeschwader 25, FAG-25, umgetauft.

[143] Man sollte die in der Eröffnungssequenz des James-Bond-Filmes dargestellte Bewaffnung nicht für voll nehmen. Die L-39ZO hatte in der Realität weder eine Kanonenbewaffnung, noch besaß sie Lenkwaffen. Sie war auch nicht in der Lage Kernwaffen zu tragen und einen Nachbrenner gab es auch nicht.

L-39ZO mit Zusatzbehältern und UB-16 Raketenbehältern. (Foto: Hendrik van Broekhuizen)

L-39ZO mit Luftzielbehältern. (Foto: Hendrik van Broekhuizen)

L-39 Albatros bei einer Vorführung in Holzdorf im August 1985. Die Bewaffnung mit Luftkampfraketen war aber eher Wunsch, denn Realität. (Foto: Sammlung Scheffler)

L-39V Albatros

Die L-29 Delfin hatte sich im Truppenalltag bewährt. Sie war ein solides Schulflugzeug, doch aufgrund ihrer schwachen Motorisierung nicht wirklich dazu geeignet Aufgaben außerhalb ihres ursprünglichen Aufgabengebietes zu übernehmen.
Bei der Entwicklung des Projektes C-39 durch die Firma Aero Vodochody stand von Anbeginn fest, dass das neue Flugzeug nicht nur als Anfänger- und Fortgeschrittenentrainer, sondern auch als leichtes Erdkampfflugzeug und als Aufklärer verwendbar sein sollte. Bald schon kam die Idee auf das neue Flugzeug auch zum Zwecke der Zieldarstellung für die Truppenluftabwehr[144] und die Jagdfliegerkräfte zu verwenden. Dazu musste das Projekt ein wenig überarbeitet werden.
Der Zieldarsteller sollte als einsitzige Maschine geflogen werden. Deshalb wurde das hintere Cockpit entkernt. Schleudersitz, Bedienelemente und Armaturenbrett entfernte man. Der gewonnene Platz wurde dazu genutzt eine Seiltrommel inklusive Bremsanlage einzubauen. Die Seiltrommel konnte ein Schleppseil von 1.700 m Länge aufnehmen. Das Schleppseil bestand aus Stahl und war etwa 5 mm dick. Es wurde durch eine Öffnung im Rumpf nach unten in die Schleppvorrichtung geführt.
Das Schleppseil konnte per Elektromotor und Übersetzungsgetriebe von der Seiltrommel im hinteren Cockpit ab- und aufgespult werden. Die dazu notwendige elektrische Energie entwickelte eine kleine Staudruckturbine, die unterhalb des Cockpits am Rumpf befestigt war.
Für den Notfall war die Schleppeinrichtung des Flugzeugs mit einer Kappvorrichtung ausgerüstet. So konnte der Pilot ein außer Kontrolle geratenes Schleppziel schnell und zuverlässig vom Schleppflugzeug lösen.
Während der Entwicklung des Flugzeugs stellte sich natürlich die Frage welche Art Schleppziel benötigt wurde. In der CSSR hatte es seit den 50er-Jahren eine Tradition zum Bau metallener Schleppziele gegeben. Diese waren solider und langlebiger als herkömmliche Luftsäcke und konnten auch bei höheren Geschwindigkeiten zum Einsatz kommen. Deshalb begannen die tschechischen Ingenieure ein Hochgeschwindigkeitsschleppziel speziell für die L-39 Albatros zu entwickeln. Das geschah bei der Firma Letov. Dort baute man ein etwa 110 kg schweres Fluggerät von 4,90 m Länge, mit einer Spannweite von 5,30 m und einer Flügelfläche von 3 m². Es erhielt die Bezeichnung KT-04.
1972 wurde der achte Prototyp der L-39 Albatros zur Schleppmaschine umgebaut. X-08 startete Ende des Jahres zum Jungfernflug. Nach bestandener Flugerprobung wurde diese Variante der Albatros als L-39V in Serie gebaut.

Technische Daten L-39V Albatros	
Einsatzzeitraum	1980 – 1990
Bezeichnung NATO	keine
Abmessungen	
Spannweite	9,46 m
Länge	12,13 m
Höhe	4,77 m
Flügelfläche	18,80 m²
Massen	
Leermasse	3.540 kg
Startmasse	4.500 kg
max. Startmasse	5.600 kg
max. Waffenlast	---
Treibstoffmenge	1.050 Liter
Antrieb	1 x AI-25TL
Schub	16,87 kN
Flugleistungen	
Höchstgeschwindigkeit	755 km/h in 5.000 m
Marschgeschwindigkeit	680 km/h
Aktionsradius	300 km
Gipfelhöhe	10.000 m
Steiggeschwindigkeit	17 m/s
Bewaffnung	
Waffenstationen	Schleppvorrichtung für Luftziel

Äußerlich unterschied sich die L-39V von den anderen L-39 Versionen durch das Fehlen der Pylone unter den Tragflächen, die Schleppvorrichtung unterhalb des Rumpfes und die Staudruckturbine.
Die NVA beschaffte 1980 zwei Flugzeuge dieses Typs. Sie wurden in die Zieldarstellungskette 33 eingeführt um die alternden IL-28 zu ersetzen.
Die L-39V flog in der NVA vorrangig als Schleppflugzeug für das Hochgeschwindigkeitsluftziel KT-04.
Der Start eines Schleppverbandes aus L-39V und KT-04 war nicht ganz einfach. Auf der Startbahn wurde das Schleppseil

[144] Die Truppenluftabwehr, kurz TLA, waren Einheiten mit mobilen Flugabwehrsystemen, die die Panzer und Mot. Schützenverbände begleiten und diese vor gegnerischen Luftangriffen schützen sollten. Sie waren mit Fla-SFL (Bundeswehrbegriff: Flakpanzer) des Typs Schilka oder Startfahrzeugen für Fla-Raketen unterschiedlichster Reichweiten ausgerüstet. Über jedem Truppenkörper konnte durch die TLA auf dem Gefechtsfeld ein tiefgestaffelter und sich überlappender Luftverteidigungsschirm entfaltet werden.

Die L-39V war das Zieldarstellungsflugzeug der 80er-Jahre. Es löste die IL-28 ab. Diese L-39V ist im Luftwaffenmuseum Gatow ausgestellt. Im eingefügten kleinen Bild sieht man das zu schleppende Luftziel. (Foto: Normann)

Maschine mit dem Hoheitszeichen der NVA. (Foto: Hendrik van Broekhuizen)

der L-39V etwa 120 m weit ausgezogen und mit dem auf einem Startwagen befindlichen KT-04 verbunden. Nach einem kurzen Anlauf erhob sich die L-39V bei etwa 210 km/h in die Lüfte. Das KT-04 blieb aus aerodynamischen Gründen aber noch am Boden. Erst wenn das Schleppflugzeug etwa 80 m Höhe erreicht hatte hob auch das Schleppziel vom Boden ab. Der Startwagen fiel dabei auf die Startbahn zurück.

Durch eine gefühlvolle Geschwindigkeitssteigerung musste der Pilot der L-39V nun versuchen das KT-04 auf die gleiche Flughöhe wie das Schleppflugzeug zu bringen. Dieser Vorgang war diffizil, pendelte das Schleppziel in dieser Phase des Fluges zum Teil ganz beträchtlich von links nach rechts und wieder zurück. Wichtig war es das Schleppseil stets gespannt zu halten, da andernfalls nach fünf Sekunden die Kappvorrich-

L-39V und Schleppziel an der Vorstartlinie. (Foto: Hendrik van Broekhuizen)

tung automatisch die Verbindung getrennt hätte. Dies war eine Sicherheitsmaßnahme, denn das KT-04 hatte einen sehr geringen Luftwiderstand, so dass es bei einer plötzlichen Reduzierung der Fluggeschwindigkeit der L-39V dazu tendierte das Schleppflugzeug zu überholen.

Beim Erreichen der Schießzone wurde das Schleppkabel verlängert, um einen ausreichend großen Sicherheitsabstand zwischen Schleppflugzeug und dem mit scharfer Munition zu bekämpfenden Schleppziel zu gewinnen.

Das Luftzielschießen fand in der Regel in Höhen zwischen 500 und 2.500 m mit Geschwindigkeiten bis zu 600 km/h statt.

Nach Beendigung des Einsatzes wurde das Schleppseil wieder verkürzt und das KT-04 zum Heimatflugplatz geschleppt. Dort angekommen senkte der Schleppverband die Geschwindigkeit gefühlvoll auf etwa 300 km/h. In 300 m Höhe erfolgte das Ausklinken des Schleppziels, das an einem Fallschirm zum Boden ging. Um den Aufprall am Boden zu dämpfen besaß das KT-04 eine Art Airbag. Dieser wurde durch Druckluft aufgeblasen.

Nach der Landung sammelte eine Bergemannschaft das Schleppziel wieder auf und bereitete es für den Wiederholungsstart vor.

Zur Verstärkung der ZDK-33 übernahm die Einheit drei L-39ZO vom JAG-25. Diese flogen zunächst nur Zieldarstellung für Einheiten der Truppenluftabwehr und der Volksmarine, wenn die übenden Einheiten das Spiegelbildverfahren verwendeten. Beim Spiegelbildverfahren wurde scharf geschossen. Die Waffen waren aber um 180° versetzt gerichtet. Über ein Spiegelsystem wurden die Leuchtspuren der Flakgranaten und das Zielflugzeug in einer Optik zusammengeführt. So konnte überprüft werden, ob die Bekämpfung des Luftziels im E-Fall erfolgreich gewesen wäre.

1984 beschaffte man auch für die L-39ZO der ZDK-33 Schleppzielvorrichtungen. Diese waren in Containern untergebracht, die sowohl eine Kabeltrommel mit 1.250 m Schleppseil, einen Elektromotor, eine Seilbremse und einen Luftsack enthielten. Die als »Luftzielapparatur 07« bezeichneten Container wurden an den inneren Pylonen mitgeführt. Theoretisch war es möglich die Schleppziele aus beiden Containern gleichzeitig zum Einsatz zu bringen. Praktisch wurde das in der NVA aber nie durchgeführt.

Zur leichteren Identifikation waren die beiden L-39V der ZDK-33 in einer auffälligen weiß-gelben Bemalung gehalten, die L-39ZO behielten ihre standardmäßige Tarnbemalung.

1990 wurde die L-39V von der Bundeswehr übernommen und mit neuen taktischen Nummer versehen. In Dienst gestellt wurde sie aber nicht.

Obwohl die L-39V neue Nummern und Hoheitszeichen erhielt wurde sie von der Bundesluftwaffe nicht genutzt. (Foto: Hendrik van Broekhuizen)

An-2 »Anna« (NATO Code: Colt)

Die Antonow An-2 war sicherlich ein Anachronismus in der Entwicklung des Flugzeugbaus. Zu einer Zeit als die Flugzeugkonstrukteure weltweit vom Strahlantrieb schwärmten und ganz kühne Visionäre schon davon träumten die vielerorts für unüberwindbar gehaltene Schallmauer zu durchbrechen, entwickelte der sowjetische Luftfahrtingenieur Oleg Antonow einen riesigen, einmotorigen Doppeldecker, der als Transportflugzeug und in der Landwirtschaft eingesetzt werden sollte.
Das dieses Flugzeug letztendlich zum Erfolgsmodell wurde gleicht, rückblickend betrachtet, einem Wunder. Das ausgearbeitete Projekt wurde nämlich mehrfach abgelehnt. Die Aufnahme der Serienproduktion wurde massiv behindert und die Fertigung sogar eingestellt. Doch plötzlich erhob sich die totgeglaubte An-2 wie Phönix aus der Asche, startete durch und wurde zur Legende.
Dass es überhaupt zur Entwicklung der An-2 kommen konnte lag an einem Gespräch, das der ukrainische KP-Chef und selbsternannte Landwirtschaftsexperte Nikita Chruschtschow im Frühjahr 1944 mit dem Luftfahrtingenieur Oleg Antonow führte. Chruschtschow zeichnete in diesem Gespräch das Bild der Sowjetluftfahrt, so wie er sie sich nach einem siegreich beendeten Krieg gegen Hitlerdeutschland vorstellte.
Die Probleme, die er umriss, bestanden darin, dass riesige Gebiete des Landes kriegszerstört waren[145], die Infrastruktur größtenteils in einem desolaten Zustand oder gar nicht mehr vorhanden war. Der Wiederaufbau einer zivilen Luftflotte würde deshalb auf ungeahnte Schwierigkeiten treffen.
Zudem waren die Verluste an Menschenleben unvorstellbar hoch[146]. Es würde nach dem Krieg, vor allem in der Landwirtschaft, nicht mehr genügend Arbeitskräfte geben. Deshalb, so glaubte Chruschtschow, müsste die Landwirtschaft mechanisiert werden und das Flugzeug sollte in Zukunft landwirtschaftliche Aufgaben wie Düngung, Schädlingsbekämpfung, aber auch die Aussaat übernehmen. Und genau solch ein Flugzeug wollte Chruschtschow von Antonow haben.
Oleg Antonow sah sich nun vor die Aufgabe gestellt eine Maschine zu entwickeln, die genau für diese Aufgaben zuge-

Technische Daten der An-2	
Einsatzzeitraum	1956 – 1990
Bezeichnung NATO	Colt
Abmessungen	
Spannweite	18,17 m
Länge	12,40 m
Höhe	4,23 m
Flügelfläche	71,51 m²
Massen	
Leermasse	3.445 kg
Startmasse	5.250 kg
max. Startmasse	5.500 kg
Treibstoffmenge	1.200 l
Antrieb	1 x ASch-62IR
Startleistung	736 kW / 1.000 PS
Flugleistungen	
Höchstgeschwindigkeit	253 km/h in 1.750 m
Marschgeschwindigkeit	185 km/h
Landegeschwindigkeit	85 km/h
Reichweite	900 km
Gipfelhöhe	5.200 m
Steiggeschwindigkeit	3,5 m/s
Bewaffnung	keine
Nutzlast	1.500 kg Fracht, 12 Passagiere, 800 l Wasser
Besatzung	2 – 3

Die An-2 gehörte zur Erstausstattung der NVA. Frühe Maschinen hatten zunächst einen sichelförmigen Propeller. (Foto: Sammlung Normann)

[145] Die Sowjetunion war in etwa dreimal so groß wie die USA (ohne Alaska). Ein Drittel, also eine Fläche die in etwa der USA entsprach, war kriegszerstört.
[146] Die Verluste an Menschenleben waren so gewaltig, dass man sich zunächst scheute die wahren Zahlen zu veröffentlichen. Zunächst gab man 6 Millionen Tote zu, später waren es 8. In den 70er-Jahren wurde von 20 Millionen Toten gesprochen. Erst unter Gorbatschow wurde die Zahl von 26 bis 27 Millionen Kriegsopfern genannt.

schnitten war. Es musste ein Flugzeug sein, das auf keinerlei befestigte Start- und Landebahn angewiesen war, ein Flugzeug das stattdessen von jeder besseren Wiese starten und auf ihr landen konnte, das robust und zuverlässig war und auch mit einfachsten Mittel und unter widrigsten Umweltbedingungen einsatzbereit gehalten werden konnte. Zudem musste es so leicht zu fliegen sein, dass auch mäßig qualifizierte Piloten leicht mit ihm zurechtkommen konnten. Hinzu kam die Forderung nach einer ausreichenden Transportkapazität.

In den folgenden Monaten erarbeitete Oleg Antonow ein dementsprechendes Flugzeugprojekt. Das geschah aber quasi als »Nebenjob«, nach Feierabend, nach seiner eigentlichen Arbeit, denn Oleg Antonow war zu dieser Zeit Stellvertreter des »Jägerkönigs« A. Jakowlew. Seine vorrangige Aufgabe bestand darin die in Massenfertigung hergestellten Jagdflugzeuge Jak-9 und Jak-3 weiterzuentwickeln und zu verbessern. Diese Flugzeuge wurden an der Front dringend gebraucht. Die Entwicklung eines zukünftigen Transportflugzeugs für den Zivilgebrauch hatte daher eher den Stellenwert eines Hobbys.

Um die von Chruschtschow gestellte Aufgabe so schnell wie möglich erledigen zu können griff Antonow auf einen bereits existierenden Flugzeugentwurf zurück. Es war das Projekt »Samoljot Schetirije«[147], an dem er vor Ausbruch des Krieges in Leningrad gearbeitet hatte. Das Projekt sah den Bau eines großen Doppeldeckers vor, der als Transportflugzeug für die Rote Armee gedacht war.

Im Frühjahr 1941 war das »Samoljot Schetirije« aber von den Luftstreitkräften abgelehnt worden, weil man dort für Doppeldecker keine Zukunft sah.

Die »Anna« war sehr langlebig. Sie stand vom ersten bis zum letzten Tag der NVA im Einsatz. (Foto: Rob Schleiffert)

Im August 1944 hatte Oleg Antonow den Entwurf fertiggestellt. Er gab ihm die Bezeichnung SCha-1, bzw. SCha-A[148], wobei das A für Antonow stand. Der Entwurf SCha-1 wurde dem Wissenschaftlichen Flugversuchsinstitut der Zivilluftflotte übergeben. Dort zeigte man aber kein gesteigertes Interesse an einem Doppeldecker. Als Antonow merkte, dass er bei den Behörden nicht durchdrang, versuchte er seinen Chef A. Jakowlew zu überreden die SCha-1 als Prototyp in einem der Jak-Flugzeuge produzierenden Werke herzustellen. Doch Jakowlew lehnte dankend ab. Ein riesiger Doppeldecker, ein Flugdinosaurier, passte nicht zum Image des OKB Jakowlew, das für seine schnellen und wendigen Jagdflugzeuge bekannt war.

Damit war das Projekt SCha-1 zunächst bis Kriegsende begraben. Doch Oleg Antonow gab nicht auf. Er holte die SCha-1 im Sommer 1945 wieder aus der Ablage und als er immer noch keine Unterstützung bekam kündigte er im OKB Jakowlew. Sein Chef wollte seinen talentierten Stellvertreter jedoch nicht verlieren. Deshalb kam man zu einem Kompromiss. Antonow

Die An-2 war eine robuste Konstruktion. Sie hatte hervorragende Start- und Landeeigenschaften, sowie ein gutmütiges Flugverhalten. Die Anna war zuverlässig und in der Lage kostengünstig leichte Fracht zu transportieren. (Foto: Sammlung Normann)

[147] Sa-mo-ljot Sche-ti-ri-je, ... Flugzeug 4

[148] Sprich: Es-Cha-Eins, wobei Cha kehlig wie im Wort »Suchen« ausgesprochen wird. Das Kürzel SCha stand für Sjelsko-chos-jeist-we-nuij Samoljot, Landwirtschaftliches Flugzeug.

AN-2 stehen aufgereiht an der Vorstartlinie. (Foto: Sammlung Normann)

würde ins Flugzeugwerk Nowosibirsk versetzt werden, um dort die Leitung zu übernehmen. In der Abgeschiedenheit Sibiriens könne er weiter an seinem vorsintflutlichen Flugapparat basteln. So wurde es dann auch ausgeführt. Antonow zog nach Nowosibirsk um. Dort erreichte ihn im Oktober 1945 die Nachricht, dass das Wissenschaftliche Flugversuchsinstitut der Zivilluftflotte den Entwurf SCha-1 als nicht zukunftsträchtig ansah und deshalb ablehnte.

Antonow war aber von seinem Entwurf überzeugt. Er scharte Mitstreiter um sich, die bereit waren seine Vision vom landwirtschaftlichen Doppeldecker umzusetzen.

Was folgte war ein Canossagang durch alle Institutionen von Partei und Staat. Antonow erhielt überall Absagen. Doch im Januar 1946 gab es endlich einen Lichtblick. A. Jakowlew, in der Zwischenzeit zum Stellvertretenden Volkskommissar für Luftfahrtindustrie aufgestiegen, gab grünes Licht für die Realisierung des Projekts SCha-1. Später, als sich die An-2 als Erfolg herausgestellt hatte, schrieb Jakowlew in seinen Memoiren[149], dass er damals von der Sinnhaftigkeit des Projektes überzeugt gewesen sei. So steht es zumindest geschrieben. Wahrscheinlicher ist, dass Jakowlew, genervt von Antonows jahrelanger penetranter Hartnäckigkeit, letztendlich nachgab und Antonows Lieblingsprojekt genehmigte.

Dann überstürzten sich die Ereignisse. Anfang März erhielt Oleg Antonow vom Minister für Luftfahrtindustrie den Befehl ein einmotoriges Frachtflugzeug in zwei Exemplaren zu bauen und bis Mitte Dezember 1946 der staatlichen Erprobung zuzuführen. Ein entsprechender Forderungskatalog bezüglich der zu erbringenden Leistungen folgte. Um die Forderungen erfüllen zu können wurde Antonow zum Chefkonstrukteur des neuzugründenden Versuchskonstruktionsbüros Nr.153 ernannt. Für dieses Kollektiv bürgerte sich schnell die Bezeichnung OKB Antonow ein.

Der vorgeschriebene Zeitplan war extrem ambitioniert, zumal das Ministerium in den Folgemonaten Änderungen am Entwurf verlangte. Deshalb konnte bis Jahresende (nach anderer Quelle erst im Januar 1947) nur ein Maket[150] der SCha-1 gebaut werden. Danach begann der Bau der beiden Prototypen. Der erste Prototyp erhielt einen 1.000 PS Sternmotor, der zweite einen 720 PS leistenden Antrieb. Ende Juli war der erste Prototyp fertiggestellt. Der Jungfernflug wurde aber immer wieder verschoben, weil das ZAGI[151] die Überprüfung und Bestätigung der vom OKB Antonow angefertigten Berechnungen auf die lange Bank schob. Im ZAGI wollte sich niemand mehr mit einem Doppeldecker beschäftigen. Oleg Antonow flog deshalb höchstpersönlich nach Moskau, um dort an den entscheidenden Stellen Druck auszuüben, damit das ZAGI endlich an die Arbeit ging.

Als das ZAGI nach wochenlangen Verzögerungen die Richtigkeit der Berechnungen bestätigte, war es das Luftfahrtministerium das den Erstflug verschleppte. Die entsprechende Genehmigung der Behörde fehlte. Antonow flog ein weiteres Mal nach Moskau und konnte Ende August 1947 alle notwendigen Papiere erhalten, die für die Durchführung des Jungfernfluges der SCha-1 notwendig waren.

Am 31. August 1947 startete das Flugzeug endlich zum Erstflug. Es wurde vom Testpiloten P. Wolodin gesteuert. Wolodin war vom Flugverhalten der SCha-1 sehr angetan. Die Werkserprobung endete Anfang Oktober nach 46 absolvierten Flügen. Anschließend wurde die SCha-1 auf eine 3.000 km lange Flugreise geschickt, um auf dem Flugplatz Moskau-Wnukowo die staatliche Erprobung zu absolvieren.

Die staatliche Erprobung erfolgte damals in zwei Stufen. Die erste Stufe wurde von militärischen Testpiloten absolviert. Die meisten Militärflieger fühlten sich an ihrer Ehre gekratzt und empfanden es als Zumutung einen einmotorigen Doppeldecker steuern zu müssen. Dementsprechend waren die Bewertungen der SCha-1.

Allerdings gab es einen Militärtestpiloten, der sich auf das Konzept der SCha-1 einließ, das Flugzeug auf Herz und Nieren testete und ihm eine gute Beurteilung erteilte. Damit war der Weg zur zweiten Stufe der staatlichen Erprobung geebnet. Diese wurde von zivilen Testpiloten durchgeführt.

Die Masse dieser Flüge wurde durch den Testpiloten Lysenko durchgeführt. Lysenko war mit der SCha-1 sehr zufrieden. Er schätze ein, dass das Flugzeug so einfach zu steuern war, dass auch einfache und unerfahrene Piloten leicht mit ihm zurechtkommen würden. Er bescheinigte der SCha-1 eine hohe Zuverlässigkeit und Flugsicherheit.

Das Flugzeug bestand die Erprobung und wurde für den Serienbau vorgeschlagen.

Allerdings mauerte das System erneut. Es fand sich kein Flugzeugwerk in dem die SCha-1 gebaut werden konnte. Alle

149 Unter dem Titel »Ziele des Lebens« sind sie auch in der DDR veröffentlicht worden.

150 Maket, russischer Begriff für eine 1:1 Attrappe. Im englischen Sprachgebrauch wird es als mock-up bezeichnet.

151 ZAGI… Zentrales Hydrodynamisches Institut. In der englischsprachigen Übertragung vom kyrillischen ins lateinische Alphabet auch als »TsAGI« bezeichnet.

Ein gewohntes Bild für An-2 Besatzungen: Fallschirmjäger steigen ein. (Foto: Sammlung Scheffler)

Werksdirektoren gaben an, dass ihre Werke vollständig ausgelastet seien und alle Kapazitäten darauf verwendeten moderne Kampf- und Zivilflugzeuge herzustellen. In Wahrheit wollte sich niemand mit einem Doppeldecker abgeben.

Was übrig blieb waren die Flugzeugreparaturwerke in Rostow am Don und Kiew. Die Direktoren beider Werke waren alles andere als erfreut, dass ihre Werke für den Bau der SCha-1 in Frage kamen. Letztendlich entschied Nikita Chruschtschow, dass das Kiewer Werk den Zuschlag erhielt. Chruschtschow sah in der SCha-1, nicht ganz zu Unrecht, »sein Baby« und mit diesem »Baby« wollte er eine eigenständige ukrainische Luftfahrtindustrie aus der Taufe heben. Als das geklärt war genehmigte der Ministerrat am 23. August 1948 den Serienbau der SCha-1 unter der Bezeichnung An-2. Als Produktionsstandort wurde Kiew bestätigt.

Das Werk in Kiew musste für die neue Aufgabe umgebaut werden. Weil der Direktor des Werkes der SCha-1 ablehnend gegenüberstand zog sich die Umrüstung des Werkes in die Länge und als 1949 endlich die Serienproduktion anlief war die erste An-2 von so schlechter Qualität, dass das Militär die Abnahme schlichtweg verweigerte. Mit anderen Worten, in Kiew ging es drunter und drüber.

Um dem abzuhelfen wurde der Werksdirektor ausgetauscht und fortan waren Ingenieure des OKB Antonow vor Ort, um die Produktion zu überwachen. Mitte 1950 lief der Serienbau richtig an. 1952 zog das OKB Antonow von Nowosibirsk nach Kiew um, doch Ende des Jahres kam der nächste Tiefschlag. Auf direkten Befehl Stalins hatte das Kiewer Flugzeugwerk seine Produktion auf den Frontbomber IL-28 umzustellen.

Daraufhin wurde die An-2 Produktionslinie demontiert und zur Verschrottung vorbereitet. Bis zu diesem Zeitpunkt hatten lediglich 185 An-2 das Licht der Welt erblickt. Das OKB Antonow stand vor dem Aus.

Das es dennoch überlebte verdankte es dem ukrainischen Schlendrian. Die Umrüstung auf die IL-28 Produktion kam nur langsam voran. Im März 1953 starb Stalin. Chruschtschow wurde zum neuen starken Mann in der Sowjetunion. Da Chruschtschow in der An-2 so etwas wie ein Herzensprojekt sah befahl er deren Produktion neu zu starten.

Die bereits demontierte Fertigungslinie wurde wieder aufgebaut und der Siegeszug der An-2 begann.

Bis 1963 wurde die An-2 in Kiew gebaut. Danach gab man die Fertigung an ein Moskauer Werk ab, wo das Flugzeug bis 1971 vom Band lief. Ab 1960 wurde die An-2 in Polen in Lizenz gefertigt. Im Werk Mielec entstanden bis zum Ende der Massenproduktion im Jahr 1993 die meisten aller weltweit gebauten An-2. Einige Flugzeuge wurden bis 2002 hergestellt[152]. China baute die An-2 ab 1958 in Lizenz. Insgesamt sollen 17.000 bis 18.000 An-2 gefertigt worden sein.

Die An-2 war ein großdimensionierter, einmotoriger Doppelde-

[152] Angeblich ist es auf Kundenwunsch auch heute noch möglich sich in Mielec eine An-2 neu bauen zu lassen.

cker[153] mit Normalleitwerk und starrem Fahrwerk. Der Vortrieb wurde durch einen Vierblattpropeller erzeugt. Diesen Propeller gab es in Metall-, aber auch in Holzaufführung. Frühe Modelle der An-2 hatten einen Propeller mit gebogenen Luftschraubenblättern. Für diese Propeller waren Bezeichnungen wie Sichel- oder Säbelpropeller im Umlauf. Angetrieben wurde die An-2 von einem Sternmotor ASch-62IR[154]. Der Neunzylinder-Motor leistet maximal 736 kW oder anders ausgedrückt 1.000 PS. Er hatte einen charakteristischen Klang. Eine An-2 konnte man leicht an ihrem »satten Blubbern« erkennen. Ein Prototyp und die erste Baureihe der An-2 waren jedoch mit dem schwächeren, nur 720 PS leistenden ASch-21 ausgestattet.
Hinter dem Motor befand sich das recht geräumige, stark verglaste Cockpit. Der Pilot saß in der An-2 links. Er hatte einen vollständigen Satz Bedienelemente[155] und Fluginstrumente. Für den Copiloten gab es nur einen reduzierten Satz Fluginstrumente. Außerdem war der Copilotenplatz in der Regel nicht mit Bremsen ausgestattet. Nur bei An-2 die zur Flugausbildung genutzt wurden, sowie bei Passagierversionen, hatte auch der Copilot Bremsen.
Das Cockpit war durch eine Trennwand vom Frachtraum separiert. Der Frachtraum war 4,10 m lang, 1,60 m breit und 1,80 m hoch. Er hatte ein beachtliches Volumen von 11,81 m³. Der Zutritt erfolgte durch eine große Eingangstür bzw. -luke auf der linken Seite. Bei den Frachtversionen der An-2 war die Tür an einem nach oben schwenkbaren Rahmen montiert. So konnte die Ladeöffnung vergrößert und problemlos Gegenstände bis zu 1,50 m Kantenlänge eingeladen werden.
Je nach Version besaßen die An-2 auf jeder Rumpfseite vier runde bzw. drei eckige Fenster. Letzteres war bei den »Salonvarianten« zur Personenbeförderung der Fall. Diese waren auch mit recht bequemen Sesseln und Bänken ausgestattet. Für die normalen An-2 gab es entweder Klappsitze an den Seiten oder schlichtweg Bänke. Auf ihnen konnten bis zu zwölf Passagiere platznehmen.
An der Kabinendecke war bei den meisten An-2 Varianten ein Stahlseil gespannt. Dieses wurde von Fallschirmspringern genutzt, um dort die Reißleinen ihrer Fallschirme einzuhaken.
Beiderseits der Frachtkabine war das Tragwerk der An-2 mit dem Rumpf verbunden. Die oberen Tragflächen waren dabei als Schulterdecker ausgeführt. Sie waren über die gesamte Vorderkante mit einem automatisch ausfahrenden Vorflügel ausgestattet. An der Hinterkante hatten die oberen Tragflächen im Wurzelbereich Landeklappen, im äußeren Bereich gab es großdimensionierte Querruder. Im Inneren der oberen Tragflächen befanden sich die Treibstofftanks.
Die unteren Tragflächen waren in Tiefdeckeranordnung mit dem Rumpf verbunden. Sie waren, wie die oberen Tragflächen, zweiholmig aufgebaut und besaßen eine große Dicke. An der Hinterkante der unteren Tragflächen gab es über die gesamte Flügellänge Landeklappen. Die Landeklappen wurden zum Start auf 15° und bei der Landung auf 45° gefahren. Sie waren als Schlitzlandeklappen ausgeführt.
Die unteren Tragflächen besaßen eine geringere Spannweite als die oberen Tragflächen. Obere und untere Tragflächen wurden durch einen Stiel verstrebt und zur Verbesserung der Stabilität kreuzweise querverspannt.

An-2 beim Start. Im Hintergrund MiG-21U. (Foto: Sammlung Normann)

[153] Da die unteren Tragflächen eine geringere Spannweite als die oberen Tragflächen haben wird die An-2 oft auch als Anderthalbdecker bezeichnet.
[154] Dieser Motor des Konstrukteurs Schwezow wird je nach verwendeter Transkription von kyrillischen ins lateinische Alphabet als ASch-61IR oder ASh-61IR bezeichnet.
[155] Dazu gehörten ein Steuerhorn, Drosselhebel, Pedale und Bremsen.

Auch das kam vor. Bei einem Zusammenstoß mit einer MiG-21SPS wurde die Tragfläche der An-2 abgerissen. (Foto: Sammlung Scheffler)

Blick auf den mächtigen Motor der An-2 im Flugplatzmuseum Cottbus (Foto: Normann)

Diese An-2 ist im Flugplatzmuseum Cottbus ausgestellt. (Foto: Neef)

Hinter dem rechteckigen Frachtraum veränderte sich der Querschnitt des Flugzeugrumpfes. Er wurde nur oval.
Am Flugzeugheck war die An-2 mit einem normal ausgelegten Leitwerk ausgestattet. Das Seitenleitwerk hatte ein großes Seitenruder. Das Höhenleitwerk war abgestrebt und mit Höhenrudern versehen. Alle Steuerflächen der An-2 wurden vom Piloten mittels Seilzügen gelenkt.
Das Hauptfahrwerk der An-2 war starr und aus Stabilitätsgründen verstrebt. Es hatte eine große Spurbreite um eine ausreichende Standfestigkeit auf schnell vorbereiteten Flugplätzen zu erreichen. Das Hauptfahrwerk konnte bei Bedarf mit Skiern ausgestattet oder durch Schwimmer ersetzt werden. Das Heckrad war beweglich. Es konnte ebenfalls nicht eingezogen werden.
Die An-2 war extrem robust, zuverlässig und langlebig. Sie war das einzige Flugzeug der NVA das zur Grundausstattung der Luftstreitkräfte zählte und bis zum letzten Tag, dem 2. Oktober 1990, im Einsatz stand[156]. In der NVA wurde sie in vier Versionen eingesetzt. Als An-2T und TP wurde sie zum Transport von Fracht und Passagieren verwendet. Die An-2TD diente als Absetzflugzeug für Fallschirmspringer und die An-2S hatte als Salonflugzeug eine »gehobene« Ausstattung.

Die Aufgaben der An-2 der NVA waren vielfältig. Sie konnte als leichtes Transportflugzeug 1,5 t Fracht befördern, als Passagiermaschine zwölf Personen transportieren und als Sanitätsflugzeug sechs Verwundete und zwei Sanitäter aufnehmen. Bei den Transportfliegern war sie in der ersten Zeit das Standardschulflugzeug.
Die An-2 war in der Lage Fotoflüge zu unternehmen und wurde mit zusätzlichen Funkgeräten und Antennen als fliegende Funkrelaisstation genutzt. Ihre Hauptaufgabe war jedoch das Absetzen von Fallschirmspringern und Fallschirmjägern.
Sie stellte auch die jährlichen Qualifikationssprünge des fliegenden Personals sicher[157]. Bei ihren Piloten und Technikern der Luftstreitkräfte war die An-2 beliebt. Sie verliehen ihr den Kosenamen »Anna«.
Der Flugbetrieb der Fallschirmsportklubs Dynamo Hoppegarten und Dynamo Eilenburg[158] wurden ebenfalls von An-2 der NVA sichergestellt. In beiden Klubs trainierte die DDR Fallschirmnationalmannschaft[159].
Im zivilen Leben wurde die »Anna« vor allem für die Ausbildung von Fallschirmspringen bei der GST[160] eingesetzt. Sie diente aber auch zur Beobachtung und Bekämpfung von Waldbränden oder kam in der Landwirtschaft[161] zum Einsatz.

[156] Einige ehemalige An-2 der NVA fliegen, nach ihrer Privatisierung, bis zum heutigen Tag.
[157] Um ihre Fluglizenz zu verlängern mussten Piloten, Copiloten und Bordtechniker pro Jahr einen Fallschirmsprung absolvieren.
[158] Auf dem Flugplatz Rote Jahne bei Eilenburg war auch »Alpha«, die Anti-Terroreinheit der DDR, stationiert.
[159] Jeder Sportklub in der DDR hatte einen »gesellschaftlichen Träger«, der für die finanzielle Rückendeckung und Ausstattung des Klubs zuständig war. Das konnten größere Betriebe wie z.B. Carl-Zeiss-Jena, die Reichsbahn (z.B. Lokomotive Leipzig), das Militär (ASK) oder die Polizei (Dynamo) sein. Die beiden Klubs Dynamo Hoppegarten und Dynamo Eilenburg hatten das MfS als Träger.
[160] GST … Gesellschaft für Sport und Technik. Eine Organisation die für die vormilitärische Ausbildung zuständig war.
[161] Meist waren es angemietete sowjetische An-2, die zum Zwecke der Düngung aus der Luft eingesetzt wurden. Die DDR Agrarflieger operierten in der Regel mit tschechischen Z-37 und polnischen PZL Kruk und Dromader.

An-14 »Bienchen« (NATO Code: Clod)

Technische Daten der An-14	
Einsatzzeitraum	1966 – 1981
Bezeichnung NATO	Clod
Abmessungen	
Spannweite	21,99 m
Länge	11,36 m
Höhe	4,63 m
Flügelfläche	39,72 m²
Massen	
Leermasse	2.600 kg
Startmasse	3.270 kg
max. Startmasse	3.750 kg
Treibstoffmenge	385 l (545 l ab 1977)
Antrieb	2 x AI-14RF (ab 1977 M-14P)
Startleistung	2 x 221 kW / 300 PS, ab 1977 2 x 268 kW / 360 PS
Flugleistungen	
Höchstgeschwindigkeit	220 km/h in 1.000 m
Marschgeschwindigkeit	180 km/h
Landegeschwindigkeit	80 km/h
Reichweite	470 – 680 km
Gipfelhöhe	4.500 m
Steiggeschwindigkeit	5,1 m/s
Bewaffnung	keine
Nutzlast	720 kg Fracht, 6 – 7 Passagiere
Besatzung	1 – 2

Die An-2 hatte sich bewährt. Sie war ein unverwüstliches Flugzeug, das auch mit den rauesten Bedingungen zurechtkam, das einfach zu fliegen und einfach zu warten war. Sie war ein Unikum, doch für die Bedingungen der Nachkriegszeit war sie einfach perfekt.
Dennoch hatte sie ein Problem. Sie war ein Doppeldecker und Doppeldecker galten bereits in den frühen 40er-Jahren als veraltet. Hinzu kam, dass aus westlicher Richtung mit etwas Häme auf die An-2 herabgeschaut wurde und auch viele sowjetische Flugzeugbauer beim Anblick der An-2 eher die Nase rümpften.

Die An-2 war auch alles andere als modern. Oleg Antonow wollte das ändern. Er wollte ein modernes kleines Transport- und Passagierflugzeug schaffen, das die An-2 ablösen konnte. Die neue Maschine sollte formschön sein und leistungsfähig. Sie sollte wie die An-2 auf einfachen Wiesen landen und von ihnen starten können. Sie sollte so einfach zu steuern sein, »dass jeder Traktorist mit ihr fliegen könne«. Sie sollte absolut sicher sein und jeden Steuerfehler des Piloten verzeihen.
Oleg Antonow wollte ein Flugzeug entwerfen, das einfach und kostengünstig zu bauen war, das unter allen klimatischen Bedingungen eingesetzt werden konnte und das keine aufwändige Infrastruktur für Wartung und Pflege brauchte. Außerdem sollte das neue Flugzeug mit extrem kurzen Start- und Landebahnen zurechtkommen.
Der Chefkonstrukteur des OKB Antonow wollte also ein leichtes, hübsches, leistungsfähiges Arbeitsflugzeug konstruieren. Liebevoll nannte er das Projekt »Pscholka«[162], was ins Deutsche übersetzt »kleine Biene« oder »Bienchen« bedeutet.
»Pscholka« war Oleg Antonows Lieblingsprojekt. Doch anders als bei der An-2 konnte er sich nicht auf Chruschtschows Rückendeckung verlassen. Staats- und Parteichef Chruschtschow hatte kein kleines, leichtes Transportflugzeug im Sinn. Er wollte große, mächtige Maschinen, die auf jeder besseren Wiese starten und landen konnten. Deshalb forcierte er die Entwicklung der zweimotorigen An-8 und deren viermotorigen Weiterentwicklung An-12, die in Form und Leistungsfähigkeit als Gegenstück zur amerikanischen C-130 Hercules gesehen werden können. Chruschtschow wollte außerdem einen Riesentransporter, der sich im Laufe der Zeit zur An-22 Antäus

Die An-14 war ein zweimotoriges leichtes Transportflugzeug, welches in der NVA als Stabsreiseflugzeug genutzt wurde. (Foto: Greppmaier via Flugplatzmuseum Cottbus)

[162] Die korrekte Übertragung ins lateinische Alphabet wäre »Ptscholka«. Ich verwende stattdessen das nicht ganz korrekte »Pscholka«, weil es sich für, der russischen Sprache nicht mächtige, deutsche Zungen einfacher aussprechen lässt.

Nach ihrer Ausmusterung wurde eine An-14 im Militärmuseum Dresden ausgestellt. (Foto: Rob Schleiffert)

mauserte. Zusätzlich verlangte Chruschtschow eine zivile Abwandlung der An-12 für den Passagierverkehr. Dieser Forderung wurde mit der An-10 Genüge getan.
Oleg Antonow hatte so viel zu tun, dass für seine »Pscholka« kaum Zeit und Kapazität blieb. Das galt vor allem als Probleme mit der An-10 auftraten, die durch Konstruktionsfehler und massive Überbeanspruchung bedingt von einer tödlichen Unfallserie geplagt wurde.
Doch Mitte der 50er-Jahre erfüllte sich Antonows Traum. Die Aeroflot, die sowjetische Fluggesellschaft, wollte ein Nachfolgemodell für die An-2 und beauftragte das OKB Antonow mit der Entwicklung. Daraufhin konstruierte das OKB Antonow ein formschönes Flugzeug, das im Juli 1957 als Maket[163] präsentiert werden konnte. Ein Dreivierteljahr später, am 15. März 1958, erhob sich die »Pscholka« zu ihrem Jungfernflug.
Im Großen und Ganzen war der Prototyp der »Pscholka« eine gelungene Konstruktion. »Pscholka« zeigte aber auch ein paar Kinderkrankheiten. Das betraf unter anderen den Antrieb. Die zwei Siebenzylindersternmotoren wurden ungleichmäßig mit Kühlluft umströmt. Das lag an der Tragflächenform und führte dazu, dass einige Zylinder dazu neigten sich zu überhitzen. Die Gefahr von Kolbenklemmern und Triebwerksausfall war permanent. Es dauerte ewig dieses Problem wenigstens halbwegs zu lösen.
Zudem gab es Probleme wegen starker Nickneigungen des Flugzeugs beim Rollen auf unebenem Terrain. Diese konnten durch ein neudimensioniertes Bugrad reduziert werden. Diese Nacharbeiten dauerten bis zum Ende des Sommers.
Noch während die Werkserprobung lief sollte die »Pscholka« auf einer Ausstellung[164] in Kiew gezeigt werden. Das Flugzeug wurde daraufhin vom Werksflugplatz zum Ausstellungsgelände überführt und avancierte vor Ort zum Zuschauermagnet.
Als aber das OKB nach einiger Zeit das Flugzeug zurückhaben wollte, um die Erprobung fortzusetzen, teilte ihm die Verwaltung der Ausstellung mit, dass die »Pscholka« nun ein ständiges Exponat wäre und sogar schon eine Inventarnummer erhalten hätte. Wenn das OKB eine »Pscholka« benötigen würde, dann sollte es sich gefälligst eine neue bauen lassen.
Zum Glück für das OKB Antonow stand die Luftparade in Tuschino bevor und Chruschtschow wollte die »Pscholka« unbedingt fliegen sehen.
Also »entführten« die Testpiloten des OKB Antonow die »Pscholka« mit Hilfe der Miliz[165] und flogen sie anschließend nach Moskau-Ramenskoje. Nach der Luftparade und einem langen Erprobungsflug quer durch die Union[166] war es offensichtlich, dass einige Änderungen an der Maschine vorgenommen werden mussten.

[163] Maket, ... Attrappe in 1:1 Format, in der englischen Sprache auch als »mock-up« bezeichnet.
[164] Solche Ausstellungen waren in der Sowjetunion Leistungsschauen, bei denen der Bevölkerungen die »Errungenschaften von Wissenschaft und Technik« präsentiert werden sollten. Man kann sie in etwa mit der »Expo« vergleichen.
[165] Miliz war der sowjetische Begriff für die Polizei.
[166] Im sowjetischen Sprachgebrauch verwendete man sehr häufig das Wort »Sojus«, d.h. »Union« wenn man von der Sowjetunion sprach. Der Terminus »Sowjetski Sojus« war für den täglichen Gebrauch einfach zu lang.

Eine Änderung betraf die Tragflächen. Sie wurden vergrößert und man wandelte ihre bisher rechteckige Form zu einem trapezförmigen Flügel mit großer Streckung um. Auch das Leitwerk wurde überarbeitet.
Da es bei der »Pscholka« immer noch zu deutlichen Nickbewegungen beim Rollen auf unebenem Boden kam wurde der Rumpfbug verlängert. Er bekam eine gefälligere, aerodynamisch bessere Form. Das war aber nur ein Nebeneffekt, denn durch die Verlängerung der Nase sollte eigentlich nur das Bugfahrwerk weiter nach vorn gesetzt werden. Der Radstand vergrößerte sich und das Nicken ging merklich zurück.
Als Hauptproblem der »Pscholka« wurde der zu schwache Antrieb ausgemacht. Deshalb erhielt der Triebwerkskonstrukteur den Auftrag die Leistung des Motors von bisher 240 auf 300 PS zu steigern. Aus dem Siebenzylindersternmotor wurde in der Folgezeit eine Neunzylindervariante abgeleitet, die den geforderten PS-Zuwachs erbrachte. Die zusätzlichen Pferdestärken sorgten für bessere Flugleistungen. Vor allem die Steigrate und die Kurzstartfähigkeit verbesserten sich. Die Triebwerke blieben trotzdem ein Schwachpunkt der Konstruktion, weshalb im OKB Antonow darüber nachgedacht wurde sie im Laufe der Serienproduktion durch Propellerturbinentriebwerke zu ersetzen. Dieser Gedanke führte später über den Zwischenschritt An-14M zur An-28.
Die Nacharbeiten an der »Pscholka« dauerten lange. Das hatte zwei Gründe. Zum einen war das OKB Antonow mit seinen anderen Projekten mehr als ausgelastet, so dass die Arbeiten an der »Pscholka« nur auf Sparflamme laufen konnten. Zum anderen hatte sich die Aeroflot mit der An-2 abgefunden, zumal in der Zwischenzeit verbesserte Versionen dieses Riesendoppeldeckers verfügbar waren. Deshalb war das Interesse der Fluglinie an der »Pscholka« nicht mehr so vordringlich.
Nach Beendigung der Flugerprobung wurde die »Pscholka« unter der Bezeichnung An-14 in Dienst gestellt. Der Beiname »Pscholka« blieb erhalten. Die Serienfertigung lief 1965 an. Es wurden aber für sowjetische Verhältnisse nur wenige Exemplare gebaut. Insgesamt liefen gerade einmal 385 Maschinen vom Band. 14 wurden exportiert. Davon erhielt die NVA vier Stück. Die An-14 war ein zweimotoriges Transportflugzeug mit feststehendem Fahrwerk und Doppelseitenleitwerk.
Der Rumpf des Flugzeugs wurde aus Ganzmetallhalbschalen gefertigt. Das Cockpit, das sich an den aerodynamisch wohlgeformten Bug anschloss, war einfach ausgestattet. Für den links im Cockpit sitzenden Piloten gab es einen vollständigen Satz Bedienelemente und Fluganzeigen. Der Copilot musste mit einem reduzierten Satz auskommen. In etlichen An-14 war der Copilotenplatz lediglich für den Einbau der Bedienelemente vorbereitet. Das Cockpit der An-14 war großflächig verglast. Die Frontscheiben waren plan, alle anderen Scheiben waren konkav. Das Cockpit war vom Frachtraum durch eine Trennwand mit integrierter Durchgangstür separiert. Der Frachtraum

Nach der Wende kam das Flugzeug ins Flugplatzmuseum Cottbus. (Foto: Normann)

konnte mit sechs Passagiersitzen ausgestattet werden. Für jeden Passagier gab es ein rechteckiges Fenster mit konkaven, d.h. leicht nach außen gewölbten Scheiben. Im hinteren Teil des Frachtraums war ein Regal zur Gepäckablage eingebaut. Das Regal konnte ausgebaut und durch einen zusätzlichen Passagierplatz ersetzt werden. Der Zugang zum Flugzeug erfolgte durch eine Heckluke. Sie war zweiteilig. Die Lukenteile öffneten nach außen. Für den leichteren Einstieg gab es eine ausklappbare Leiter.
Die Tragflächen der An-14 waren in Schulterdeckeranordnung oberhalb des Frachtraums mit dem Rumpf des Flugzeugs verbunden. Sie waren mit automatisch fahrenden Vorflügeln, zweiteiligen Landeklappen, großdimensionierten Querrudern und einer Enteisungsanlage ausgestattet. Die Tragflächen beinhalteten auch die Treibstofftanks. Die beiden Flächentanks waren außerhalb der ebenfalls in der Tragfläche befestigten Triebwerke untergebracht. Die Triebwerke waren kleine Sternmotoren des Typs AI-14RF. Die Neunzylindermotoren, mit jeweils 300 PS Startleistung, trieben verstellbare Dreiblattluftschrauben mit einem Durchmesser von 2,90 m an.
Die Tragflächen der An-14 waren aus Festigkeitsgründen abgestrebt. Die Stützstreben waren an kleinen Stummelflügeln befestigt, die ihrerseits in Tiefdeckeranordnung am Rumpf angebracht waren. Die Stummelflügel dienten auch als Befestigungspunkt für das nichteinziehbare Hauptfahrwerk. Das Hauptfahrwerk hatte eine große Spurbreite, die in Zusammenarbeit mit den großen Niedrigdruckreifen eine gute Standfestigkeit des Flugzeugs auf unvorbereiteten Start- und Landebahnen sorgte. Das Bugfahrwerk war direkt unter der Nasenspitze der An-14 montiert. Es war durch den Piloten steuerbar und besaß genauso große Reifen wie das Hauptfahrwerk. Die Druckluftbremsen des Fahrwerks erwiesen sich im Dienstalltag als verschmutzungsanfällig.

Charakteristisch für die An-14 waren das starre Fahrwerk, die abgestrebten Tragflächen in Schulterdeckeranordnung, sowie das Doppelseitenleitwerk. (Foto: Neef)

Hinter dem Frachtraum verjüngte sich der Rumpf der An-14 zu einem Leitwerksträger. Das Leitwerk war als Doppelseitenleitwerk ausgelegt. Die Seitenleitwerke waren am Ende der Höhenleitwerke montiert. Es gab Höhen- und Seitenruder, die über Seilzüge gesteuert wurden.

Mit der An-14 gelang es dem OKB Antonow ein robustes und sehr sicheres Flugzeug zu entwickeln, das sehr einfach zu steuern war und unter widrigsten Bedingungen eingesetzt werden konnte. Die An-14 flog sehr stabil und hatte hervorragende Langsamflugeigenschaften.

Ein großer Erfolg war ihr dennoch nicht beschieden. Das lag sicher daran, dass die An-14 nicht so flexibel einsetzbar war wie die An-2. Man konnte mit ihr keine Fallschirmspringer absetzen. In der Passagiervariante konnte sie weniger Passagiere transportieren als die An-2 und als Transportflugzeug trug sie nur die Hälfte der Fracht einer »Anna«. Negativ war auch der schmale Einstieg ins Flugzeug. Er war maximal 85 cm breit. Während eine An-2 Frachtstücke mit 1,50 m Kantenlänge transportieren konnte blieb die An-14 auf kleinteilige Fracht beschränkt. In Sachen Robustheit konnte es die An-14 mit der An-2 aufnehmen.

Die »Pscholka« war für ihre phänomenal kurze Startstrecke bekannt. Eine leere An-14 kam mit einer Startbahn von knapp 60 m aus, eine vollbeladene Maschine benötigte maximal 100 m Anlauf, um in die Luft zu kommen. Für eine sichere Landung war eine 110 m lange Wiese völlig ausreichend. Bei vollausgestellten Landeklappen konnte man mit einer An-14 das Kunststück des »Sprungs in die Luft« veranstalten. Bei diesem Manöver schaffte es die An-14 unter günstige Bedingungen schon nach 35 bis 40 m in der Luft sein.

1966 erwarb die DDR vier Maschinen der Version An-14A für die NVA und stellte sie in der Verbindungsfliegerstaffel 25 (VS-25) in Dienst. Dort wurde vor allem zur Beförderung von Führungskräften der Luftstreitkräfte genutzt. Für diesen Zweck war sie mit sechs Sitzen für Passagiere oder mit vier Sitzen und zwei Tischen ausgerüstet.

Ab 1977 erhielten die Maschinen einen zusätzlichen 160 Liter Tank um die unbefriedigende Reichweite der An-14 zu vergrößern. Zwei Maschinen wurden auf das stärkere Triebwerk M-14P mit 365 PS bzw. 268 kW umgerüstet. Das neue Triebwerk war aber genau wie sein Vorgängermodell nicht ganz unproblematisch.

Als ab 1980 die aus tschechoslowakischer Produktion stammende L-410 verfügbar war, wurde die An-14 außer Dienst gestellt. 1981 endete die Dienstzeit des »Bienchens« in der NVA endgültig.

Heute ist eine An-14A im Flugplatzmuseum Cottbus ausgestellt.

An-26T (NATO Code: Curl)

Technische Daten der An-26T	
Einsatzzeitraum	1980 – 1990
Bezeichnung NATO	Curl
Abmessungen	
Spannweite	29,20 m
Länge	23,80 m
Höhe	8,57 m
Flügelfläche	74,98 m^2
Massen	
Leermasse	15.400 kg
Startmasse	23.000 kg
max. Startmasse	24.000 kg
Treibstoffmenge	7.000 l
Antrieb	2 x AI-24WT + 1 x RU-19A-300
Startleistung	2 x 2074 kW + 7,85 kN / 2.820 PS + 800 kp
Flugleistungen	
Höchstgeschwindigkeit	540 km/h in 5.000 m
Marschgeschwindigkeit	430 km/h
Landegeschwindigkeit	195km/h
Reichweite	2.350 km
Gipfelhöhe	8.100 m
Steiggeschwindigkeit	7,2 m/s
Bewaffnung	4 x 500 kg Abwurfwaffen
Nutzlast	5.500 kg Fracht normal 6.300 kg Fracht maximal 39 Passagiere 30 Fallschirmjäger 24 Verwundete
Besatzung	4

Die Jahre der Chruschtschow-Ära waren für das OKB Antonow eine hochproduktive Zeit. Der aus der Ukraine stammende Partei- und Staatschef bevorzugte seine Heimatrepublik mit allen Mitteln und nicht immer zum Vorteil der Sowjetunion[167]. So war es nicht verwunderlich, dass das in Kiew ansässige OKB Antonow von Chruschtschow protegiert wurde, schließlich wollte er die Ukraine von einer weitestgehend ländlich geprägten Agrarregion zu einer Industriemacht umgestalten[168]. Für Chruschtschow hatte die Ausweitung des Luftverkehrs einen hohen Stellenwert. Es gab aber viele Probleme. Die Kriegsfolgen waren auch noch Mitte der 50er-Jahre sichtbar, die Infrastruktur ließ vielerorts immer noch zu wünschen übrig. Befestigte Start- und Landebahnen waren nicht überall verfügbar.

Deshalb propagierte Chruschtschow den Bau von Flugzeugen, die auch von einfachen Rasenpisten aus eingesetzt werden konnten. Das betraf nicht nur militärische Transportflugzeuge, sondern auch zivile Fracht- und Passagierflugzeuge. Für den Mittelstreckenbetrieb entwickelte das OKB Antonow deshalb die An-10 »Ukraina«, für kürzere Strecken mit geringerem Passagieraufkommen sollte die An-24 gebaut werden.

Die Projektarbeiten an der An-24 liefen ab Mitte der 50er-Jahre. Die »24er« sollte 44 Passagiere über eine Distanz von mindestens 1.000 km transportieren. Sie sollte von einfachen Rasenpisten aus operieren können, weshalb sie als zweimotoriger Schulterdecker mit robustem Fahrwerk geplant war. Speziell für die An-24 wurde der Triebwerkskonstrukteur Iwtschenko beauftragt das Propellerturbinentriebwerk AI-24 zu entwickeln.

Am 18. Dezember 1957 befahl der Ministerrat der Sowjetunion die Entwicklung des Passagierflugzeugs An-24. Aus dieser Maschine war die Transportvariante An-24T abzuleiten.

Das Passagierflugzeug An-24 absolvierte im Oktober 1959 seinen Jungfernflug. Der dritte Prototyp der An-24 wurde im Laufe des Jahres 1961 zum An-24T Prototyp umgebaut. Die An-24T sollte vier Tonnen Fracht oder 37 Soldaten oder 33 Fallschirmspringer transportieren können und eine maximale Reichweite von 2.000 km erreichen.

Verladung eines Triebwerks. (Foto: Lutz Kobert)

An-26 rollt zum Start. (Foto: Karl-Heinz Zipfel)

Techniker entfernen die Abdeckplanen einer An-26. (Foto: Lutz Kobert)

Die An-24T absolvierte am 4. September 1961 ihren Jungfernflug. Die Werkserprobung zog sich bis in den Sommer 1962, wobei 58 Flüge durchgeführt wurden. Die staatliche Erprobung begann im September 1962 und ging bis in den Juli 1963. Die staatliche Kommission war mit der An-24T zufrieden und schlug vor das Flugzeug in die Serienproduktion zu überführen. Das Militär sah das aber etwas anders. Es bemängelte die Traglast, die zu geringe Reichweite, die Größe der Frachtluke und eine übermäßige Abnutzung des Bodens des Frachtraums.[169]

Antonow schlug daraufhin vor das Projekt abzuändern. Er wollte die Nutzlast um eine Tonne steigern, größere Tanks für eine größere Reichweite einbauen und die Frachtluke deutlich erweitern. So umgebaut durchlief die An-24T die Erprobung zwischen Dezember 1965 und November 1966 erneut. Bereits im Januar 1966, also noch während die Erprobung im vollen Gange war, begann der Serienbau.

Die An-24T war ein recht brauchbares Frachtflugzeug. Doch als militärisches Transportflugzeug eignete es sich nur bedingt. Der Hautmangel bestand darin, dass das Be- und Entladen viel zu lange dauerte. Weil die Frachtluke vom Boden aus nicht erreicht werden konnte, musste zum Umladen ein LKW genutzt werden. Man fuhr mit der Ladepritsche des LKWs genau vor die Frachtluke des Flugzeugs und nutze den LKW quasi als fahrbare Arbeitsbühne. Die Fracht musste deshalb zweimal angefasst werden.

Ein weiterer Mangel war die zu geringe Größe der Frachtluke, so dass die Größe der Fracht arg limitiert war.

Dieser Umstand hatte im OKB Antonow bereits 1964 für Diskussionen gesorgt. Dabei wurde die Idee geboren das Flug-

[167] Man denke nur an den unproduktiven Wettstreit zwischen dem in der Ukraine ansässigen OKB Tschelomej und dem in der RSFSR beheimateten OKB Koroljew während des »Wettlaufs zum Mond«, der nicht unerheblich dazu beitrug, dass es der Sowjetunion nicht gelang eine bemannte Mondlandung zustande zu bringen. Ein anders Beispiel ist Chruschtschows Bevorzugung der Panzerentwicklungen aus dem ukrainischen Charkow gegenüber denen aus dem Ural oder Leningrad. Eine Bevorzugung die man auch als Sabotage der Panzerentwicklungen aus der Russischen Föderation bezeichnet kann. Auch gehen die heutigen Spannungen um die Halbinsel Krim auf ein eigenmächtiges, verfassungswidriges und selbstsüchtiges Handeln Chruschtschows zu Gunsten der Ukraine zurück.

[168] Um die Ukraine in eine Industrieregion zu verwandeln wurde bereits zur Zeit Lenins das Donbas-Gebiet von Sowjetrussland abgetrennt und an die Ukraine angegliedert. So sollte die Zahl der »revolutionären Proletarier« im Verhältnis zur eher konservativ eingestellten Bauernschaft erhöht werden. Um die Zahl der als »Kulaken« verunglimpften konservativen Bauern weiter zu reduzieren setzte der Georgier Stalin auf rigorose Aushungerung der ländlichen Bevölkerung in der Ukraine. Dieses Verbrechen Stalins ging als »Cholodomor« bzw. »Holodomor« in die Geschichte ein.

[169] Das Problem, dass sich der Boden eines Frachtraums zu schnell durchscheuerte gab es also nicht erst beim Eurocopter NH-90.

An-26 und An-2 auf dem Flugplatz Dresden. (Foto: www.luroko.de, Lutz Kobert)

zeug mit einer Heckladerampe auszustatten. Die Idee konnte aber damals noch nicht umgesetzt werden. Sie wurde jedoch nicht vergessen. Als die Serienproduktion der An-24T anlief, holte man die Idee der Heckladerampe wieder aus der Ablage und begann sie zu realisieren. Das Projekt lief nun unter der Bezeichnung An-26. Die An-26 wurde ohne staatlichen Auftrag, d.h. auf eigene Kosten und eigenes Risiko des OKB Antonow entwickelt. Der Hauptschwerpunkt der Arbeiten lag dabei auf der Heckladerampe. Hier wurde eine originelle Lösung gefunden, die sich das OKB Antonow später in acht Ländern, inklusive den USA, Frankreich und Großbritannien patentieren ließ.
Ende 1967 führte Oleg Antonow, im Beisein des Direktors des Kiewer Flugzeugwerks, dem Minister für Flugzeugbau ein Modell der neuen Laderampe vor und präsentierte das Projekt An-26. Der Minister war begeistert. Er erkannte den unbestreitbaren Nutzen eines solchen Systems auf Anhieb und versprach alle Genehmigungen für die offizielle Entwicklung der An-26 zu erteilen. Am 12. März 1968 war es dann soweit. Ministerrat und Luftstreitkräfte gaben für die An-26 grünes Licht. Das Flugzeug sollte bei einer Startmasse von 24 Tonnen mindestens 6 Tonnen Fracht transportieren können.
Dazu mussten die Tragflächen verstärkt und leistungsfähigere Triebwerke des Typs AI-24WT mit jeweils 2.820 PS eingebaut werden. Der wichtigste Punkt war aber die Heckladerampe.
Am 20. Dezember 1968 war der erste Prototyp der An-26 fertiggestellt. Er startete am 21. Mai 1969 zum Jungfernflug. Die Flugerprobung dauerte bis zum September 1970. Sie verlief relativ glatt. Die Serienfertigung begann im August 1969, die Massenproduktion wurde 1970 aufgenommen. Insgesamt verließen 1.398 An-26 aller Varianten das Kiewer Flugzeugwerk. Davon gingen 564 an die sowjetischen Streitkräfte. 420 An-26 wurden exportiert. Viele An-26 sind noch heute im Einsatz.

Die Laderampe der An-26 konnte unter den Rumpf gefahren werden. (Foto: www.luroko.de, Lutz Kobert)

Die An-26 war ein zweimotoriger Schulterdecker mit freitragendem Normalleitwerk und Heckladerampe. Sie war in ihrer Bauausführung zu etwa 80% mit dem Vorgängermodell An-24RT identisch. Tragflächen, Seiten- und Höhenleitwerk, sowie das Fahrwerk konnten zwischen Flugzeugen der Typen An-24, AN-26 und An-30 ausgetauscht werden.

Unter der aerodynamisch geformten Flugzeugnase befanden sich Teile der Bordelektronik. Dazu gehörte ein Bordradar[170] des Typs »Groza«. Für Groza gab es zwei Sichtgeräte. Das erste war beim Piloten, das zweite beim Platz des Navigators vorhanden. In der NVA wurde der Pilot als Kommandant oder 1. Flugzeugführer, der Copilot als 2. Flugzeugführer und der Navigator als »Steuermann der Besatzung« oder kurz Steuermann bezeichnet. Die Besatzung wurde durch einen Bordmechaniker vervollständigt. Für den Steuermann gab es eine verglaste Kuppel an der linken Bordseite[171].

Zur elektronischen Ausrüstung der An-26 gehörten zwei UKW- und eine KW-Funkstation, ein Flugdatenschreiber, ein Bordtonbandgerät zur Aufzeichnung des Sprechfunkverkehrs, ein Nahnavigationssystem, sowie ein barometrischer und ein Funkhöhenmesser.

Hinter dem abgeteilten Cockpit befand sich die Bordtoilette. Der hermetisierbare Rumpf der An-26 hatte einen ovalen Querschnitt. Er konnte durch eine Eingangstür auf der rechten Rumpfseite betreten werden. Der Haupteingang war aber die großdimensionierte Heckluke. Sie hatte eine Abmessung von 2,34 x 3,30 m. Ihre Unterkante befand sich gerade einmal 1,54 m über dem Erdboden. Zum leichten Beladen des Flugzeugs war die Heckluke mit einer Laderampe versehen. Diese konnte herabgesenkt werden und diente als Zufahrt für leichte Fahrzeuge. Die Heckrampe ließ sich auch hydraulisch absenken und vollständig unter den Rumpf schieben. So konnten größere Fahrzeuge rückwärts nah an das Flugzeug heranfahren, was das Be- oder Entladen vereinfachte und beschleunigte. Erfahrungen zeigten, dass man für eine An-26 nur die Hälfte der Be- oder Entladungszeit einer IL-14 oder An-24T benötigte.

Ein großer Pluspunkt der An-26 war, dass Fahrzeuge bis zur Größe eines PKWs transportiert werden konnten. Die PKWs konnten über die Heckrampe direkt ins Flugzeug gefahren werden. Größere Frachtstücke, bis zu einer Masse von etwa 1,5 t, konnten mit einem bordeigenen Ladekran (Laufkatze) an ihren Lagerplatz transportiert werden. Im Boden des Fracht-

[170] In der NVA als »Bordfunkmeßstation« bezeichnet.

[171] Für diese Kanzel gab es eine Enteisungsanlage, zu der ein gut zugänglicher 2,6 Liter Tank gehörte. Dieser Tank wurde zur Freude der Besatzung und der Techniker mit einer 40%igen Alkoholmischung befüllt. Vor allem in jener Zeit als Gorbatschow seinem Land ein Wodkaverbot auferlegte wurde die Enteisungsmixtur gern anderweitigen Verwendungen zugeführt. Der Autor dieser Zeilen, aber auch andere DDR-Bürger, die die Sowjetunion damals bereisten, dort studierten oder eine Ausbildung erhielten, könnten da die eine oder andere Geschichte von der sprichwörtlichen russischen Gastfreundschaft und dem dabei obligatorischen Genuss alkoholischer Getränke, sowie der zweckfremden Nutzung von Enteisungsalkohol erzählen.

Die An-26 war das Standardtransportflugzeug der 80er-Jahre. (Foto: Lutz Kobert)

raumes befand sich auch ein Transportband. Dieses wurde genutzt um Fracht zu bewegen.

Mit Hilfe des Transportbandes war es möglich Frachtpaletten oder Fahrzeuge im Flug abzuwerfen. Das Absetzen konnte mit Hilfe von Fallschirmen aus größeren Höhen geschehen oder wurde ohne Fallschirme im extremen Tiefstflug mit Flughöhen zwischen drei und fünf Metern ausgeführt.

Die An-26 wurde auch zum Transport vom Menschen eingesetzt. Dazu gab es an den Seitenwänden klappbare Sitze. Insgesamt konnten 39 Soldaten oder 30 Fallschirmjäger befördert werden.

Das Absetzen der Fallschirmjäger erfolgte in der Regel über die im Flug geöffnete Heckrampe. Dabei konnten die Fallschirmjäger einzeln oder im Verband das Flugzeug verlassen. Erfolgte das Absetzen im Verband stellten sich die Fallschirmjäger in Dreierreihen auf und fingen auf Kommando an im Gleichschritt zu trampeln. Beim Aufleuchten des Absetzsignals brüllten sie: »Hopp! Hopp!! Hopp!!! Und los!!!! «, stürmten im Gleichschritt vor und sprangen aus dem Flugzeug. Unerfahrene oder gar ängstliche Springer wurden dabei in die Mitte der Gruppe genommen und im Fall eines Zögerns gleich mit aus dem Flugzeug geschoben. Fallschirmjäger berichteten, dass sich das Absetzen aus der Heckluke einer An-26 so anfühle, als ob man »gegen eine Mauer springen würde.«

Für den Transport von Schwerverletzten wurden im Rumpf auf drei Etagen Liegen eingebaut. So konfiguriert konnte eine An-26 bis zu 24 liegebedürftige Patienten und zusätzlich medizinisches Personal befördern.

Die Tragflächen der An-26 waren in Schulterdeckeranordnung am Rumpf befestigt. Die inneren Tragflächenhälften hatten eine rechteckige Form, die äußeren Tragflächenhälften waren trapezförmig gestaltet. Die Tragflächen waren mit automatisch fahrenden Vorflügeln und Landeklappen ausgestattet. Sie besaßen großdimensionierte Querruder. Die Tragflächen enthielten auch die Treibstofftanks der An-26. Das maximale Tankvolumen betrug 7.000 Liter. Bei voller Betankung konnte die An-26 eine Flugstrecke von 2.000 km bewältigen.

Etwa am Ende des ersten Viertels der Tragflächen befanden sich die Triebwerke der An-26. Sie waren in Triebwerksgondeln unterhalb der Tragflächen positioniert. Als Triebwerke kamen Propellerturbinen des Typs Iwtschenko AI-24WT mit 2.075 kW, sprich 2.820 PS zum Einsatz. Zur Vortriebserzeugung gab es Verstellpropeller. Die vier Luftschraubenblätter des Propellers ließen sich bei der Landung in einen negativen Einstellwinkel bringen[172]. Damit wurde die Wirkungsrichtung der Luftschraube umgekehrt, sie bremste nun, anstatt zu schieben. So konnte die Landerollstrecke des Flugzeugs verkürzt werden.

Die An-26 wird in der Regel als zweimotoriges Flugzeug beschrieben. Das ist nicht ganz richtig, denn in der rechten Triebwerksgondel befand sich ein kleines Strahltriebwerk. Das RU-19A-300 aus dem OKB Tumanski, hatte eine Leistung von 7,85 kN. Es wurde genutzt um beim Start mit maximaler Nutzlast zusätzlichen Schub zu generieren und die notwendige Steiggeschwindigkeit sicherzustellen. Das war vor allem bei heißem Wetter und bei hochgelegenen Flugplätzen hilfreich. Beim Erreichen der Reiseflughöhe wurde das Zusatztriebwerk abgeschaltet.

Der Einsatz des Strahltriebwerks war vorgeschrieben wenn sich eine An-26 mit maximaler Nutzlast im Landeanflug befand. Hier sollte das Triebwerk zusätzlichen Schub für den Fall liefern, dass das Flugzeug durchstarten musste. Das Triebwerk konnte außerdem als Energielieferant genutzt werden, wenn es auf den Flugplätzen keine Außenstromversorgung gab. So war die An-26 in der Lage unter Feldbedingungen Strom zur Eigenversorgung zu erzeugen.

[172] Das Bedienelement für die Blattverstellung war in der Nähe des Fahrwerkshebels eingebaut. Es kam im Dienstbetrieb gelegentlich zu Verwechslungen, die dazu führten, dass das Flugzeug noch auf der Startbahn das Fahrwerk einfuhr und auf dem Bauch zum Liegen kam. Dank der äußerst robusten Konstruktion der An-26 ging das meist ohne größere Schäden ab. Es gab in der Regel nur ein paar Kratzer im Lack und im Ego der Besatzung. Einer NVA An-26 passierte dieses Missgeschick bei einem Auslandseinsatz in Mosambik.

Die An-26 waren auf dem Flugplatz Dresden stationiert. (Foto: Lutz Kobert)

In den Triebwerksgondeln war auch das Hauptfahrwerk untergebracht. Das sehr robust ausgelegte Fahrwerk war doppelt bereift und wurde mit Hilfe von Scheibenbremsen gebremst. Das Bugfahrwerk war ebenfalls doppelt bereift.
Das Seitenleitwerk war konventionell gestaltet und mit einem Seitenruder versehen. Das Höhenleitwerk hatte einen V-Winkel von 9°. Es war in Höhenflosse und Höhenruder unterteilt.
Die An-26 war für die NVA zunächst nicht das Flugzeug ihrer Wahl. Sie war ein Notbehelf, ein Provisorium, das sich jedoch letztendlich sehr gut bewährte und zur vollen Zufriedenheit der LSK ihre Aufgaben versah.
Ende der 1970er-Jahre sah sich die NVA mit dem Problem konfrontiert, dass die bisher als Standardtransportflugzeug dienende Il-14 ihre Altersgrenze erreicht hatte. Man sah sich deshalb gezwungen sich nach einem neuen Transportflugzeug umzuschauen. Die Auswahl war allerdings sehr begrenzt.
Zunächst orientierte man sich auf die Il-76, um dann festzustellen, dass diese Maschine für die Bedürfnisse der NVA wohl mehr als eine Nummer zu groß war. Danach fasste man die An-72 ins Auge.
Die An-72 war in ihrer Größe und Transportfähigkeit wie maßgeschneidert für die NVA. Allerdings befand sie sich erst in der Flugerprobung. Es war zu befürchten, dass der Hersteller zunächst die sowjetischen Streitkräfte ausrüsten würde und deshalb die von der NVA benötigte Anzahl von Flugzeugen nicht in absehbarer Zeit würde liefern können.
Um die Zwischenzeit bis zur Verfügbarkeit der An-72 überbrücken zu können wählte man als Provisorium die bewährte An-26, die bereits in anderen Luftstreitkräften der Warschauer Vertragsstaaten zuverlässig ihren Dienst verrichtete.
Ab 1980 wurde die neue Transportmaschine in die LSK eingeführt und intern als An-26T bezeichnet.
Die An-26T erwies sich im Truppenalltag als ein sehr robustes und zuverlässiges Flugzeug, das alle gestellten Aufgaben mit Bravour meisterte. Sie diente in der NVA als Transport- und Sanitätsflugzeug, meisterte SAR und Überwachungsaufgaben, setzte zuverlässig Fallschirmjäger und Lasten ab.
Im Rahmen internationaler Hilfsflüge zur Bekämpfung von Hungerkatastrophen in Äthiopien erwies sich die An-26T unter schwierigsten Bedingungen als hocheffizientes Transportflugzeug. Sie vermochte von nahezu unvorbereiteten Pisten zu operieren, konnte auf Landestreifen starten und landen, die bei Betreibern westlicher Transportflugzeuge als nicht nutzbar galten. Die NVA-Flieger landeten dort, wo es westliche Piloten für unmöglich hielten. Mit reiner Muskelkraft der lokalen Bevölkerung wurden die An-26 entladen. So vermied man bei den Lebensmittellieferungen größere Verluste, wie sie etwa beim von den westlichen Piloten favorisierten Lastenabwurf naturgemäß entstehen.
In Äthiopien trafen NVA-Transportflieger zum ersten Mal auf Transportflieger der Bundesluftwaffe. Man erlaubte sich gegenseitig die Flugzeuge der anderen Seite anzuschauen. Die Bundeswehrpiloten waren von der Robustheit der An-26T beeindruckt. Die NVA-Piloten staunten, dass es an Bord der C-160 Transall eine Kaffeemaschine gab.
Die An-26 der NVA wurden nicht nur in Äthiopien eingesetzt, sie flogen auch bei Hilfseinsätzen in Mosambik.
Bei den Auslandseinsätzen trugen die An-26 zum Teil ihre NVA-Tarnung und Hoheitszeichen, andere Maschinen erhielten einen grauen Anstrich, zivile Kennungen und die Aufschrift INTERFLUG.
Nach der Wende wurde die An-26T von der Bundesluftwaffe übernommen und bis 1992 im Dienst gehalten.
Die An-26 war ein sehr gutes, äußerst zuverlässiges Transportflugzeug. Es wurde von seinen Piloten gern geflogen und auch von den Technikern wegen ihrer schieren Unverwüstlichkeit geschätzt.
Die An-26 hatte keinen »offiziellen« Beinahmen. Doch wurde zuweilen der Kosename »Anna« auch für die An-26 verwendet. Um sie von der An-2 »Anna« zu unterscheiden sprach man bei der An-26 mitunter von der »große Anna«[173].

[173] Offiziell gab es in der NVA keine Kosenamen für die einzelnen Flugzeugtypen. Das hielt aber niemanden davon ab die An-2 mit »Anna«, die An-26 mit »Anna« oder »große Anna« und die Su-22M4 mit »Susi« anzusprechen. Die gewaltige An-124 der sowjetischen Streitkräfte wurde unter der Hand etwas despektierlich als »dicke Anna« bezeichnet.

An-26S (NATO Code: Curl)

Die NVA hatte über lange Jahre die IL-14 als Standardtransportflugzeug genutzt. Die Iljuschins flogen dabei aber nicht nur Fracht, sondern wurden auch dafür genutzt um Personal zu befördern oder als Stabsreiseflugzeuge zu fungieren. Deshalb waren einige IL-14 als Salonmaschinen konfiguriert. Sie hatten komfortable Sitze und Bänke, sowie Tische an Bord. Zur Besatzung einer Salonmaschine gehörte ein Flugbegleiter, bzw. eine Flugbegleiterin[174].

Als die IL-14 langsam aber sicher an ihre Altersgrenze herankam und sich die durch Abnutzung und Verschleiß bedingten Nutzungsausfälle mehrten, wurde beschlossen ein neues Transportflugzeug zu beschaffen. Die zunächst ins Auge gefasste IL-76 war eindeutig zu groß und zu teuer im Unterhalt. Die danach favorisierte An-72 war noch nicht verfügbar.

Deshalb fiel die Wahl auf die An-26. Die An-26 musste ab 1980 die Nachfolge der IL-14 antreten und diese sowohl als Transportflugzeug, aber auch in der Rolle als Passagiermaschine ersetzen.

Deshalb kaufte man in Kiew ein paar Exemplare einer Version der An-26, die schnell von der Transport- in die Passagierrolle umgerüstet werden konnte. Diese Variante wurde NVA-intern als An-26S bezeichnet, wobei das S für »Salon« stand.

Bei der An-26S war der vordere Teil der Frachtkabine durch eine Trennwand abgeteilt und mit zwölf Passagiersitzen und zusätzlichen Tischen oder einer Couch ausgestattet. Die Inneneinrichtung war relativ schnell demontierbar, so dass die Flugzeuge auch wieder in die Transportkonfiguration zurückgerüstet werden konnten. Deshalb wurden diese Flugzeuge intern mitunter auch als An-26ST bezeichnet[175].

Ein DDR-Projekt war die Umrüstung einiger An-26S zu »reinen« Passagierflugzeugen. Das war notwendig, weil die Transportfliegerstaffel TS-24 den Auftrag erhalten hatte eine Flugverbindung zwischen der Heimat und den in der Sowjetunion, an der Druschba-Trasse oder der Erdgasleitung von Urengoi nach Uschgorod[176], arbeitenden FDJ-Jugendbrigaden[177] sicherzustellen. Für diese Aufgabe erhielten die NVA-Maschinen eine zivile Zulassung und trugen zum Teil die irreführende Aufschrift »INTERFLUG«.

Zur Erfüllung dieser Aufgabe war die Transportkapazität der An-26S in ihrer Salonvariante jedoch zu gering. Mit der militärischen Transportvariante An-26T wollte man die »Jungs und Mädels von der Trasse« aber auch nicht fliegen lassen, denn stundenlang auf den harten Sitzen entlang der Bordwände hocken zu müssen entbehrte jeglichen Komforts.

Deshalb setzte man sich mit Mitarbeitern der INTERFLUG zusammen und erarbeitete ein MMM-Projekt[178], bei dem eine improvisierte Passagiereinrichtung für den hinteren Teil der Fracht-

Technische Daten der An-26S	
Einsatzzeitraum	1980 – 1990
Bezeichnung NATO	Curl
Abmessungen	
Spannweite	29,20 m
Länge	23,80 m
Höhe	8,57 m
Flügelfläche	74,98 m²
Massen	
Leermasse	15.400 kg
Startmasse	23.000 kg
max. Startmasse	24.000 kg
Treibstoffmenge	7.000 l
Antrieb	2 x AI-24WT + 1 x RU-19A-300
Startleistung	2 x 2074 kW + 7,85 kN / 2.820 PS + 800 kp
Flugleistungen	
Höchstgeschwindigkeit	540 km/h in 5.000 m
Marschgeschwindigkeit	430 km/h
Landegeschwindigkeit	195km/h
Reichweite	2.350 km
Gipfelhöhe	8.100 m
Steiggeschwindigkeit	7,2 m/s
Bewaffnung	4 x 500 kg Abwurfwaffen
Nutzlast	5.500 kg Fracht normal 6.300 kg Fracht maximal 39 Passagiere
Besatzung	4

174 Der Begriff Steward oder Stewardess wurde in Zusammenhang mit NVA-Maschinen nicht verwendet.

175 An-26ST, Salon, Transport. Diese Versionsbezeichnung war NVA intern und gilt nicht als offizielle Bezeichnung des OKB Antonow.

176 Diese Pipelines gibt es heute noch. Sie dienen zuverlässig der Versorgung Westeuropas mit russischem Öl und Erdgas.

177 FDJ, Freie Deutsche Jugend. Jugendorganisation in der DDR, der fast jeder Jugendliche angehörte. In Jugendbrigaden wurden junge Facharbeiter zusammengefasst, um sie bei Schwerpunktprojekten zum Einsatz zu bringen. Die Teilnahme an diesen Jugendbrigaden war in der Regel freiwillig. Sie wurde sehr gut bezahlt.

An-26 beim Auslandseinsatz in Mosambik. (Foto: Lutz Kobert)

Der Elektronikaufklärer 373 war an der konkaven Fensterverglasung im Frachtraum erkennbar. (Foto: Flugplatzmuseum Cottbus)

kabine entwickelt wurde. Diese Konfiguration wurde probeweise in eine An-26 eingebaut. Sie bewährte sich und wurde zum Vorbild für den Umbau weiterer Maschinen nach diesem Muster[179]. Andere An-26 waren mit Sonderaufgaben betraut. So diente die »369« als Vermessungsflugzeug. Sie wurde zur Kalibrierung von Bodennavigationsanlagen und Flugsicherungstechnik genutzt. Einige An-26 wurden als elektronische Aufklärer verwendet. Da die An-26 nicht vom Werk aus für diese Aufgabe vorbereitet waren entwickelte man in der DDR spezielle Arbeitsplätze, samt der dazugehörigen Funkaufklärungstechnik. Diese Arbeitsplätze wurden so konstruiert, dass sie leicht und schnell in jede standardmäßige An-26 ein- und wieder ausgebaut werden konnten. Pro Flugzeug waren fünf Abhörstationen vorhanden. Intern verwendete man die Bezeichnungen An-26M oder An-26SM für die als elektronischer Aufklärer genutzten Maschinen. Die Aufklärungsflüge der An-26M begannen 1984. Sie wurden auf standardisierten Flugrouten entlang der Grenze zur Bundesrepublik und im Ostseeraum durchgeführt. Die damals streng geheimen Flüge liefen unter der Bezeichnung »Operation Diskant«. Sie hatten die Aufgabe den Funkverkehr, sowie die Radarüberwachung der NATO zu beobachten.
1985 beschaffte die NVA eine An-26, die vom Werk aus für den FEK[180] vorbereitet war. Sie hatte zusätzliche Antennen und ein paar in ihrer Form abgewandelte Fenster im hinteren Rumpfbereich. Diese Fenster waren konkav und schützen die dahinter befindlichen Funkantennen. Die taktische Nummer dieser Maschine lautete 373. Sie wurde auch vom Militärischen Nachrichtendienst der NVA[181] genutzt.

Technische Kontrolle auf dem Flugplatz Maputo in Mosambik. (Foto: Lutz Kobert)

[178] MMM, »Messe der Meister von morgen«. In etwa mit »Jugend forscht« vergleichbar. Ein ehemaliger AN-26 Pilot schrieb mir aber, dass die Entwicklung kein MMM-Projekt war, sondern von erfahrenen Mitarbeitern der INTERFLUG ausgeführt wurde.
[179] Ein solch improvisiertes Vorgehen wäre heute unter den bürokratischen und juristischen Bedingungen der Bundesrepublik unvorstellbar.
[180] FEK ... Funkelektronischer Kampf. Heute im Bundeswehr-Deutsch als ELOKA bezeichnet.
[181] Der Mil-ND war der zweite Nachrichtendienst, sprich Geheimdienst der DDR. Er unterstand dem Verteidigungsminister und betrieb ausschließlich Auslandsaufklärung. Damit stand er in direkter Konkurrenz zur Hauptverwaltung Aufklärung (HVA) des Ministeriums für Staatssicherheit (MfS). Der Mil-ND wird oft mit der V2000 verwechselt. Die Verwaltung 2000 war eine Abteilung der Staatssicherheit, die für die Absicherung, sprich Überwachung der Streitkräfte zuständig war. Sie entsprach in ihren Aufgaben in etwa dem heutigen MAD.

An-26 No 384 in ziviler grauer Bemalung Das Flugzeug erhielt nach der Wende die Kennung 52+12. (Foto: Lutz Kobert)

Blick ins Cockpit einer An-26. (Foto: Lutz Kobert)

An-26 mit der Bordnummer 371 auf dem Flugplatz Asmara in Äthiopien, heute Eritrea. (Foto: Gerd Göhler via Lutz Kobert)

An-26 beim Auslandseinsatz in Mosamik. Flugplatz Maputo am 01.10.1989. Zivile Kennzeichnung DDR-SBK Ein interessantes Detail ist der Wartburg 353 mit mosambikanischem Nummernschild. (Foto: Lutz Kobert)

Innenausstattung der An-26S, Bordnummer 384, in der Variante zum Transport von FDJ-Jugendbrigaden. (Foto: www.luroko.de, Lutz Kobert)

Blick ins Cockpit der neuen 373 beim Überführungsflug von Kiew nach Dresden. (Foto: www.luroko.de, Lutz Kobert)

Die 376 in Dresden. (Foto: Lutz Kobert)

IL-14 (NATO Code: Crate)

Die Ahnenreihe der IL-14 beginnt mit der legendären DC-3, jenem Passagierflugzeug das die amerikanische Flugzeugschmiede Douglas entwarf und das den Zivilflugzeugbau revolutionierte. Mögen wir Deutschen uns mit Recht darauf berufen, dass die Ju-52m3, die gute alte »Tante Ju«, einen ersten Meilenstein im zivilen Passagierflugzeugbau setzte, den Weg zum Flugzeug als Bewegungsmittel der Massen ebnete jedoch die DC-3.

Die Sowjetunion erwarb 1938 die Lizenz zum Bau der DC-3 [182].Die Realisierung des Serienbaus unter der Typenbezeichnung PS-84 war aber schwierig, weil die sowjetische Luftfahrtindustrie noch nicht alle Fertigungstechnologien beherrschte, die zum Bau des Flugzeugs notwendig waren. Deshalb wurde die DC-3 von einem Ingenieurskollektiv unter der Führung von Boris Lisunow umkonstruiert. Das Flugzeug wurde auf metrische Maße umgestellt[183], die Fertigungstechnologie so verändert, dass sie mit den sowjetischen Bedingungen kompatibel war. Weitere Änderungen betrafen eine etwas reduzierte Spannweite und der Einsatz eines schwächeren, nur 1.000 PS leistenden Motors. Sie wurden vorgenommen, weil es aus sowjetischer Sicht nicht auf die mögliche Höchstgeschwindigkeit ankam, sondern auf die Reichweite. Dementsprechend flog die ab 1940 als Li-2 bezeichnete Lizenzversion der DC-3 nicht nur deutlich langsamer als das amerikanische Original, sondern auch etwas weiter[184].

Technische Daten der IL-14P	
Einsatzzeitraum	1956 – 1982
Bezeichnung NATO	Crate
Abmessungen	
Spannweite	31,70 m
Länge	22,31 m
Höhe	7,80 m
Flügelfläche	100,00 m²
Massen	
Leermasse	12.700 kg
Startmasse	17.700 kg
max. Startmasse	18.500 kg
Treibstoffmenge	3.520 l
Antrieb	2 x ASch-82T
Startleistung	2 x 1.397 kW / 1.900 PS
Flugleistungen	
Höchstgeschwindigkeit	430 km/h in 2.000 m
Marschgeschwindigkeit	280 – 360 km/h
Landegeschwindigkeit	135 km/h
Reichweite	1.000 km
Gipfelhöhe	6.500 m
Steiggeschwindigkeit	5,0 m/s
Nutzlast	4.800 kg Fracht 18 – 32 Passagiere 28 Fallschirmjäger
Besatzung	4 – 5

IL-14 auf dem Flugplatz Cottbus. (Foto: Flugplatzmuseum Cottbus)

Die Li-2 wurde zum sowjetischen Standardtransportflugzeug des Zweiten Weltkrieges. Die Erfahrungen zeigten bald, dass eine höhere Fluggeschwindigkeit durchaus wünschenswert war, vor allem dann, wenn sich die Transportflieger ins feindliche Hinterland aufmachten, um dort operierende eigene Verbände zu versorgen.

Deshalb begannen im Jahr 1943 im OKB Iljuschin die Vorarbeiten an einem neuen Transportflugzeug, das sich in seiner

[182] Auch in Japan wurde die DC-3 in Lizenz gefertigt. Dort lief sie als Nakajima L2D, bzw. Showa L2D vom Band.

[183] Die Umstellung der Konstruktion auf das metrische System mag zunächst als wenig beeindruckend erscheinen. Sie war aber von hoher logistischer Tragweite. Durch die Verwendung von Schrauben, Muttern, Nieten etc., die in metrischen Maßen gefertigt wurden, waren für den Bau und den Betrieb der Li-2 keine speziellen Werkzeuge notwendig. Jeder, der schon einmal versucht hat ein amerikanisches Fahrzeug mit europäischen Werkzeugsätzen zu reparieren, wird den Wert der Umrüstung auf das metrische System zu schätzen wissen.

[184] Die DC-3 flog 60 km/h schneller, die Li-2 bis zu 300 km weiter.

Diese IL-14 steht im Technikmuseum Hugo Junkers Dessau. (Foto: Normann)

Auslegung an der DC-3 orientierte, jedoch auch modernere Konstruktionsansätze aufgriff.
Zu den Neuerungen zählte der Übergang zum Bugfahrwerk, die Neugestaltung der Tragflächen und des Seitenleitwerks und der Einbau stärkerer Triebwerke, die während des Krieges noch den Jagdflugzeugen vorbehalten waren. Im Ergebnis entstand die IL-12, die 1946 fertiggestellt wurde und ab 1947 in den Serienbau ging. Weil die IL-12 mit einigen Kinderkrankheiten zu kämpfen hatte begannen sofort nach Aufnahme der Serienproduktion die Arbeiten am Nachfolgemodell IL-14.
Die IL-14 basierte weitgehend auf der IL-12. Die wesentlichsten Unterschiede waren die Gestaltung des Seitenleitwerks und eine vollkommen neuentwickelte Tragfläche. Außerdem kam eine verbesserte Version des Triebwerks M-82 zum Einsatz. Das Triebwerk gab etwa 50 PS mehr Leistung ab und verbrauchte weniger Treibstoff. Die IL-14 war deutlich ökonomischer, sicherer und zuverlässiger als das Vorgängermodell.
Ihren Jungfernflug absolvierte die IL-14 am 20.09.1950. 1954 begann die Serienfertigung.
Ab 1955 wurde die IL-14 in Dresden in Lizenz gefertigt. Die Auslieferung der ersten in der DDR gebauten Maschine erfolgte 1956. Bis zur Einstellung des Serienbaus im Jahr 1959 verließen achtzig IL-14P die Werkhallen. Achtzehn Maschinen wurden an die NVA ausgeliefert.
Die in der DDR gebauten IL-14P unterschieden sich vom sowjetischen Original durch einen größeren Anteil von Bauelementen, die aus Leichtmetall gefertigt wurden. Deshalb konnten diese Flugzeuge maximal 32, statt der ursprünglichen 26 Passagiere befördern.
Die IL-14 war ein zweimotoriges Passagierflugzeug. Sie war eine Ganzmetallkonstruktion deren Rumpf in Halbschalenbauweise gefertigt wurde. Im Cockpit der IL-14 gab es Platz für fünf Besatzungsmitglieder. Dazu zählten Pilot und Copilot, Bordmechaniker, Funker und Navigator. Das Cockpit war durch eine Trennwand abgeteilt. Zum Betreten des Cockpits gab es eine Tür.
Die sich hinter dem Cockpit anschließende Kabine wurde je nach Nutzungszweck des Flugzeugs entweder als Passagier- oder als Frachtraum verwendet. In den Passagiervarianten war die Kabine wärme- und schallisoliert. Sie konnte beheizt und belüftet werden. Je nach Bestuhlung fanden hier bis zu 32 Passagiere Platz. Es gab eine Bordküche und eine Toilette. Der Zugang zum Flugzeug erfolgte über eine Einstiegstür auf der rechten Seite.
Eine Sonderform des Passagierflugzeugs IL-14 war dessen Salonvariante. Sie war mit bequemen Sesseln und Tischen, und sogar mit einer Schlafgelegenheit ausgestattet.
Bei den Frachtvarianten gab es in der Regel keine Schall- oder Wärmeisolierung in der Frachtkabine. Sitzgelegenheiten waren entlang der Seiten des Frachtraumes in Form von Sitzbän-

IL-14 mit zusätzlicher Gondel als Fotoflugzeug. (Foto: Torsten Jentzen)

Die IL-14 wurde durch die An-26 abgelöst. (Foto: Eberhard Kubig via Lutz Kobert)

ken[185] vorhanden. Um größere Frachtstücke einladen zu können wurden Anfang der 60er-Jahre die Einstiegstüren einiger Frachtflugzeuge der NVA durch große Ladeluken ersetzt. Die Ladeluken ließen sich nach oben schwenken und dort arretieren. In die Ladeluken war zudem die bisherige Einstiegstür integriert.

Durch die Ladeluken ließen sich größere Frachtstücke in das Flugzeug verladen. Die so modifizierten Maschinen erhielten die Bezeichnung IL-14P(T).

Die Beladung einer IL-14P(T) war trotz der Ladeluke sehr aufwändig. Das hing damit zusammen, dass der Einstieg weit über dem Bodenniveau lag. Alle Frachtstücke mussten hochgewuchtet und dann in den Laderaum bugsiert werden. Um sich die Arbeit zu erleichtern lud man in der Regel alle Frachtstücke zunächst auf einen LKW, von dessen Ladeplattform man die Fracht nahezu ebenerdig ins Flugzeug befördern konnte.

Die Tragflächen der IL-14 waren vollkommene Neukonstruktionen, die nach einer neuentwickelten aerodynamischen Theorie gestaltet wurden. Sie waren in Tiefdeckeranordnung am Rumpf des Flugzeugs befestigt und hatten im Vergleich zur IL-12 ein neues Profil, sowie eine trapezförmige Gestalt. Dank der neuen Formgebung generierten sie weniger Luftwiderstand und ermöglichten ein angenehmeres Flugverhalten des Flugzeugs. Die Tragflächen der IL-14 waren mit Querrudern und Landeklappen versehen. An den Tragflächenvorderkanten gab es Vorrichtungen zur thermischen Enteisung.

IL-14 mit Tarnbemalung in den frühen 80er-Jahren. (Foto: Torsten Jentzen)

Die IL-14 Tragflächen waren dreigeteilt. Am Ende des inneren Drittels befanden sich die Triebwerksgondeln. Als Antrieb kam der Sternmotor ASch-82T zum Einsatz. Er war robust und relativ genügsam. Den Vortrieb generierte ein Vierblattverstellpropeller.

Das Flugzeug war so konstruiert, dass es auch beim Ausfall eines Triebwerks problemlos weiterfliegen konnte[186].

Das Hauptfahrwerk der IL-14 war an den Triebwerksgondeln befestigt. Es war doppelt bereift und fuhr nach vorn ein. Die Fahrwerksklappen verschlossen sich auch bei ausgefahrenem Fahrwerk. So wurde der Luftwiderstand beim Flug mit ausgefahrenem Fahrwerk reduziert und gleichzeitig die Verschmutzung des Fahrwerksraumes beim Rollen am Boden verhindert. Das Bugfahrwerk der IL-14 war einfach bereift. Es wurde nach hinten eingezogen.

Höhen- und Seitenleitwerk der IL-14 waren vollständig aus Metall gefertigt und in Normalform ausgelegt. Auch an den Leitwerken gab es eine thermische Enteisung.

Die NVA flog IL-14 aus deutscher und sowjetischer Produktion[187]. Dabei spielte die IL-14 die Rolle des »Mädchen für alles«. Man nutze sie sowohl als Passagierflugzeug, als auch als Transportflugzeug und zur Erfüllung von Fotoaufgaben[188]. In der Salonvariante wurde sie von den Regierungsfliegern verwendet und kam als Stabsreiseflugzeug zum Einsatz.

Zunächst flogen die IL-14 der NVA in Silbergrau. Eine Ausnahme bildeten die als Schulflugzeuge für die Transportflieger

[185] Es gab auch Varianten mit Metallklappsitzen.

[186] Mehr oder weniger scherzhaft wurde behauptet, dass die IL-14 beim Ausfall beider Triebwerke noch eine ganze Weile als Segelflugzeug weiter fliegen könne und auch problemlos wie ein Segelflugzeug zu landen vermochte.

[187] Aus der Sowjetunion kamen vier Maschinen.

Blick in ein IL-14 Cockpit. (Foto: Normann)

verwendeten Maschinen. Diese hatten von Anfang an einen grünen Anstrich. Im Laufe der Jahre wurden alle IL-14 der NVA mit einer Tarnbemalung, bzw. mit einem matten Tarngrün versehen[189].

Die Iljuschin IL-14 wurde im Dezember 1956 in Dienst gestellt und diente zunächst in der Transportfliegerschule (TFS) Dessau. Ab Juli 1957 kam sie auch bei den Regierungsfliegern (STS-29) zum Einsatz. Als die Transportfliegerschule 1963 aufgelöst wurde stellte man im selben Jahr die Transportfliegerstaffel 27 (TS-27) in Dresden auf. Ihr wurden alle Dessauer Maschinen zugeteilt.

Ab Mitte der 60er-Jahre war die TS-27 (später TS-24) alleiniger Betreiber der IL-14. Die Regierungsflieger gaben ihre IL-14 zu Gunsten neuer Flugzeugtypen ab.

Die bei den Transportfliegern der LSK verwendeten IL-14 waren in der Mehrzahl mit Klappsitzen und einer normalen Eingangstür ausgestattet. Diese Flugzeuge wurden als Schul-, Transport- und Springervariante bezeichnet. Darüber hinaus gab es die IL-14 in der Passagiervariante und als Salonflugzeug. Da die Beladung einer IL-14 durch die kleine Eingangstür schwierig war, wurden im Laufe der Zeit vier Maschinen mit einer großen Ladeluke nachgerüstet.

Drei weiter Maschinen rüstete man zu Fotoflugzeugen um. Dazu erhielten sie eine Beobachtungsgondel unter dem Rumpf. Die Gondel war mit Fenstern versehen. So konnten Fotoaufgaben besser gelöst werden.

Die IL-14 wurde in der NVA lange und intensiv genutzt. Sie war ein gutmütiges, robustes und zuverlässiges Flugzeug. Am Ende ihrer Dienstzeit begannen sich aber durch Abnutzung hervorgerufene Ausfälle zu mehren. Deshalb begann man ab 1979 die verbliebenen IL-14 außer Dienst zu stellen.

Ihre Aufgaben wurden durch die An-26 übernommen. 1982 war die Zeit der IL-14 in der NVA endgültig abgelaufen.

Während der 26 Jahre, die die IL-14 bei der NVA im Dienst stand ging nur eine einzige Maschine durch einen Unfall verloren[190].

[188] Diese Aufgaben betrafen unter anderem auch die Volkswirtschaft. Hier wurde z.B. die Luftbildvermessung von Tagebauen betrieben. So konnte der Abbaufortschritt leichter und schneller dokumentiert werden, als es mit herkömmlichen Methoden der Landvermessung möglich war.

[189] Nach anderer Quellenlage waren alle IL-14 der Transportflieger der NVA zu Beginn ihrer Dienstzeit mit einem dunkelgrünen Sichtschutzanstrich versehen. In den 60er-Jahren wurde dieser entfernt, so dass die Maschinen silbergrau unterwegs waren. In der Mitte der 70er-Jahre erhielten die Iljuschins einen individuellen, zweifarbigen Tarnanstrich.

[190] Das war eine Kollision mit einem Schornstein des Kraftwerks Vockerode, während des Landeanflugs auf den Flugplatz Dessau.

IL-18 (NATO Code: Coot)

Die Bezeichnung IL-18 für ein viermotoriges Passagierflugzeug wurde zweimal vergeben. Den ersten Versuch ein solches Flugzeug zu konstruieren unternahm das OKB Iljuschin bereits kurz nach Ende des Zweiten Weltkriegs. Diese IL-18 war im Prinzip eine geometrische Vergrößerung der IL-12, jedoch mit vier, jeweils 1.850 PS starken Kolbenmotoren ASch-73. Sie konnte als direkte Antwort auf die Douglas DC-4 angesehen werden. Dass diese erste IL-18 nicht in den Serienbau überführt wurde hatte mehrere Gründe. Zum einen war die sowjetische Zivilluftfahrt noch nicht in der Lage mit einem solch großen Flugzeug umzugehen. Die dazu notwendige Infrastruktur war vielerorts nicht vorhanden. Zum anderen hatten militärische Flugzeugentwicklungen Vorrang.

Außerdem zeichnete sich bereits ab, dass es im Bereich der Triebwerksentwicklung zu revolutionären Veränderungen kommen würde. Kolbenmotorgetriebene Flugzeuge würden bald der Vergangenheit angehören. Zu den revolutionären Triebwerksentwicklungen gehörten die Strahltriebwerke, die bereits im Zweiten Weltkrieg vereinzelt zur Anwendung gekommen waren, und die neuartigen Propellerturbinentriebwerke, kurz PTL oder auch Turboprop genannt.

Propellerturbinentriebwerke waren im Vergleich zu herkömmlichen Kolbenmotoren bei gleicher Leistungsabgabe kleiner und bei gleicher Größe deutlich leistungsfähiger. Ende der 40er, Anfang der 50er-Jahre glaubte man deshalb, dass den Propellerturbinentriebwerken die Zukunft bei der Motorisierung von Passagier- und Transportflugzeugen gehören würde.

Dementsprechend begann das OKB Iljuschin Anfang der 50er-Jahre mit der Entwicklung eines viermotorigen Passagierflugzeugs, das eine Sitzplatzkapazität von bis zu 75 Passagieren haben sollte. Gefordert waren weiterhin eine Reichweite von 5.000 km, eine maximale Flughöhe von 10.000 m und einer Reisegeschwindigkeit von 650 km/h. Angetrieben werden sollte die neue IL-18 von vier, jeweils 4.000 PS starken Turboprops des Typs NK-4. Am 4. Juli 1957 startete der Prototyp der IL-18 zu seinem Jungfernflug. Ihm war der Kosename »Moskwa« gegeben worden. Seine Kennung lautete CCCP-5811[191]. Zwei weitere Erprobungsmuster folgten.

Bereits ein Jahr später wurde die Serienproduktion der IL-18A aufgenommen und der Flugbetrieb bei der sowjetischen Fluggesellschaft Aeroflot begann.

Im Laufe der Jahre folgten die moderneren und ab der 51. gebauten Maschine neumotorisierten Baureihen B, W, D und E. 1969 endete die Serienfertigung nach der 565. Maschine. Aus der IL-18 wurden im Laufe der Zeit die elektronischen Aufklärungsflugzeuge IL-20 und IL-22, sowie der U-Boot-Jäger IL-38 abgeleitet.

Die IL-18 war ein reines Passagierflugzeug. Anders als das Vorgängermodell IL-14 wurde sie in der NVA niemals als Transportflugzeug genutzt. Das sie überhaupt in den Bestand der NVA aufgenommen wurde war einem Betriebsunfall der Geschichte geschuldet.

Ursprünglich hatte niemand in der DDR die Absicht die IL-18 in Dienst zu stellen. Die ganzen Hoffnungen lagen auf der Eigenentwicklung 152[192]. Die 152 war ein düsengetriebenes

Die IL-18 wurde 10 Jahre lang von den Regierungsfliegern genutzt. (Foto: Thüringer Luftfahrtnetz)

[191] Mitunter wird als Kennung auch SSSR-L-5811 angegeben.
[192] Auch als Baade 152 bezeichnet.

Mittelstreckenflugzeug, das Ende der 50er-Jahre zur technologischen Weltspitze gehörte.
Die Sowjetunion betrieb damals aber eine sehr ambivalente Politik gegenüber der 152. Einerseits hatten diverse sowjetische Stellen selbst den Anstoß zur Entwicklung dieses Flugzeugs gegeben. Andererseits behinderten andere sowjetische Stellen die Arbeiten an diesem Projekt massiv.
Die Anfang der 50er-Jahre in der Sowjetunion arbeitenden ehemaligen Junkers-Ingenieure um Brunolf Baade[193] hatten den Auftrag erhalten ein mittleres Schnellverkehrsflugzeug für 26 Passagiere zu entwickeln. Dieses Flugzeug erhielt die Projektbezeichnung 152. Da die 152 direkt aus dem Bomberprojekt 150 abgeleitet wurde gingen die Arbeiten zügig voran und konnten bald abgeschlossen werden. Weiter gedieh das Projekt jedoch nicht. In der Sowjetunion wurden weder Prototypen gebaut, noch eine Serienfertigung angestrebt. Stattdessen votierten sowjetische Stellen dafür die 152 in der DDR bauen zu lassen. Dies sollte nach der Rückkehr der deutschen Spezialisten in die Heimat ab Mitte der 50er-Jahre geschehen. So der Plan.
Doch es kam anders.

Technische Daten der IL-18W / IL-18D		
Einsatzzeitraum	1960 – 1974	1968 – 1974
Bezeichnung NATO	Coot	Coot
Abmessungen		
Spannweite	37,40 m	37,40 m
Länge	35,90 m	35,90 m
Höhe	10,16 m	10,16 m
Flügelfläche	140 m^2	140 m^2
Massen		
Leermasse	34.670 kg	35.000 kg
Startmasse	45.300 kg	---
max. Startmasse	61.200 kg	64.000 kg
Treibstoffmenge	23.700 kg	---
Antrieb	4 x AI-20K	4 x AI-20M
Startleistung	4 x 2.942 kW / 4.000 PS	4 x 3.125 kW / 4.250 PS
Flugleistungen		
Höchstgeschwindigkeit	685 km/h in 2.000 m	675 km/h in 2.000 m
Reisegeschwindigkeit	620 – 640 km/h	650 km/h
Landegeschwindigkeit	190 km/h	---
Reichweite	5.400 km	6.500 km
Gipfelhöhe	10.000 m	9.200 m
Steiggeschwindigkeit	8 m/s	7,5 m/s
Nutzlast	Salonausrüstung, Schreibbüro, Sessel, Couch, Tische	Salonausrüstung, Schreibbüro, Sessel, Couch, Tische
Besatzung	4 oder 5 + Kabinenpersonal	4 oder 5 + Kabinenpersonal

Und zwar deshalb, weil es in der sowjetischen Führung stets zwei Strömungen gab, die sich bezüglich ihrer Einstellung zur DDR diametral gegenüberstanden. Die Vertreter der ersten Strömung waren der DDR freundlich gesonnen, die Anderen sahen in der DDR lediglich ein notwendiges Übel und eine Verhandlungsmasse gegenüber dem Westen. Letztere Kreise standen dem Bau der 152 in der DDR kritisch gegenüber und taten alles um ihn zu verhindern. So setzten sie durch, dass die in der Sowjetunion verbliebenen Konstruktionsunterlagen des Flugzeugs nicht an die DDR übergeben wurden.
Die 152 musste also noch einmal, aus dem Gedächtnis der Ingenieure heraus, konstruiert werden. Die daraus resultierende Zeitverzögerung war fatal. Die DDR-Zivilluftfahrt musste sich nach einem Flugzeug umsehen, das zur Überbrückung bis zur Serienreife der 152 genutzt werden konnte. Die Wahl fiel notgedrungen auf die IL-18, die ab 1960 zum Einsatz kommen sollte. Als die 152 im Jahr 1959 endlich flügge wurde bestärkte die Sowjetunion die DDR-Führung den Serienbau des Flugzeugs möglichst groß aufzuziehen, indem sie ankündigte eine beachtliche Zahl an Flugzeugen für die Fluglinie Aeroflot ankaufen zu wollen. Die 152 schien für die DDR nicht nur technisch, sondern auch ökonomisch ein voller Erfolg zu werden.
Doch wenig später gewann die andere Seite in Moskau Oberwasser. Diese Apparatschiks sahen in einer DDR-Luftfahrtindustrie keinen Verbündeten, sondern eine lästige Konkurrenz. Sie versuchten deshalb mit aller Macht den Ankauf der 152

[193] Brunolf Baade war ein sehr erfahrener Flugzeugkonstrukteur. Er hatte unter anderem die Entwicklung des Bombers Ju-88 geleitet. Wie viele andere deutsche Ingenieure und Wissenschaftler gehörten Baade und Kollegen zur »menschlichen Kriegsbeute«. Sie wurden in die Sowjetunion gebracht und dort unter relativ komfortablen Bedingungen interniert. Ihr Wissen wurde abgeschöpft und als es veraltet schien, schickte man die deutschen Ingenieure Mitte der 50er-Jahre nach Hause. Dieses Vorgehen war kein Spezifikum der Sowjetunion. Die Amerikaner, Briten und Franzosen machten es ähnlich. Man denke nur an Wernher von Braun und sein Team, ohne dessen Hilfe die Amerikaner niemals einen Fuß auf den Mond hätten setzen können.

Bei der Interflug war die IL-18 bis zum Ende der DDR im Einsatz. (Foto: Manteufel)

zu sabotieren. Und das gelang ihnen. Sie überstimmten die DDR-freundlichen Vertreter und setzten durch, dass die Sowjetunion von ihrer Kaufabsicht zurücktrat. Damit wurde der 152 der Boden unter den Füßen weggezogen. Ohne den sowjetischen Absatzmarkt ließ sich ein solches Projekt niemals ökonomisch verwirklichen, weshalb die DDR-Führung den DDR-Flugzeugbau im Frühjahr 1961 einstellen ließ. Die ursprünglich nur als Übergangsmuster gedachte IL-18 wurde fortan zur Hauptstütze der DDR-Zivilluftfahrt.

Das dieses vollkommen unmilitärische Flugzeug notgedrungen auch in der NVA zum Einsatz kam war den Vorschriften für die Regierungsflieger geschuldet. Der Lufttransport von hohen Regierungsvertretern lag und liegt in vielen Nationen in den Händen des Militärs[194].

In der NVA gab es für diesen Zweck eine besondere Staffel, die STS-29, die Selbständige Transportfliegerstaffel-29. Später wurde diese Einheit zu einem speziellen Transportfliegergeschwader (TG-44) weiterentwickelt. Die sogenannten »Reg.flieger« nutzten in der Anfangszeit die IL-14P in der Salonausführung. Ende der 50er, Anfang der 60er-Jahre war die IL-14 aber veraltet und nicht mehr sicher genug. Die 152 ließ auf sich warten, weshalb ein Ersatz für die IL-14 gesucht werden musste. Da die DDR-Zivilluftfahrt auf die IL-18 setzte, beschaffte man aus ökonomischen Gründen auch für die »Reg.flieger« diesen Flugzeugtyp.

Diese IL-18 steht heute in den Farben der Deutschen Lufthansa der DDR am Flugplatz Leipzig Halle. (Foto: Normann)

Der Grund hierfür war folgender: Um eine absolute Flugsicherheit gewährleisten zu können durften die Flugzeuge der Regierungsflieger nicht zu alt sein. Nach dem Erreichen einer bestimmten Flugstundenzahl mussten die Maschinen ausgesondert und durch neuwertige Flugzeuge ersetzt werden. Die ausgesonderten Flugzeuge wurden an die *Deutsche Lufthansa der DDR* bzw. die INTERFLUG weitergegeben, wo sie bis zum Erreichen ihrer normalen Betriebsgrenze noch jahrelang im Einsatz standen.

Die erste IL-18 der Regierungsflieger beschaffte man im Jahr 1960. Es war eine Maschine der Version IL-18W. Sie hatte eine weiß-blaue Bemalung, die sich am Farbschema der *Deutschen Lufthansa der DDR* orientierte. Zur Unterscheidung von den zivilen Maschinen trug die IL-18W der Regierungsfliegerstaffel das NVA-Hoheitszeichen und die kleine taktische Nummer 493. Dieses Flugzeug hatte neben seiner militärischen auch eine zivile Zulassung. Sie lautete DM-VAX, wurde aber nirgendwo am Flugzeug dokumentiert.

Zwei Jahre später folgte eine zweite Maschine. Sie hatte ein rotes Rumpfband, die Nummer 499 und den zivilen Kenner DM-VAY. 1964 wurden beide Flugzeuge außer Dienst gestellt und der INTERFLUG übergeben. Als Ersatz beschaffte man im selben Jahr zwei neue IL-18W. Während die erste Maschine (497) noch im bisher üblichen Farbschema genutzt wurde, bekam die zweite IL-18 eine komplette Interflugbemalung. Sie war von den zivilen Iljuschins der DDR nicht mehr zu unterscheiden.

[194] Man denke nur an die zur USAF gehörende Air-Force-One in den USA oder die Flugbereitschaft der Bundeswehr.

Detailaufnahme des Bugs einer IL-18. (Foto: Normann)

Blick auf die mächtigen Triebwerke der Iljuschin. (Foto: Normann)

Der Grund für dieses recht ungewöhnliche Vorgehen war die von der Bonner Republik betriebene Hallsteindoktrin[195]. Die Bundesrepublik Deutschland bestand darauf, dass es die DDR gar nicht gab. Aus ihrer Sicht gab es nur einen deutschen Staat und der hieß Bundesrepublik. Jedem Staat, der sich dieser Weltsicht widersetzte, drohte Bonn diplomatische und ökonomische Sanktionen an.

Als der DDR-Staatschef Walter Ulbricht zu einem Staatsbesuch nach Ägypten eingeladen wurde setzten westdeutsche Diplomaten Himmel und Hölle in Bewegung um diese Reise zu sabotieren. Andere Staaten wurden ultimativ aufgefordert die Überflugrechte für das DDR-Regierungsflugzeug zu verweigern[196]. In Italien, Griechenland und der Türkei trafen die Bonner Forderungen auf offene Ohren, so dass sich Ulbricht gezwungen sah per Schiff nach Ägypten zu reisen[197].

In der DDR war man sich auf Grund schlechter Erfahrungen nur zu sehr bewusst, dass auch in Zukunft mit solchen oder ähnlichen Störaktionen aus Richtung Westen gerechnet werden musste. Deshalb begann man darüber nachzudenken, wie man die Flüge der Regierungsflieger ins nichtsozialistische Ausland sicherstellen konnte, ohne dass die Bundesrepublik eine Möglichkeit bekam die Flüge zu behindern. Die Lösung des Problems bestand darin die Bemalung der IL-18 zu verändern. Man glich ihr Design dem der zivilen Luftfahrtlinie der DDR an und versah sie nun auch offiziell mit zivilen Kennzeichen. So getarnt war die vierte IL-18 der Regierungsflieger nicht mehr als Militärflugzeug erkennbar. Sie sah nun wie ein Zivilflugzeug aus, weshalb kein Staat der Welt befugt war ihr den Überflug zu verweigern[198].

Die zivile Bemalung der Flugzeuge der Regierungsfliegerstaffel wurde im Laufe der Zeit üblich. Ebenfalls üblich wurde es, dass die Besatzungen der Regierungsflugzeuge bei Auslandsflügen die Uniformen der INTERFLUG trugen. Zum Erwerb von Flugstunden absolvierten NVA-Piloten auch regelmäßig zivile Linienflüge mit INTERFLUG-Maschinen.

1965 beschaffte man für die Regierungsflieger noch einmal eine IL-18W. 1968 kam eine IL-18D hinzu. Sie war, wie alle ihre Vorgängerinnen, als Salonmaschine ausgestattet. Sie besaß ein Schreibbüro, Drehsessel, Tische, eine Couch und Erste-Klasse-Sitze. 1974 gaben die Regierungsflieger ihre letzten beiden IL-18 an die INTERFLUG ab. Die Iljuschins wurden auf die normale Passagiervariante umgerüstet und bis zum Ende der DDR weiterbetrieben.

Blick von vorn. (Foto: Normann)

[195] Die Hallsteindoktrin war nach ihrem Erfinder Dr. Hallstein benannt. Er war Staatssekretär im Auswärtigen Amt in der Adenauerära. Zur Zeit des Dritten Reiches war er Mitglied mehrerer NS-Organisationen, angeblich ohne selbst NSDAP Mitglied gewesen zu sein. In der Zeit des Außenministers Joschka Fischer wurde unter dem Titel »Das Amt und seine Vergangenheit« ein sehr umfangreiches Buch veröffentlicht, das die Zahl ehemaliger Eliten des Dritten Reiches im Auswärtigen Amt der Adenauerära und deren Einfluss auf die bundesdeutsche Außenpolitik kritisch beleuchtete.

[196] Staaten ist es erlaubt den Überflug fremder Militärflugzeuge zu verbieten. Zivilflugzeuge, die ausgewiesene Luftkorridore nutzen, darf der Überflug hingegen nicht verweigert werden.

[197] Im Nachhinein wurden die diplomatischen Bemühungen der Bundesrepublik zur Verhinderung des Ägyptenbesuchs auch in Bonn als Fehlschlag gewertet. Ulbricht war von Jugoslawien aus mit dem DDR-Kreuzfahrtschiff »Völkerfreundschaft« nach Ägypten gereist. Das riesige weiße Schiff wurde bei seiner Ankunft in Alexandria von einer begeisterten Menschenmenge empfangen. Die bei diesem Ereignis entstandenen Film- und Fotoaufnahmen waren weit prestigeträchtiger als sie es bei einer Ankunft per Flugzeug hätten sein können.

[198] Flugzeuge die nur im sozialistischen Ausland unterwegs waren behielten ihr altes Bemalungsschema, inklusive taktischer Nummer und NVA-Hoheitszeichen.

IL-62M (NATO-Code: Classic)

Technische Daten der IL-62M	
Einsatzzeitraum	1978 – 1990
Bezeichnung NATO	Classic
Abmessungen	
Spannweite	43,20 m
Länge	53,12 m
Höhe	12,35 m
Flügelfläche	279,62 m²
Massen	
Leermasse	69.400 kg
Startmasse	155.000 kg
max. Startmasse	167.000 kg
Treibstoffmenge	105.000 l
Antrieb	4 x Solowjew D-30KU
Startleistung	4 x 107,8 kN
Flugleistungen	
Höchstgeschwindigkeit	950 km/h in 10.000 m
Reisegeschwindigkeit	900 km/h
Landegeschwindigkeit	240 km/h
Reichweite	10.000 km
Gipfelhöhe	12.000 m
Steiggeschwindigkeit	16,8 m/s
Nutzlast	23.000 kg, 168 Passagiere
Besatzung	5 + Stewardessen

In den 60er-Jahren des letzten Jahrhunderts erlebte der zivile Luftverkehr seinen Durchbruch. Er wandelte sich vom elitären Vergnügen zu einem Massentransportmittel. Die geflogenen Distanzen wurden immer länger, Flughöhe und Geschwindigkeit stiegen. Das Strahltriebwerk wurde zum vorherrschenden Antrieb. Zumindest auf der Lang- und Mittelstrecke. Das geschah nahezu parallel in West und Ost.
Diese Entwicklungstendenz stellte die Flugzeugkonstrukteure vor neue Herausforderungen. Sie mussten schnellere und immer größere Flugzeuge entwerfen. Dabei waren nicht nur aerodynamische und wirtschaftliche Aspekte zu beachten, sondern auch Vorgaben der internationalen Luftfahrtbehörden. Diese forderten damals unter anderem, dass Zivilflugzeuge, die eine Atlantiküberquerung durchführen sollten, mit vier Triebwerken auszurüsten seien.
Für die Flugzeugentwickler stellte sich daraufhin die Frage, wo man diese vier Triebwerke am günstigsten unterbringen könne. Es gab im Prinzip drei Varianten dafür. Erstens, man brachte die Turbinen in den Tragflächenwurzeln unter, wie es bei der britischen Comet und der sowjetischen Tu-110 der Fall gewesen ist. Zweitens, man hängte die Triebwerke an Gondeln unter die Tragflächen, wie es die Amerikaner mit der DC-8 und Boeing 707 vorgemacht hatten. Oder drittens, man baute die Triebwerke am Flugzeugheck an, wie es bei vielen Mittelstreckenflugzeugen der damaligen Zeit der Fall war. Man denke nur an die Boeing 727, die Douglas DC-9, die britische BAC 1-11, die französische Caravelle oder die sowjetische Tu-134.
Die erste Variante erwies sich im Alltag als viel zu unkomfortable für die Passagiere. Vibrationen und eine erhebliche Lärmbelästigung in der Fluggastkabine machten das Fliegen nicht unbedingt zum Genuss. Die Entwickler konzentrierten sich deshalb auf die beiden letztgenannten Konfigurationen.
Beide hatten ihre Vor- und Nachteile. Die Unterbringung der Triebwerke unter den Tragflächen erleichterte die Arbeit des Bodenpersonals erheblich, hatte aber gewisse aerodynamische Nachteile[199]. Die Befestigung am Heck ermöglichte es dagegen einen aerodynamisch sauberen Flügel zu konzipieren und das Flugzeug aerodynamisch optimal zu gestalten. So konnten höhere Geschwindigkeiten erreicht werden. Die Lärmbelästigung für die Passagiere war zudem deutlich geringer. Allerdings waren die weit oberhalb des Erdbodens angebrachten Triebwerke für das Bodenpersonal schwerer zu erreichen. Die für Wartung und Pflege notwendige Infrastruktur war deshalb um einiges aufwändiger[200].
In den 60er-Jahren war noch nicht abzusehen welche Variante sich durchsetzen würde. In den USA bevorzugte man die Aufhängung der Triebwerke unter den Tragflächen. In Europa entschied man sich dagegen die Triebwerke am Flugzeugheck zu konzentrieren.
In Großbritannien entstand der elegante Airliner Vickers VC-10 und in der Sowjetunion wurde die äußerlich sehr ähnliche IL-

[199] Zu erwähnen sei hier der nicht unerhebliche Luftwiderstand, der durch die Triebwerkspylone erzeugt wird. Auch wirkt sich der Ausfall eines oder zweier Triebwerke stärker auf das Flugverhalten aus, als wenn die Turbinen nahe des Rumpfes konzentriert sind.

[200] Ein weiterer Nachteil ist die Verschiebung des Masseschwerpunktes in Richtung Heck. Hinzu kommt, dass der Masseschwerpunkt wandert je nachdem wie voll die Maschine beladen und betankt ist. Dies wirkt sich negativ auf das Flugverhalten aus und muss mit technischen Hilfsmittel kompensiert werden. Eine leere IL-62 benötigt wegen des weit hinten liegenden Masseschwerpunkts am Boden eine zusätzliche, ausfahrbare Stütze am Heck. Wenn die Maschine betankt ist wandert der Masseschwerpunkt so weit nach vorn, dass diese Stütze wieder eingefahren werden kann. Ohne diese Stütze würde sich eine leere IL-62 unweigerlich auf ihrem »Allerwertesten« absenken und die Nase steil in die Luft recken.

Die IL-62M war bei der Interflug und den Regierungsfliegern der NVA im Einsatz. (Foto: Manteufel)

62 aus der Taufe gehoben[201]. Beiden Flugzeugtypen gemein war, dass sie jeweils mit einem Triebwerkspaar beiderseits des Rumpfhecks ausgerüstet waren, ein T-Leitwerk und aerodynamisch saubere Tragflächen besaßen.

1959 begann die Entwicklung der IL-62. Die politische Führung der Sowjetunion wollte im Systemwettkampf mit den »imperialistischen Staaten« des Westens auch mit modernen Passagierflugzeugen punkten. So wurde die Forderung aufgestellt ein Flugzeug zu entwickeln, das in seinen Leistungen die gerade in der Einführung befindliche Tu-114 in den Schatten stellen sollte. Unausgesprochen war auch der Wunsch ein Flugzeug zu bekommen, das in allen Aspekten den westlichen Konstruktionen ebenbürtig, wenn nicht gar überlegen war.

Dementsprechend wurde der Forderungskatalog formuliert und den in Frage kommenden Flugzeugkonstruktionsbüros zugestellt. Die wichtigsten Parameter betrafen Reichweite, Passagierzahl und Fluggeschwindigkeit. So verlangte die Führung eine Maschine die in der Lage war 165 Passagiere über eine Distanz von 4.500 km oder 100 Passagiere über 6.700 km zu befördern. Die Fluggeschwindigkeit sollte 900 km/h in 10.000 m Flughöhe betragen.

Das OKB Iljuschin nahm die Herausforderung an und betrat damit firmeninternes Neuland. Nie zuvor hatte man bei Iljuschin ein solch großes Flugzeug gebaut. Nie zuvor waren die Anforderungen so hoch gewesen.

Anders als das OKB Tupolew, das seine Passagierflugzeuge aus Bombenflugzeugen ableiten konnte, musste das OKB Iljuschin alles von der Pike auf neu entwickeln. Zwar hatte man einige Erfahrungen mit dem Bau von Strahlflugzeugen, namentlich des Frontbombers IL-28, sammeln können, doch das Projekt IL-62 war ein ganz anderes Kaliber.

Die Entwicklungsrisiken waren deshalb nicht zu unterschätzen. Erste Skizzen und Berechnungen entstanden. Unterstützung kam vom ZAGI, dem Zentralen Hydrodynamischen Institut, einer weltweit renommierten Forschungseinrichtung. Und alle von dort gelieferten Berechnungen favorisierten eine elegante, schlanke Konstruktion mit einer Triebwerksanordnung am Heck der Maschine und aerodynamisch sauberen Tragflächen. So sollte eine möglichst hohe Reisegeschwindigkeit bei gleichzeitig ökonomischen Treibstoffverbrauch erzielt werden.

Im Februar 1960 wurde den staatlichen Stellen das Projekt IL-62 offiziell vorgestellt. Der Ministerrat akzeptierte das Konzept und erteilte am 18. Juni 1960 die Genehmigung die neue Passagiermaschine zu entwickeln. Der avisierte Abgabetermin war sportlich. Für die vollständige Entwicklung und den Bau des ersten Prototyps waren nicht mehr als zwei Jahre veranschlagt. Parallel zur IL-62 sollte im Triebwerkskonstruktionsbüro Kusnetsow das neue Triebwerk NK-8 entwickelt werden.

Die Arbeiten begannen und bald zeigten sich erste Schwierigkeiten. Sie betrafen sowohl das zu entwickelnde Triebwerk, als auch die Gestaltung der Tragflächen. Es stellte sich die Frage wie genau die Tragflächen auszusehen hätten, damit ein möglichst ruhiger, ökonomischer und auch sicherer Flug erreicht werden konnte. Das Flugzeug musste absolut trudelsicher gestaltet werden. Die Wirbelschleppe der Tragflächen durften weder die Triebwerke, noch das Höhen- oder das Seitenleitwerk in ihrer Wirksamkeit beeinträchtigen. Deshalb sollte die Tragfläche mit einem Sägezahn ausgestattet werden. Die sich bei der Entwicklung stellende Frage war nun, wo genau der Sägezahn platziert werden sollte. Die Lösung dieses Problems erforderte viel Zeit und Mühe. Noch während der Flugerprobung der Prototypen wurden unterschiedliche Konfigurationen

[201] Die äußere Ähnlichkeit beider Flugzeugmuster lässt sich auf die gemeinsame aerodynamische Auslegung zurückführen. Im Kalten Krieg sprach man im Westen jedoch lieber davon, dass die »Sowjets das Design der VC-10 geklaut« hätten. Mit der gleichen Berechtigung hätte man natürlich auch fragen können welcher amerikanische Hersteller bei welchem amerikanischen Hersteller abgekupfert hatte, so ähnlich sahen sich Boeing 707, DC-8 und Convair CV-880 bzw. 990. Auch heute haben viele Airbus und Boeing Modelle jede Menge äußerliche Gemeinsamkeiten. Zum Teil sehen sie sich zum Verwechseln ähnlich. Gleiche oder ähnlich aerodynamische Auslegungen führen zwangsläufig zu einer ähnlichen Erscheinung.

Eine IL-62M im Landeanflug. (Foto: Sammlung Scheffler)

intensiv erprobt. Erst 1966 konnte eine letztendlich befriedigende Lösung gefunden werden.
Während die Arbeiten am Flugzeug recht zügig voranginge hatten die Triebwerksentwickler mit größeren Problemen zu kämpfen. Sie hatten Schwierigkeiten das NK-8 betriebssicher zu bekommen und die daraus resultierenden Verzögerungen wirkten sich negativ auf das Projekt IL-62 aus.
Der erste IL-62 Prototyp konnte im Laufe des Jahres 1962 fertiggestellt werden. Ihm fehlte aber noch der versprochene Antrieb. Als Notlösung entschied man sich im OKB Iljuschin auf das leistungsschwächere Triebwerk Ljulka AL-7 zurückzugreifen und es als Interimslösung in den ersten Prototyp einzubauen. Dies geschah Ende 1962.
Am 3. Januar 1963 hob die erste IL-62 zu ihrem Jungfernflug ab. Bei der Flugerprobung zeigte sich sehr schnell, dass das Flugzeug sehr stabil flog und angenehme Flugeigenschaften aufwies. Allerdings war der erste Prototyp der IL-62 arg untermotorisiert. Dies zeigte sich sehr deutlich als ein Testflug mit maximaler Beladung angesetzt wurde. Die Maschine reagierte so schwerfällig, dass sie den Zaun des Flughafens touchierte und dabei Bruch machte.
Der zweite Prototyp erhielt dann endlich die lang ersehnten NK-8-4 Triebwerke. Man versprach sich vom neuen Antrieb eine deutliche Verbesserung des Flugverhaltens der IL-62. Diese Annahme konnte mit dem Prototyp Nr. 2, der im April 1964 zum Erstflug startete, vollauf bestätigt werden.
Ein dritter Prototyp folgte im Juli 1965. Er wurde nach eingehender Werkserprobung den staatlichen Stellen zur Flugerprobung übergeben. Die staatliche Erprobung wurde Mitte 1967 erfolgreich abgeschlossen und die IL-62 in die Serienproduktion überführt.
Bei der Luftparade in Domodedowo 1967 wurde die IL-62 der breiten Öffentlichkeit vorgestellt und erregte großes Aufsehen, auch in der westlichen Fachwelt. Britische Fachjournalisten, aber auch der Chefkonstrukteur von Lockheed fanden lobende Worte für das elegant anmutende Flugzeug. Bemerkenswert fand man im Westen, dass die sowjetischen Entwickler bei der Entwicklung der IL-62 großen Wert auf die Einhaltung von Sicherheits- und Lärmvorschriften der internationalen Luftfahrtbehörden gelegt hatten.
Im September 1967 nahm die sowjetische Fluglinie Aeroflot den Linienbetrieb mit der IL-62 auf. Die IL-62 wurde vornehmlich auf der Langstrecke eingesetzt. Mit ihr war es endlich möglich auch von Moskau aus den amerikanischen Kontinent zu erreichen. Sie wurde damit zum neuen Flaggschiff der Aeroflot.

Im regulären Flugbetrieb erkannte man jedoch bald, dass es noch einiges zu verbessern gab. Deshalb begann das OKB Iljuschin bereits zwei Jahre später die IL-62 zu modernisieren. Dieses Projekt führte zur IL-62M.
Kernelement der Weiterentwicklung war die Verwendung neuentwickelter Triebwerke aus dem Solowjew OKB. Das Triebwerk D-30KU war nicht nur stärker, sondern auch leichter und leiser als das bisher verwendete NK-8-4. Es hatte auch einen geringeren Triebstoffverbrauch und verfügte über einen effizienteren Schubumkehrmechanismus.
Weitere Verbesserungen betrafen den Einbau eines zusätzlichen Treibstofftanks im Heck, so dass die Reichweite der IL-62M die des Vorgängermodells deutlich übertraf. Das Flugverhalten der Maschine wurde durch neukonstruierte Landeklappen und Änderungen an den Tragflächen verbessert. Außerdem wurden Zelle und Tragflächen der IL-62M verstärkt, um dem zusätzlichen Gewicht Rechnung zu tragen.
Im Januar 1974 nahm die IL-62M den Flugbetrieb bei der Aeroflot auf.
Etwa 250 Maschinen der Typen IL-62 und IL-62M wurden im Laufe der Jahre gebaut. Davon gingen 80 in den Export.
Die IL-62M war ein vierstrahliges Langstreckenverkehrsflugzeug. Unter der aerodynamisch verkleideten Rumpfnase befanden sich ein Wetterradar und Teile der Avionik. Der Rumpfnase schloss sich das Cockpit an. In ihm nahmen vier Besatzungsmitglieder Platz. Zur Besatzung gehörten der Pilot, der Copilot, der Bordingenieur und der Bordfunker. Zusätzlich gab es Flugbegleiter, die sich um das Wohl der Passagiere kümmerten. Hinter dem Cockpit befand sich die Bordküche.
Unterhalb der Bordküche befand sich das doppelt bereifte Bugfahrwerk. Das Bugfahrwerk war steuerbar und fuhr nach hinten ein.
Von der Bordküche durch eine Trennwand abgeteilt, folgte der Passagierraum, der bei den verschiedenen Maschinen des Transportfliegergeschwaders-44 ganz unterschiedlich gestaltet war. So gab es zwei Maschinen mit einer vollständigen Passagierbestuhlung für 168 Passagiere. Zwei Maschinen hatten einen geteilten Passagierraum. Der vordere Teil war als Salon gestaltet und mit Sesseln und Tischen ausgestattet. Der hintere Teil war ein normaler Passagierraum und bot 127 Fluggästen Platz.
Die Sonderanfertigung DDR-SEV war die einzige IL-62M des TG-44 mit einem separaten Schlafzimmer. Der restliche Passagierraum dieser Maschine war als Salon mit gehobener Ausstattung gestaltet.
Beiderseits des hinteren Teils der Passagierkabine befanden sich bei der IL-62M die Tragflächen. Die Tragflächen waren in Tiefdeckeranordnung am Rumpf befestigt. An ihrer Vorderkante gab es bei etwa einem Drittel der Tragflächenlänge einen Sägezahn.
Die Tragflächenhinterkante war mit Querrudern und Landeklappen ausgerüstet. Das Hauptfahrwerk war an der Tragfläche befestigt. Es hatte jeweils vier Räder in Wagenanordnung, die nach innen eingezogen wurden.
In den Tragflächen befand sich der größte Teil der Treibstofftanks einer IL-62M.
Beiderseits des Rumpfhecks waren die vier Triebwerke paarweise nebeneinander angebracht. Die äußeren Triebwerke waren mit einer Schubumkehrvorrichtung ausgerüstet. Zum Einsatz kamen Solowjew D-30KU Turbinen, die jeweils einen Startschub von 107,8 kN entwickeln konnten.
Im Rumpfheck war bei der IL-62M ein zusätzlicher Treibstofftank eingebaut.
Das Leitwerk der IL-62M war ein T-Leitwerk. Das war notwendig, weil die Triebwerke den herkömmlichen Platz des Höhenleitwerks einnahmen. Das Höhenleitwerk war in Höhenflosse und Höhenruder unterteilt.
Zu den Exportkunden der IL-62 gehörte auch die INTERFLUG. Sie erhielt ihre erste IL-62 im Jahr 1970. Im Dienst der INTERFLUG erwies sich die IL-62 als nicht ganz unproblematisch.

Nach 1990 wurde sie als Beamtenshuttle von der Flugbereitschaft der Bundeswehr genutzt. (Foto: Schöpke)

Blick von vorn auf die IL-62M. (Foto: Schöpke)

Das Flugzeug galt unter den Piloten zwar als gut und stabil fliegende Maschine, doch war ihre Landegeschwindigkeit gewöhnungsbedürftig hoch. Ein tödlicher Absturz im August 1972 kratzte zusätzlich am Renommee der IL-62, zumal erkannt wurde, dass die 156 Opfer ihr Leben durch einen konstruktiv bedingten technischen Defekt verloren hatten[202].

Ab 1980 beschaffte die INTERFLUG die deutlich verbesserte Version IL-62M.

Zu diesem Zeitpunkt wurde die IL-62M bereits seit zwei Jahren von den Luftstreitkräften der DDR, eingesetzt.

Die Iljuschin IL-62M war das größte Flugzeug der LSK. Es kam ausschließlich bei den Regierungsfliegern im Transportfliegergeschwader-44 (TG-44) zum Einsatz. Dort wurde die erste IL-62M der NVA im Jahr 1978 in Dienst gestellt. Das war notwendig geworden, weil im Zuge der internationalen Anerkennung der DDR die bei Staatsbesuchen zu überwindenden Distanzen immer größer wurden. Flüge außerhalb Europas waren mit den bis dato betriebenen Tu-134 und IL-18 de facto nicht mehr darstellbar.

Der ersten IL-62M (DDR-SEK / taktische Nummer 121) folgten im Laufe der Jahre noch vier weitere Maschinen dieses Typs. Die einzelnen Flugzeuge unterschieden sich jedoch hinsichtlich ihrer der Kabinenausstattung deutlich. So gab es Flugzeuge mit einer reinen Passagierbestuhlung. Sie konnten 168 Passagiere befördern. Außerdem lieferte der Hersteller eine Halbsalonvariante mit 127 Sitzen.

Eine Sonderanfertigung war die im Herbst 1987 in Dienst gestellte IL-62M mit der zivilen Kennung DDR-SEV und der taktischen Nummer 108. Die SEV diente als Reiseflugzeug der Partei- und Staatsführung, war also die DDR-Variante der »Air Force One«. Sie war für 55 Passagiere ausgelegt und verfügte eine separate Kabine mit zwei Betten.

Alle IL-62M der Regierungsflieger trugen die Farben der INTERFLUG. Taktische Nummern waren ihnen zwar zugewiesen worden, wurden aber nicht an den Flugzeugen angebracht.

Wie bei den Regierungsfliegern üblich wurden auch die IL-62M nur für eine begrenzte Zahl an Flugstunden eingesetzt. Danach gab man sie an die INTERFLUG ab[203]. Zum Ende der DDR standen deshalb nur noch drei Maschinen im Dienst der Regierungsflieger.

Die IL-62M des TG-44 wurden intensiv genutzt. Sie kamen weit in der Welt herum. Das galt vor allem für die DDR-SEV, mit der Erich Honecker viele seiner offiziellen Staatsbesuche unternahm.

Die IL-62M war ein hervorragendes Passagierflugzeug. Sie wurde von ihren Piloten wegen ihrer guten und stabilen Flugeigenschaften, sowie ihrer enormen, interkontinentalen Reichweite geschätzt. Bemängelt wurde ihre im Vergleich zu westlichen Mustern veraltete Elektronik und die hohe Landegeschwindigkeit. Einige Probleme gab es mit den Triebwerken, die die geforderten Laufzeiten oft nicht erreichten.

Die drei verbliebenen IL-62M des TG-44 wurden 1990 von der Bundesluftwaffe übernommen und im Lufttransportgeschwader-65 (LTG-65) eingesetzt. Hier nutzte man sie vor allem für Shuttleflüge um Beamte zwischen Berlin und Köln/Bonn zu befördern.

[202] Kritik wurde aber nur hinter vorgehaltener Hand geäußert. Damals war es undenkbar sich offen kritisch gegenüber sowjetischer Technik zu äußern. Erst am Ende der DDR, als es zu Zerwürfnissen zwischen Gorbatschow und Honecker gekommen war, wurde mehr oder weniger Klartext geredet. Der über Jahrzehnte geltende Grundsatz: »Von der Sowjetunion lernen heißt siegen lernen.« wurde über Bord geworfen.

[203] Die IL-62 der INTERFLUG waren der heimliche Star einer Fernsehserie des DDR-Fernsehens, die Ende der 80er-Jahre unter dem Titel »Treffpunkt Flughafen« über die Bildschirme flimmerte. Ein extra für diese Fernsehserie gebautes Cockpit wurde nach Ende der Dreharbeiten von der INTERFLUG als Flugsimulator weiter verwendet.

Tu-124W (NATO Code: Cookpot)

Technische Daten der Tu-124W	
Einsatzzeitraum	1964 – 1975
Bezeichnung NATO	Cookpot
Abmessungen	
Spannweite	25,55 m
Länge	30,58 m
Höhe	8,08 m
Flügelfläche	119,37 m²
Massen	
Leermasse	22.900 kg
Startmasse	36.500 kg
max. Startmasse	37.500 kg
Treibstoffmenge	13.120 l
Antrieb	2 x Solowjew D-20P
Startleistung	2 x 52,9 kN
Flugleistungen	
Höchstgeschwindigkeit	950 km/h in 10.000 m
Reisegeschwindigkeit	870 km/h
Landegeschwindigkeit	190 km/h
Reichweite	2.100 km
Gipfelhöhe	11.500 m
Steiggeschwindigkeit	12,0 m/s
Nutzlast	6.000 kg, bis 56 Passagiere
Besatzung	3 + Stewardessen

Ausgangspunkt für die Entwicklung der Tu-124 war ein Bomber. In den 40er- und 50er-Jahren hatte die Sowjetunion, im Vergleich mit dem Westen, einen nicht zu leugnenden Rückstand beim Bau moderner Bombenflugzeuge. Diesen Rückstand musste das Land koste es was es wolle aufholen, wenn es ein ausreichendes Abschreckungspotential und ein Gegenstück zum amerikanischen Strategic Air Command aufbauen wollte. Für den Einsatz in Europa benötigte die Sowjetunion ein Mittelstreckenbombenflugzeug, das in großen Höhen und mit hoher Geschwindigkeit die Metropolen Westeuropas erreichen und mit Kernwaffen auslöschen konnte[204].

Andrej Tupolew erhielt von höchster Stelle den Auftrag ein solches Flugzeug zu entwerfen. Im Ergebnis entstand mit dem Projekt »88« eine große, schlanke Maschine mit aerodynamisch sauberen Tragflächen, in den Tragflügelwurzeln eingebetteten Triebwerken und einer verglasten Nase. Unter der Bezeichnung Tu-16 wurde das Flugzeug in Serie gefertigt und diente lange in der Truppe.

Als Großbritannien das erste düsengetriebene Passagierflugzeug der Welt, die de Havilland Comet, entwickelte, forderte die Sowjetführung die Konstruktionsbüros des Landes auf eigene Entwicklungen zu beginnen, um die Briten im Wettlauf um das erste düsengetriebene Passagierflugzeug zu schlagen. Tupolew wollte daraufhin aus dem Bomber Tu-16 eine Passagiermaschine ableiten. Dazu mussten der Rumpf überarbeitet und andere Triebwerke eingebaut werden. So entstand die Tu-104. Sie kam aber zu spät um den Briten den Ruhm des ersten düsengetriebenen Passagierflugzeugs abzujagen.

Im Rahmen der Systemauseinandersetzung behauptete die Sowjetunion allerdings, dass die Tu-104 das erste »einsatzbereite« Düsenpassagierflugzeug der Welt gewesen sei. Und das nicht ganz zu Unrecht, stürzten doch etliche Comet aus zunächst unerklärlichen Gründen ab[205].

Die Tu-104 war deshalb ein propagandistischer Erfolg. Ökonomisch war sie jedoch weniger erfolgreich. Deshalb wurde eine Variante abgeleitet, bei der die beiden Strahltriebwerke durch vier kleinere Turbinen eines anderen Typs ersetzt wurden. Dieses Flugzeug nannte man Tu-110. Ihr war aber auch kein Erfolg beschieden.

Einen anderen Weg beschritt man als die Forderung aufkam auch von kleineren Flugplätzen der Sowjetunion den Düsenpassagierverkehr aufzunehmen.

Um Entwicklungsrisiken vorzubeugen entschloss sich Tupolew die neue Maschine direkt aus der Tu-104 abzuleiten. Für das neue Projekt sollte die Tu-104 skalenmäßig verkleinert werden und dabei ein Skalierungsfaktor von 80% zur Anwendung kommen.

Ein entsprechendes Projekt wurde erarbeitet und den staatlichen Stellen zur Begutachtung übergeben. Am 18. Juli 1958 bestätigte der Ministerrat der UdSSR das Projekt Tu-124 und genehmigte die Weiterentwicklung bis zur Prototypenphase. Die Tu-124 sollte, entsprechend des Ministerratsbeschlusses, dazu dienen den innersowjetischen Flugverkehr zu verbessern. Sie sollte die Hauptstadt Moskau mit den Regionen des Landes und die Sowjetrepubliken untereinander verbinden.

[204] Der neue Bomber sollte in 15.000 m Höhe 900 km/h schnell sein und eine Reichweite von 6.000 km haben.

[205] Nach gründlichen Untersuchungen stellte man fest, dass die eckigen Fenster der Comet die Struktur des Rumpfes schwächten, so dass es zu Ermüdungsbrüchen kam, die ausgehend von den Fensterecken zum fatalen Kollabieren der Druckkabine führten. Seitdem haben alle Passagierflugzeuge mit Druckkabinen abgerundete Fenster.

Eine Aufnahme aus dem Jahr 1975. (Foto: www.luftfahrtnetz.de)

Die Vorgaben, die es bei der Konstruktion der Tu-124 zu beachten galt, sahen vor, dass das neue Flugzeug 36 bis 40 Passagiere oder eine anders geartete Nutzlast von 5.000 kg, mit einer Geschwindigkeit von 750 bis 900 km/h zu transportieren hatte. Als maximale Höchstgeschwindigkeit wurden 950 km/h gefordert. Die Flugweite sollte zwischen 1.350 bis 1.500 km liegen. Die maximal zulässige Startstrecke wurde auf 800 m festgelegt. Zudem wurde gefordert, dass die Tu-124 auch in der Lage sein musste von Rasenpisten aus zu operieren.

Die Besatzung sollte aus vier Mann bestehen. Dazu zählten der Pilot, der Kopilot, der Navigator und der Bordmechaniker[206]. Als zu verwendender Antrieb wurden zwei Zweikreisturbinenluftstrahltriebwerke des Typs Solowjew D-20P vorgeschrieben. Zusätzlich sollte eine Zweitverwendung der Tu-124 als militärisches Transportflugzeug[207] ins Auge gefasst werden. Das OKB Tupolew begann unter Beachtung dieser Vorgaben die Tu-124 zu entwickeln und den Prototypenbau vorzubereiten. Um die Arbeiten zu beschleunigen übernahm man so viele Konstruktionslösungen der Tu-104 wie nur möglich[208]. Dabei gingen die Konstrukteure unter der Leitung von Andrej Tupolew sehr konservativ vor. Unter der Hand sprach mancher davon, dass man bei der Tu-124 wohl etwas zu konservativ gewesen sei und dabei den Anschluss an die technologische Weltspitze verloren habe. So entsprach weder die Verwendung eines Bremsschirms, noch die »Bombernase« dem damals gültigen Stand der Technik. Auch sorgte die Unterbringung der Triebwerke in den Tragflächenwurzeln für Kritik. Die D-20 Triebwerke der Tu-124 waren zwar etwas leiser und vibrationsärmer als die Turbinen der Tu-104, doch war die Belastung der Passagiere durch die Triebwerksgeräusche um etliches höher als es bei vergleichbaren westlichen Passagierflugzeugen der Fall war.

Eine Neuerung, die später von den Piloten und Passagieren der Tu-124 begrüßt wurden, war die Verstärkung der Tragflächenstruktur. Sie bewirkte, dass das Flugzeug beim Durchfliegen von Luftturbulenzen nicht gar so heftig durchgeschüttelt wurde wie die große Schwester Tu-104. Das Flugzeug Tu-124 zeichnete sich in Folge der Veränderungen durch ein besseres Flugverhalten aus.

Probleme gab es hingegen bei der Entwicklung der Fluggastkabine. Sie war Teil des Druckkörpers. Die Konstrukteure legten einen Rumpfdurchmesser von 2,80 m fest. Die Hersteller der Kabinenausstattung bauten aber, aus »alter Tradition« heraus, die Ausstattung für einen Rumpf mit dem Durchmesser von 2,90 m[209]. Im Ergebnis passten weder Bestuhlung, noch Tische wirklich in die Passagierkabine des ersten Tu-124 Pro-

[206] Im Dienstalltag wurde dann mit einer Besatzung aus drei Mann und zusätzlichen Flugbegleiterinnen geflogen.

[207] Hierbei war zunächst daran gedacht die Tu-124 als Truppentransporter zu verwenden. Sie sollte die schnelle Verlegung von Einheiten in ein potentielles Krisengebiet übernehmen. Später, als der Serienbau in Fahrt kam, wurden an einigen Maschinen Befestigungspunkte verbaut, die später zur Aufnahme von Bombenträgern vorgesehen waren. So sollte aus der Tu-124 ein Behelfsbomber gemacht werden. Diese Modifikation war in der Version Tu-124Scha vorhanden.

[208] Diesen Entwicklungsansatz kennt man auch heute noch in der Wirtschaft. Man nennt ihn den »kontinuierlichen Entwicklungsprozess«. Er soll Entwicklungsrisiken minimieren und eine schnelle Konstruktion ermöglichen. Der »kontinuierliche Entwicklungsprozess« ist vom Prinzip her sehr konservativ. Somit sind keine großen Neuerungen zu erwarten.
Der andere Entwicklungsansatz heißt »technologischer Sprung«. Er ist sehr innovativ, aber auch mit vielen Risiken verbunden.

[209] Die »Tradition« stammte vom originalgetreuen Nachbau des amerikanischen Bombers B-29, der in der Sowjetunion als Tu-4 in Dienst gestellt wurde. Die Kopie war so genau, dass man die im Original vorhandenen Aschenbecher auch in der Tu-4 wiederfand und das obwohl das Rauchen in sowjetischen Militärmaschinen verboten war.

totyps. Heftige Auseinandersetzungen zwischen den Herstellern der einzelnen Komponenten waren die Folge. Sie konnten erst durch einen Ukas[210] ausgeräumt werden.

Der erste Tu-124 Prototyp startete am 24. März 1960 zu seinem Jungfernflug. Nach einer Werkserprobung übernahm das den Streitkräften angegliederte Forschungsinstitut für Zivilluftfahrt die staatliche Erprobung. Das bedeutete, dass militärische Testpiloten über das Wohl und Wehe eines zivilen Passagierflugzeugs bestimmten.

Im selben Jahr begann, noch während die Erprobung lief, der Serienbau der Tu-124. Die ersten Serienmaschinen wurden zur staatlichen Erprobung herangezogen. Diese Erprobungsphase war intensiv. An ihr nahmen fünf Flugzeuge teil.

Ab 1962 wurde die Tu-124 im Inlandsflugbetrieb der Aeroflot eingesetzt. Seit 1964 flog man auch Destinationen im befreundeten Ausland an. Zusammen mit der An-24 verdrängte die Tu-124 die gute alte IL-14 langsam aber sicher aus dem Flugdienst der sowjetischen Fluglinie.

Mit der Aufnahme der Serienproduktion wandte sich das OKB Tupolew der Verbesserung der Tu-124 zu. Es entstanden die Versionen Tu-124A, B, W, K und Scha.

Die Version Tu-124W zeichnete sich durch eine höhere Zuladung aus. Sie konnte 6.000 kg Fracht oder bis zu 56 Passagiere befördern. Die Tu-124W wurde in die Tschechoslowakei, nach China, Indien und die DDR exportiert.

Die Tu-124 konnte als Passagierflugzeug nicht wirklich überzeugen. Ihr Serienbau endete bereits 1965 nach 165 gebauten Maschinen. Davon wurde etwas mehr als die Hälfte von der Aeroflot betrieben, der Rest stand bei den sowjetischen Streitkräften in Dienst oder wurde in geringer Stückzahl exportiert.

Die Variante Tu-124A entwickelte sich zum Prototyp für das Nachfolgemodell Tu-134. Dieses Modell sollte für viele Jahre zum Standardpassagierflugzeug für mittlere Distanzen im RGW-Raum[211] werden.

Wie bereits erwähnt gehörte die DDR zu den Käufern der Tu-124W. Das Flugzeug wurde aber nicht bei der zivilen Fluglinie INTERFLUG in Dienst gestellt, sondern kam ausschließlich beim Militär zum Einsatz.

1964 stand man in der DDR vor der Entscheidung mit welchem Flugzeug die Regierungsflieger der 29. Selbständigen Transportfliegerstaffel (STS-29) in Zukunft unterwegs sein sollten. Die Zeit der IL-14 war abgelaufen, die viermotorige Turbopropmaschine IL-18 hatte das bisherige Arbeitspferd der Regierungsflieger verdrängt. Doch war es offensichtlich, dass die Zukunft der Passagierluftfahrt dem Strahlantrieb gehören würde. Dass die Partei- und Staatsführung ihre zukünftigen Auslandsreisen mit Düsenflugzeugen absolvieren sollten wurde deshalb zu einer Frage des Prestiges.

Die in der Sowjetunion verfügbaren Flugzeugtypen der gefragten Kategorie waren aber sehr übersichtlich. Deshalb blieb der DDR wohl oder übel nichts anderes übrig als die Tu-124 zu beschaffen.

Die Bestellung wurde 1964 ausgelöst. Bereits im Oktober desselben Jahres traf die erste Tu-124W auf dem Flugplatz Marxwalde, dem Standort der STS-29, ein. Sie war mit einem semi-zivilen Anstrich versehen. Dieser Anstrich bestand aus einer roten Bauchbinde auf weißem Grund, der taktischen Nummer 495 und NVA Hoheitszeichen. Die beiden folgenden Maschi-

Tu-124W des Transportfliegergeschwaders TG-44 in ziviler und militärischer Bemalung (Foto: www.luftfahrtnetz.de)

210 Ukas. ... russisches Wort für ein Machtwort, das von ganz oben kommt. Früher war ein Ukas ein Zarenerlass, in der Sowjetunion wurde das Wort für ein endgültiges Machtwort der »Zentrale«, also des Machtapparates (Partei, Staat), verwendet. Heute spricht der Präsident der Russischen Föderation oft genug ein Machtwort, gibt also einen Ukas heraus. Im westlichen Teil Deutschlands verwendet man für den Terminus »Ukas« gern den Begriff »Ordre de Mufti«. Im Osten Deutschlands versteht man aber auch heute noch was mit einem »Ukas« gemeint ist.

211 RGW... Rat für gegenseitige Wirtschaftshilfe. Ein Wirtschaftsbündnis, das mit der EWG vergleichbar war. Zum RGW-Raum zählten die Sowjetunion, Polen, die DDR, die CSSR, Ungarn, Bulgarien, Rumänien, die Mongolei, Kuba und Vietnam.

nen hatten alle eine zivile Bemalung. Sie trugen die Aufschrift INTERFLUG und die zivilen Kenner DM-SDA bzw. DM-SDB und waren deshalb auch für Flüge ins westliche Ausland vorgesehen.

Während die erste Tu-124W noch mit normaler Passagierbestuhlung geliefert wurde verfügten die beiden letzteren Flugzeuge über eine Salonausstattung.

Die technische Zuverlässigkeit der Tu-124W entsprach nicht unbedingt den Anforderungen, die bei der NVA an Flugzeuge der Regierungsfliegerstaffel gestellt wurden. So war sie oft nicht für die Beförderung von höchsten Repräsentanten von Staat und Partei zugelassen. Deshalb wurden die drei Tu-124W die meiste Zeit als Stabsreiseflugzeuge verwendet.

Als ab 1969 die modernere Tu-134 bei der STS-29 eintraf wurden die Tu-124W weniger beansprucht. Da auch die Flüge dieses Typs ins westliche Ausland weniger wurden stellte man die zweite Tu-124W von ziviler auf militärische Bemalung um, so dass nur noch eine Maschine in den Farben der INTERFLUG unterwegs war.

1973 änderte sich die Bemalung ein klein wenig. Nach der periodischen Überholung wurde die Bauchbinde stark vereinfacht und als schmale rote Linie unterhalb der Fensterreihe angebracht.

1975 hatten alle Maschinen ihre für die Regierungsflieger maximal zugelassenen Flugstunden erreicht. Obwohl sie sich in einem ausgezeichneten Zustand befanden wurden sie deshalb außer Dienst gestellt. Für gewöhnlich gab man die Maschinen der Regierungsfliegerstaffel zur Weiternutzung an die INTERFLUG ab. Bei der Tu-124W war das nicht möglich, weil die INTERFLUG diesen Flugzeugtyp nicht betrieb und auch nicht betreiben wollte.

Diese Tu-124 hat eine militärische Bemalung mit Hoheitszeichen und taktischer Nummer. (Foto: Sammlung Scheffler)

Deshalb wurden die drei Tu-124W der Regierungsflieger Mitte des Jahres 1975 in die Sowjetunion verkauft.

Dort sollen sie in der Kosmonautenflotte[212] Verwendung gefunden haben. Nach anderer Quelle wurden sie vom sowjetischen Ministerium für Elektronik und Flugzeugbau bis 1983 genutzt.

[212] Als Kosmonautenflotte wurden Flugzeuge bezeichnet, die im Rahmen der Ausbildung von Kosmonauten und zur Sicherstellung von Raumflügen verwendet wurden. Sie kamen als Transportmittel zwischen dem Sternenstädtchen bei Moskau und dem Raumfahrtbahnhof Baikonur zum Einsatz. Man nutzte sie aber auch als »Kotzbomber« bei der Erzeugung künstlicher Schwerelosigkeit, um zukünftige Raumfahrer mit diesem Phänomen vertraut zu machen.

Tu-134 und Tu-134A (NATO Code: Crusty)

Technische Daten der Tu-134 / Tu-134A		
Einsatzzeitraum	1969 – 74	1971 – 90
Bezeichnung NATO	Crusty	Crusty
Abmessungen		
Spannweite	29,01 m	29.01 m
Länge	34,95 m	37,32 m
Höhe	9,02 m	9,14 m
Flügelfläche	127,30 m²	127, 30 m²
Massen		
Leermasse	26.500 kg	28.600 kg
Startmasse	44.000 kg	22.500 kg
max. Startmasse	45.000 kg	47.500 kg
Treibstoffmenge	13.000 l	18.000 l
Antrieb	2 x D-30	2 x D-30-II
Startleistung	2 x 66,7 kN	2 x 69,4 kN
Flugleistungen		
Höchstgeschwindigkeit	870 km/h	900 km/h
Reisegeschwindigkeit	800 km/h	800 km/h
Landegeschwindigkeit	240 km/h	240 km/h
Reichweite	3.000 km	3.700 km
Gipfelhöhe	11.000 m	12.000 m
Steiggeschwindigkeit	15 m/s	14,5 m/s
Nutzlast	8.000 kg, 34 Passagiere in Salonausführung	8.500 kg, 34 Passagiere in Salonausführung
Besatzung	3 bis 4 + Flugbegleiter	3 bis 4 + Flugbegleiter

Die Tu-134 war für viele Jahre im RGW-Raum das Standardpassagierflugzeug für mittlere Flugdistanzen. Am Beginn ihrer Erfolgsgeschichte standen jedoch eine französische Maschine, nämlich die Sud Aviation SE 210 Caravelle und, wie konnte es anders sein, Nikita Chruschtschow.

Die Caravelle entstand Ende der 50er-Jahren und war mit ihren am Heck angebrachten Triebwerken ein Trendsetter im internationalen Flugzeugbau. Ihr Design war so revolutionär, dass in nahezu allen flugzeugbauenden Nationen Konstrukteure begannen Flugzeuge zu entwickeln, die der Caravelle nachempfunden wurden. Zu diesen Flugzeugen zählten die amerikanischen DC-9 und Boeing 727, die britischen BAC 1-11[213], DH 121, sowie die VC-10 und in den Niederlanden erschuf Fokker die F-28. All diese Flugzeuge entstanden ungefähr zur selben Zeit.

An dieser Stelle kam der damalige Partei- und Staatschef der Sowjetunion ins Spiel. Im Jahr 1960 absolvierte der selbsternannte Landwirtschafts- und Luftfahrtexperte Nikita Chruschtschow einen Staatsbesuch in Frankreich. Standesgemäß reiste er mit der Tu-104, dem Stolz der Sowjetluftfahrt, an. Während seiner Visite lud ihn der französische Staatspräsident ein eine Flugreise in den Süden des Landes zu unternehmen, diesmal jedoch mit der Caravelle, dem Stolz der französischen Zivilluftfahrt.

Chruschtschow war von diesem Flug begeistert. Die Caravelle imponierte ihm. Vor allem der im Vergleich zur Tu-104 geringe Lärmpegel in der Passagierkabine, aber auch die geringen Vibrationen sprachen für die französische Maschine. Ein solches Flugzeug wollte Chruschtschow auch für die Sowjetluftfahrt haben.

Nach seiner Rückkehr nach Moskau zitierte er Andrej N. Tupolew zu sich und stellte dem Altmeister des sowjetischen Flugzeugbaus die Frage ob und wie schnell man ein der Caravelle vergleichbares Flugzeug in der Sowjetunion bauen könne. Tupolew antwortete, dass es prinzipiell machbar sei die gerade erst in Produktion gegangene Tu-124 so zu modifizieren, dass die Triebwerke am Heck des Flugzeugs angebracht würden. Daraufhin erhielt er den Befehl ein Projekt zu erarbeiten und es dem Ministerrat der Sowjetunion vorzulegen.

Bereits am 1. August 1960, das heißt gerade einmal ein gutes Vierteljahr später, stimmte der Ministerrat über Tupolews Projekt ab und beschloss ein als Tu-124A bezeichnetes Flugzeug entwickeln zu lassen. Festgelegt wurde, dass die Tu-124A die Kapazität haben müsse vierzig Passagiere mit einer Maximalgeschwindigkeit von 1.000 km/h und einer normalen Reisegeschwindigkeit zwischen 800 und 900 km/h, über eine Distanz

[213] Die BAC 1-11 wurde kurz und bündig als »One Eleven« bezeichnet. Für diejenigen Leser, die der englischen Sprache nicht mächtig sind folgt hier die lautmäßige Umsetzung von »One Eleven« ins Deutsche: Man spricht es wie »Wonn Ihlä-wenn« aus.

Die Tu-134A gab es mit verglaster »Bombernase«... (Foto: Manteufel)

von 1.500 bis 2.000 km zu transportieren. Die Reiseflughöhe wurde mit 10.000 bis 12.000 m angegeben.
Das OKB Tupolew begann daraufhin mit den Arbeiten an der Tu-124A. Erste Studien entstanden. Dabei setzte Tupolew, nach bewährter Manier, darauf am Konzept des Flugzeugs Tu-124 nur das zu verändern, was wirklich verändert werden musste. Die Triebwerke wurden aus den Tragflächenwurzeln entfernt und ans Heck verlagert. Notgedrungen wanderten die Höhenleitwerke an die Spitze der Seitenflosse. Die neue Tu-124A hatte somit ein T-Leitwerk als Unterscheidungsmerkmal zum Ausgangsmuster. Die Struktur des Flugzeughecks wurde verstärkt, um die durch die Installation der Triebwerke beiderseits des Hecks auftretenden zusätzlichen Kräfte zu kompensieren. Das führte zu einem Massezuwachs, der durch die Verwendung einer leistungsstärkeren Variante des Triebwerks kompensiert werden sollte.
Acht Monate später, am 1. April 1961, war der Entwurf soweit gediehen, dass er dem zukünftigen Betreiber, der Aeroflot, präsentiert werden konnte. Obwohl dieser Entwurf der Tu-124A bereits eine größere Passagierzahl, als ursprünglich gefordert, transportieren konnte stellte er die Aeroflot nicht zufrieden. Die Fluglinie forderte eine höhere Zuladung und eine Vergrößerung der Passagierkapazität auf 65 bis 70 Personen.
Das OKB Tupolew überarbeitete das Konzept der Tu-124A erneut und mit Beginn des Jahres 1962 startete der Bau des ersten Prototyps. Die Arbeiten am Prototyp konnten in der ersten Hälfte des Jahres 1963 abgeschlossen werden. Am 29. Juli 1963 erhob sich die Maschine zu ihrem Jungfernflug.
Die Werkserprobung begann. Sie verlief zunächst zufriedenstellend. Doch dann geschah ein Unglück, allerdings nicht mit der Tu-124A, sondern mit einer britischen BAC 1-11. Die »One Eleven« wurde nahezu parallel zur Tu-124A entwickelt und getestet. Bei einem Testflug wurde das Verhalten des Flugzeugs bei Minimalgeschwindigkeit erprobt. Dabei geriet es in einen überzogenen Flugzustand und stürzte ab[214].
Im OKB Tupolew war man bestürzt als Berechnungen ergaben, dass ein solcher Unfall auch mit der Tu-124A hätte geschehen können. Deshalb wurde das T-Leitwerk der Maschine überarbeitet und um etwa 30% vergrößert[215].

[214] Bei der Unfalluntersuchung stellte man später fest, dass der Anstellwinkel des Flugzeugs so groß gewesen war, dass die Luftströmung der Tragflächen über das Höhenleitwerk floss. Durch diese Strömung wurde das Heck der Maschine nach unten gedrückt, was dazu führte, das sich der Anstellwinkel weiter vergrößerte, bis er schließlich so groß wurde, dass die auftriebserzeugende Luftströmung an der Tragfläche abriss und das Flugzeug abstürzte. Die Testpiloten hatten versucht dem gegenzusteuern, doch waren die am Höhenleitwerk auftretenden Kräfte so groß gewesen, dass sie durch die Höhenruder nicht mehr ausgeglichen werden konnten.

[215] Auch in den USA hatte der Absturz der BAC 1-11 Auswirkungen auf die Flugzeugentwicklung. Bei Douglas wurde das Höhenleitwerk der DC-9 ebenfalls neu konstruiert.

... und mit unverglaster Radarnase. (Foto: Manteufel)

Diese und weitere Veränderungen führten dazu, dass am 20. November 1963 die Typenbezeichnung geändert wurde. Fortan sprach man nicht mehr von der Tu-124A, sondern von der Tu-134.

Im September 1964 war der zweite Prototyp der Tu-134 fertiggestellt. Er hatte zwar immer noch das alte, kleine T-Leitwerk, dafür aber bereits die gestreckte Kabine und konnte nun 64 Passagiere transportieren. Während der Flugerprobung zeigte sich, dass die Tu-134 untermotorisiert war. Deshalb bekam das Triebwerksentwicklungsbüro Solowjew den Auftrag, auf Basis des bisher verwendeten Antriebs, ein neues Triebwerk zu entwickeln. Das Triebwerk D-30 entstand in relativ kurzer Zeit.

Weitere Prototypen wurden gebaut und erprobt. Ein wichtiger Teil der Flugerprobung war der Erforschung des Verhaltens bei Flügen mit niedriger Geschwindigkeit und bei großen Anstellwinkeln gewidmet. Ursache für diese intensiven Flugtests waren sowohl das BAC 1-11 Desaster, als auch die bei der Tu-104 aufgetauchten Probleme beim Langsamflug. Am 14. Januar 1966 stürzte der zweite Prototyp bei einem dieser Flüge ab.

Die staatliche Erprobung der Tu-134 konnte Mitte 1967 abgeschlossen werden. Die Serienfertigung wurde aufgenommen und ab September 1967 kam die Tu-134 auf den Linien der Aeroflot zum Einsatz.

Nach Erlangung der von den internationalen Luftfahrtorganisationen verlangten Flugsicherheits- und Lärmschutzzertifikate wurde die Tu-134 auch auf internationalen Routen eingesetzt. Im Linienbetrieb zeigte sich sehr schnell, dass die Tu-134 dringend modernisiert werden musste. Viele Baugruppen, wie z.B. der Bremsschirm, Teile der Avionik oder die Bombernase, entsprachen nicht mehr dem Technikstand der Zeit. Auch war die Passagierkapazität nicht wirklich befriedigend. Deshalb begannen im Laufe des Jahres 1968 die Arbeiten am verbesserten Modell Tu-134A.

In der Tu-134A kamen modernere Varianten des Triebwerks D-30 zum Einsatz. Sie erzeugten zwar nicht wesentlich mehr Schub, dafür verbrauchten sie aber deutlich weniger Treibstoff. Außerdem waren sie nun endlich mit einer Schubumkehrvorrichtung ausgestattet. Auf den Bremsschirm konnte deshalb verzichtet werden. Der im Heck freiwerdende Platz wurde zur Installation einer Hilfsenergieanlage genutzt.

Der Rumpf der Tu-134A wurde um 2,10 m gestreckt. Die Passagierkapazität steigerte sich dementsprechend. Später wurde die Bombernase des Flugzeugs durch eine Radarnase ersetzt.

Der Prototyp der Tu-134A entstand als Umbau aus einer Tu-134 Serienmaschine. Der Jungfernflug fand am 22. April 1969 statt. Die darauf beginnende Flugerprobung verlief so reibungslos, dass man sich entschloss die Tu-134A beim Pariser Luftfahrtsalon in Le Bourget zu präsentieren. Nach dieser Auslandsreise wurde das Flugerprobungsprogramm wieder aufgenommen. Werks- und staatliche Erprobung liefen glatt, so dass die Serienproduktion im April 1970 aufgenommen werden konnte.

Die Tu-134A löste damit die Tu-134 ab. Von letzterer waren nur 78 Exemplare gebaut worden. Davon gingen etwa 30 in den Export. Die Tu-134A wurde bis Anfang der 80 Jahre her-

Diese Tu-134 ist heute im Museum in Merseburg zu besichtigen. (Foto: Normann)

Blick in den Passagierraum der Tu-134. (Foto: Normann)

Tu-134A in den Farben der NVA. (Foto: Sammlung Scheffler)

gestellt. Auch sie wurde zu großen Teilen exportiert. Zu den Exportkunden gehörte auch die DDR.
Die Tu-134 wurde zunächst von der Luftfahrtgesellschaft INTERFLUG in Dienst gestellt. Sie erhielt 1968 ihre ersten Maschinen und setzte sie ab Frühjahr 1969 im Linienbetrieb ein.
Im Oktober 1969 erhielten dann auch die Regierungsflieger der NVA die neue Maschine. Die Selbständige Transportfliegerstaffel-29, kurz STS-29, übernahm zunächst zwei Tu-134 vom Hersteller. Bis Jahresende folgten zwei weitere Maschinen. Drei Flugzeuge waren in den Farben der INTERFLUG gehalten, während eine Maschine die taktische Nummer 177 und militärische Hoheitszeichen erhielt. Alle Tu-134 der STS-29 hatten eine Salonausstattung. Unter Salonausstattung verstand man die Bestuhlung mit bis zu 34 Sitzen der Ersten Klasse. Außerdem verfügten die Salonvarianten über einen zusätzlichen Treibstofftank. Damit war ihre Reichweite groß genug um von der DDR aus Reisen bis nach Vorderasien und nach Nordafrika zu ermöglichen. 1974 sind alle Tu-134 an die INTERFLUG abgegeben worden.
Ab 1971 wurde die verbesserte Tu-134A eingeführt. Alle bis 1977 gelieferten Tu-134A besaßen die typische verglaste Bombernase. Ab Baujahr 1978 waren sie mit einer Radarnase ausgerüstet. Die Tu-134A war lange Jahre das Arbeitspferd der STS-29 (ab 1973 Transportfliegergeschwader-44, kurz TG-44). 21 Maschinen (22 nach anderer Quelle) wurden beschafft, wovon 16 nach Erreichen ihrer Nutzungsdauer an die INTERFLUG abgegeben wurden.
In den meisten Fällen waren die Maschinen der Regierungsflieger in den Farben der INTERFLUG unterwegs. Lediglich drei Tu-134A wurden mit militärische Hoheitszeichen geliefert. In drei weiteren Fällen erfolgte die Umlackierung von ziviler zu militärischer Bemalung.
Die Tu-134A der NVA blieb bis zum Ende der DDR im Einsatz. Sechs Maschinen wurden im Juni 1990 nach Vietnam verkauft. Die übrigen drei wurden durch die Bundesluftwaffe übernommen und eine Zeitlang als Beamtenshuttle im Lufttransportgeschwader LTG-65 eingesetzt.

Tu-134A und 154M an der Vorstartlinie 1990 kurz bevor sie das Eiserne Kreuz der Bundeswehr erhielten. (Foto: Schöpke)

Blick in ein Tu-134 Cockpit. (Foto: Normann)

Tu-154M (NATO Code: Careless)

In den frühen 1960er-Jahren flog die sowjetische Fluglinie Aeroflot auf ihren Mittelstrecken mit vier unterschiedlichen Flugzeugtypen. Zum einen gab es die strahlgetriebene Tu-104, zu der sich später die Tu-124 gesellte, zum anderen flog man die Turbopropmaschinen IL-18 und An-10. Aus logistischer Sicht war der Betrieb dieses Quartetts ein Albtraum.

Deshalb gab es in der Sowjetunion Überlegungen zukünftig den Mittelstreckenverkehr nur noch mit einem einzigen Flugzeugtyp zu bestreiten. Das für diesen Zweck zu entwickelnde Flugzeug sollte sich an den Leistungskennwerten der amerikanischen Boeing 727 orientieren.

Ein Wettbewerb wurde ausgeschrieben. Die Konstruktionsbüros Iljuschin und Tupolew erhielten 1963 den Auftrag einen entsprechenden Entwurf zu erarbeiten. Bei Iljuschin entstand daraufhin die IL-72, eine dreistrahlige Mittelstreckenvariante der größeren, sich damals in Entwicklung befindlichen IL-62.

Im OKB Tupolew begann man eine Reihe unterschiedlicher Entwürfe zu erarbeiten. Der erste Entwurf sah im Prinzip eine vergrößerte Tu-104 vor. Diese Variante sollte von drei am Rumpfheck montierten Triebwerken angetrieben werden.

Ein anderer Entwurf wurde gleich in zwei Varianten entwickelt. Beide Varianten unterschieden sich nur in der Zahl und der Anordnung der Triebwerke. Es gab eine Variante mit vier Triebwerken, die wie bei der IL-62 paarweise am Heck angeordnet wurden und es gab eine Variante mit drei Triebwerken, a la Boeing 727. Den letzten beiden Varianten war gemein, dass sie sie vollkommene Neukonstruktionen waren. Sie basierten nicht mehr auf der Tu-104 und hatten damit keine Militärmaschinen in ihrer Ahnenreihe. Ihre Konstruktion wurde ganz explizit auf zivile Bedürfnisse zugeschnitten. Höchste Priorität erhielt ein möglichst hoher Passagierkomfort. Militärische Erfordernisse hingegen, wie die Fähigkeit von Behelfslandebahnen aus operieren zu können oder im Bedarfsfall als Transportflugzeug eingesetzt zu werden, spielten bei der Entwicklung, anders als bei allen Tupolew Passagierflugzeugen zuvor, überhaupt keine Rolle mehr. Das Projekt Tu-154, wie es ab 1964 genannt wurde, orientierte sich an den Prognosen für die Entwicklung der sowjetischen Zivilluftfahrt in den nächsten zwei Jahrzehnten. Die Tu-154 sollte das sowjetische Mittelstreckenpassagierflugzeug der 70er und 80er-Jahre werden. Um den zukünftigen Anforderungen gerecht werden zu können wurden im OKB die verschiedensten Konfigurationen durchgerechnet, ehe man sich entschied die Tu-154 mit drei Triebwerken NK-8, einem vergleichsweise breiten Rumpf und einem in zwei Bereiche separierten Passagierraum zu gestalten.

Technische Daten der IL-62M	
Einsatzzeitraum	1978 – 1990
Bezeichnung NATO	Classic
Abmessungen	
Spannweite	43,20 m
Länge	53,12 m
Höhe	12,35 m
Flügelfläche	279,62 m²
Massen	
Leermasse	69.400 kg
Startmasse	155.000 kg
max. Startmasse	167.000 kg
Treibstoffmenge	105.000 l
Antrieb	4 x Solowjew D-30KU
Startleistung	4 x 107,8 kN
Flugleistungen	
Höchstgeschwindigkeit	950 km/h in 10.000 m
Reisegeschwindigkeit	900 km/h
Landegeschwindigkeit	240 km/h
Reichweite	10.000 km
Gipfelhöhe	12.000 m
Steiggeschwindigkeit	16,8 m/s
Nutzlast	23.000 kg, 168 Passagiere
Besatzung	5 + Stewardessen

Mitte 1965 wurde das Projekt Tu-154 dem Ministerrat der Sowjetunion vorgelegt. Zum selben Zeitpunkt reichte Iljuschin seinen Entwurf IL-72 ein. Letztendlich sprachen die Kennzahlen der Projekte für die Tu-154. Am 24. August 1965 wurde entschieden die Tu-154 weiterzuentwickeln und die Arbeiten an der IL-72 einzustellen.

Bereits im Dezember 1965 konnte den Vertretern von Staat, Partei und Aeroflot ein Maket[216] präsentiert werden. Die Arbeiten gingen so zügig voran, dass die Apparatschiks guter Hoffnung waren die Prototypen der Tu-154 zum 50ten Jahrestags der Großen Sozialistischen Oktoberrevolution[217] fertigstellen zu können. Spätestens im November 1967 sollte der Jungfernflug stattfinden.

216 Maket … russischer Fachausdruck. In der englischen Fachsprache spricht man vom mock-up, im Deutschen von einer Attrappe.

217 Es war in der Sowjetunion Sitte oder besser gesagt Unsitte, dass bestimmte Jahrestage durch besondere Leistungen geehrt werden mussten. Das führte oft zu unnötigem Zeitdruck und entsprechend schlechter Qualität der Erzeugnisse.

Die Tu-154M des TG-44 in Berlin Schönefeld. (Foto: Manteufel)

Die SFA während eines Auslandfluges fotografiert. (Foto: Interflug.biz)

Doch aus dem Termin wurde nichts. Die Arbeiten an den Prototypen verzögerten sich. Erst im Laufe des Jahres 1968 konnten zwei Prototypen fertiggestellt werden. Der erste Prototyp sollte zur Flugerprobung verwendet werden, während die zweite Maschine alle statischen Erprobungen über sich ergehen lassen musste.

Am 3. Oktober 1968 startete die Tu-154 zu ihrem Erstflug. Das Programm lag damit fast ein Jahr im Zeitplan zurück. Die Flugerprobung verlief dann aber so reibungslos, dass man es wagen konnte die Tu-154 auf der Internationalen Luftfahrtausstellung in Le Bourget im Sommer 1969 zu präsentieren. Die Flugerprobung wurde für diese Visite extra unterbrochen.

Nach der Werkserprobung wurde die staatliche Erprobung der Tu-154 durchgeführt. Sie dauerte bis zum Dezember 1971 an. Noch vor Abschluss der Erprobung wurde der Serienbau der Tu-154 aufgenommen. Im Rahmen der Flugerprobung pendelten ab Mai 1971 einige Maschinen als Fracht- und Postflieger zwischen Moskau und den Kur- und Urlaubsorten auf der Krim und dem Kaukasus.

Im Januar 1972 wurde die Tu-154 offiziell der Aeroflot übergeben. Ab Februar 1972 flog sie im sowjetischen Inlandspassagierverkehr. Die Tu-154 wurde schnell zum Arbeitspferd der Aeroflot und erfreute sich sowohl bei Passagieren, als auch bei den Besatzungen großer Beliebtheit.

Im Laufe der Zeit wurde die Tu-154 sukzessive modernisiert. Das betraf sowohl die Flugelektronik als auch die Triebwerke.

Anfang der 80er-Jahre zeichnete sich ab, dass sich die Bedürfnisse des zivilen Luftverkehrs wandeln würden. Daraufhin begann das OKB Tupolew mit einer Neukonstruktion eines modernen Passagierflugzeugs, der späteren Tu-204. Mit ihm sollte der Luftverkehr in den 90er-Jahren und im neuen Jahrtausend bestritten werden. Da diese Entwicklung vollkommen neue Wege einschlug war sie mit einigen Entwicklungsrisiken behaftet. Deshalb schien es logisch die Zeit bis zur Einführung der neuen Tupolew mit einer modernisierten Tu-154 zu überbrücken. Das Projekt Tu-164 entstand.

Die Tu-164 war eine grundlegend modernisierte Tu-154. Die Modernisierung betraf vor allem den Antrieb. Neue, schubstärkere, aber auch deutlich weniger Treibstoff verbrauchende Turbinen kamen zum Einsatz. Die neuen Triebwerke benötigten eine größere Luftmenge, was zu einer Neukonstruktion der Lufteinläufe führte. Die Triebwerksgondeln der äußeren Triebwerke wurden aerodynamischer gestaltet. Die Tragflächen wurden überarbeitet, die Landeklappen wurden kleiner, leichter und effizienter gemacht, die Zahl der Spoiler von drei auf vier erhöht. Das Höhenleitwerk vergrößert man.

Noch während der Konstruktionsarbeiten wurde die Tu-164 in Tu-154M umgetauft. 1984 war sie für den Serienbau bereit.

Ende der 80er-Jahre fanden Versuche statt die Tu-154M mit Flüssigwasserstoff oder Flüssigmethan zu betreiben. Eine Maschine wurde für die neuen Treibstoffe umgerüstet und 1988 unter der Bezeichnung Tu-155 erprobt.

Die Serienproduktion der Tu-154M endete im Jahr 2001 nach 320 gebauten Exemplaren. Von allen Tu-154 Varianten verließen 928 Maschinen[218] die Produktionshallen. Die Masse aller Tu-154 wurde von der sowjetischen Aeroflot in Dienst gestellt.

[218] Nach anderer Quelle wurden über 1.000 Tu-154 aller Versionen gebaut.

1990 wurden die beiden Tu-154M von der Bundeswehr übernommen. (Foto: Interflug.biz)

Man sieht der Tu-154M an, dass sie vom Design der Boeing 727 inspiriert war. (Foto: Interflug.biz)

Etliche Maschinen wurden aber auch exportiert.

Zu den Exportkunden zählte ab 1988 auch die DDR: Mitte der 80er-Jahre stand die NVA vor dem Problem, dass die Tu-134A, das Arbeitspferd der Regierungsflieger, nicht mehr produziert wurde. Weil ein beständiger Bedarf an werksneuen Flugzeugen bestand, sah man sich gezwungen, einen neuen Flugzeugtyp für das Transportfliegergeschwader 44 (TG-44) zu beschaffen. Bevorzugt wurde die Tu-204, weil man davon ausging, dass auch die INTERFLUG dieses Flugzeug in Zukunft betreiben würde. Doch die Tu-204 befand sich damals noch in der Entwicklung. Wann sie letztendlich zum Einsatz kommen würde stand in den Sternen. Da dringend Ersatz benötigt wurde entschied man sich, aus der Not heraus, die Tu-154M zu beschaffen[219].

1988 schickte die NVA Piloten und technisches Personal zur Umschulung auf den neuen Flugzeugtyp in die UdSSR. Am 14. April 1989 traf die erste Tu-154M im TG-44 ein. Ihr folgte im September eine zweite Maschine. Eine dritte war für das Frühjahr 1990 avisiert[220]. Die Tu-154M wurden in einer Salonausstattung, die 57 Passagieren Platz bot, geliefert. In der DDR wurden sie jedoch so umgebaut, dass die Zahl der Passagiere durch eine veränderte Bestuhlung variiert werden konnte[221].

In ihrer recht kurzen Dienstzeit in der NVA wurden relativ wenige Einsatzflüge mit Regierungsmitgliedern durchgeführt und zwar deshalb weil man mit diesem Flugzeugtyp noch keine Erfahrungen hatte und ihn erst noch für die jeweiligen Sicherheitsstufen »freifliegen« musste. Die meisten Flüge waren deshalb Trainingseinsätze um das Personal zu qualifizieren. Dabei wurden aber auch Passagiere transportiert, so z.B. den nikaraguanischen Präsidenten bei einer Reise in den Nahen und Mittleren Osten oder das Erich-Weinert-Ensemble nach Peking[222].

Die Tu-154M war ein solides und zuverlässiges Flugzeug, das dank seiner hervorragenden aerodynamischen Form mit Recht von sich behaupten konnte das schnellste Unterschallpassagierflugzeug der Welt zu sein. Es war bei Passagieren und Besatzungen beliebt.

Die beiden Tu-154M wurden im Oktober 1990 durch die Bundeswehr übernommen und zunächst im Shuttleservice zwischen Berlin und Köln/Bonn eingesetzt. Außenminister Genscher nutzte die Tu-154M sehr gern bei Flügen ins Ausland. Sie war leiser und vibrationsärmer als alle westlichen Muster, die im Dienst der Flugbereitschaft der Bundeswehr im Einsatz standen. Außerdem konnte sie im Bedarfsfall deutlich schneller fliegen.

Im Jahr 1993 wurde eine Tu-154M zum »Open Skies«[223] Flugzeug umgebaut. Sie sollte im Rahmen vertrauensbildender Maßnahmen in Europa zur Luftüberwachung eingesetzt werden. Noch bevor es dazu kommen konnte ging die Maschine bei einer Kollision vor Namibia verloren. Die Ursache für diesen Absturz war das Nichtbeachten der von den Fluglotsen angeordneten Flughöhe durch die deutsche Besatzung.

Die andere Tu-154M stand bis ins Jahr 2000 im Dienst der Flugbereitschaft der Bundesluftwaffe.

[219] Die INTERFLUG orientierte sich zu diesem Zeitpunkt bereits auf den Airbus A310. Auch in der NVA wurden Gedankenspiele durchgeführt die Regierungsflieger mit Airbus Maschinen auszurüsten. Sicherheitspolitische Bedenken sprachen dann aber gegen die Beschaffung des Airbus für das Transportfliegergeschwader 44.

[220] Die Beschaffung wurde kurzfristig, auf Betreiben westdeutscher Berater der neugewählten Regierung de Maiziere, storniert. Die DDR musste eine Konventionalstrafe für die Nichtabnahme des Flugzeugs bezahlen.

[221] Neben der Salonausstattung mit 57 Sitzen der ersten Klasse konnten die Tu-154M mit Normalsitzen für 69, 91 oder 105 Passagiere bestückt werden.

[222] Das Erich-Weinert-Orchester war das Orchester der NVA. Es war zahlenmäßig groß. Neben den Musikanten und ihrem normalen Reisegepäck mussten auch noch die Instrumente befördert werden. Diese im Frachtraum der Tu-154M unterzubringen erwies sich als eine knifflige Aufgabe. Letztendlich fand man eine Lösung indem man, vom Computerspiel »Tetris« inspiriert, Papierschablonen der Musikinstrumente auf einer Skizze des Frachtraums der Tu-154M so lange hin- und herschob, bis alles in den Laderaum passte. Das weltweit bekannte Spiel »Tetris« wurde übrigens von einem sowjetischen Informatiker entwickelt.

[223] »Open Skies« mitunter auch als »Open Sky« bezeichnet, zu gut Deutsch »Offener Himmel«, war als vertrauensbildende Maßnahme im Rahmen der OSZE, der Organisation für Sicherheit und Zusammenarbeit in Europa, gedacht. In ihrem Rahmen sollten Flugzeuge über das Territorium anderer europäischer Staaten fliegen können, um dort ungehindert Luftaufnahmen zu machen. So sollten Überraschungsangriffe ausgeschlossen werden. Die erste Tu-154M der Bundeswehr wurde dementsprechend mit Luftbildkameras ausgestattet. Der Umbau der zweiten Maschine wurde vorbereitet, nach dem Absturz vor Namibia jedoch nicht mehr durchgeführt. Im Jahr 2000 wurde die übriggebliebene Tu-154M durch die Bundesrepublik verkauft. Der Betrieb einer einzelnen Maschine dieses Typs wurde als unwirtschaftlich angesehen.

L-410UVP Turbolet

Technische Daten der L-410UVP(T) / L-410UVP(S)		
Einsatzzeitraum	1980 – 1990	1980 – 1990
Bezeichnung NATO	---	---
Abmessungen		
Spannweite	19,48 m	19,48 m
Länge	14,47 m	14,47 m
Höhe	5,38 m	5,38 m
Flügelfläche	35,20 m²	35,20 m²
Massen		
Leermasse	3.700 kg	3.700 kg
Startmasse	5.500 kg	5.500 kg
max. Startmasse	5.800 kg	5.800 kg
Treibstoffmenge	1.270 l	1.270 l
Antrieb	2 x Walter M-601B	2 x Walter M-601B
Startleistung	2 x 544 kW / 740 PS	2 x 544 kW / 740 PS
Flugleistungen		
Höchstgeschwindigkeit	368 km/h in 2.000 m	368 km/h in 2.000 m
Reisegeschwindigkeit	310 – 320 km/h	310 – 320 km/h
Landegeschwindigkeit	135 km/h	135 km/h
Reichweite	1.040 km	1.040 km
Gipfelhöhe	6.000 m	6.000 m
Steiggeschwindigkeit	7,8 m/s	7,8 m/s
Nutzlast	1.300 kg Fracht, 15 Passagiere auf Klappsitzen, 12 Fallschirmjäger, 6 Patienten auf Tragen + 5 sitzende Patienten + 1 Sanitäter	8 Sessel + 2 Tische für 8 Passagiere
Besatzung	2 Piloten	2 Piloten + 1 Flugbegleiter

Die Antonow An-2 war ein Anachronismus. In der Zeit des Düsenflugzeugs fiel sie als riesiger, kolbenmotorgetriebener Doppeldecker völlig aus dem Rahmen. Doch erwies sie sich als so robust, genügsam und zuverlässig, dass es schwer fiel für sie Ersatz zu finden. In der Kombination von Frachtvolumen, Kurzstart- und Landefähigkeit und geringsten Ansprüchen an die Fähigkeiten des Piloten war die »Anna« nahezu unschlagbar. Im OKB Antonow hatte man sich im Laufe der Jahre beim Versuch einen Ersatz für die An-2 zu schaffen mehrfach die Zähne ausgebissen. Weder die An-14, noch die An-28 konnten der gute alte »Anna« das Wasser reichen. Das lag aber weniger an den Fähigkeiten des OKB Antonow, als an den Vorgaben von Militär und Partei, die vom Konstruktionsbüro große und leistungsstarke Transportflugzeuge verlangten. Mit diesen Aufträgen vollständig ausgelastet, konnten die Arbeiten am Ersatz für die An-2 nur auf Sparflamme vorangetrieben werden.

In den 60er-Jahren kam es zu einem Sinneswandel in der sowjetischen Führung. Man stellte sich damals die Frage, ob es noch sinnvoll sei alle Flugzeuge selbst zu entwickeln oder ob es nicht möglich wäre, dass auch die anderen sozialistischen Staaten Flugzeuge für den sowjetischen Luftverkehr bauten. Im Rahmen der sozialistischen ökonomischen Integration sollte dies doch möglich sein, zumal es in einigen Ländern des RGW[224] durchaus leistungsfähige Luftfahrtindustrien gab.

Die tschechoslowakische Industrie hatte ihre Fähigkeiten bewiesen, als es ihr gelang einen Strahltrainer zu entwickeln, der sich im Wettbewerb um das zukünftige Schulflugzeug der Warschauer Vertragsstaaten durchsetzte. Deshalb übertrug man den Tschechoslowaken im Rahmen des RGW die Aufgabe ein Nachfolgemodell der An-2 zu schaffen[225].

Mitte der 60er-Jahre erhielt der tschechoslowakische Staatsbetrieb LET den Auftrag ein leichtes Transport- und Passagierflugzeug zu entwickeln. Unter der Leitung von Ladislav Smr-

[224] RGW … **R**at für **G**egenseitige **W**irtschaftshilfe. Der RGW war ein Wirtschaftsbündnis, das sich mit der EWG vergleichen lässt. Im Westen wurde und wird für den RGW oft und fälschlicherweise das Kürzel COMECON verwendet.

[225] In der Sowjetunion wurden parallel dazu die Antonow An-28 und die Berejew Be-30 entwickelt. Beide Konstruktionsbüros waren aber vornehmlich mit der Entwicklung von Militärflugzeugen beschäftigt, so dass die sowjetischen An-2 Nachfolgeentwicklungen nie mit ganzer Kraft vorangetrieben wurden.

Die L-410UVP Turbolet war ein kleines Transport- und Passagierflugzeug. (Foto: Hendrik van Broekhuizen)

Die Variante L-410UVP-S unterschied sich äußerlich von der T-Variante durch das Fehlen der Gummiabdeckung hinter der Einstiegstür. (Foto: Hendrik van Broekhuizen)

chek[226] ging das Konstruktionskollektiv von LET in den Jahren 1966 bis 68 daran diesen Auftrag zu erfüllen.

Von Anfang an war geplant das neue Flugzeug mit einem tschechischen Triebwerk auszurüsten. Am M601 wurde bereits seit 1964 gearbeitet. Erste Testmuster wurden 1967 fertiggestellt, konnten aber noch nicht überzeugen. Sie leisteten gerade einmal 405 kW, also 550 PS. Das war eindeutig zu wenig. Für die auf den Namen XL-410 getaufte Neuentwicklung benötigte man eine Triebwerksleistung von mindestens 700 PS. In Ermangelung eines solchen Triebwerks im sozialistischen Lager wurde als Interimslösung erwogen ein westliches Aggregat anzukaufen. Die Wahl fiel auf das kanadische PT6A-27, das eine Leistung von 725 PS hatte.

Nachdem das Antriebsproblem gelöst war gingen die Arbeiten an der XL-410 recht flott voran.

Im Laufe des Jahres 1968 konnte den zukünftigen Betreibern eine 1:1 Attrappe vorgeführt werden. Das Konzept überzeugte. LET bekam die Genehmigung zur Prototypenphase überzugehen. Noch im Jahr 1968 wurde der erste von vier Prototypen gebaut. Er startete am 16. April 1969 zum Jungfernflug.

[226] Deutsche Aussprache des Namens: Smirtschek.

Das Flugzeug erwies sich als so gelungen, dass man es wagen konnte die XL-410 im Juni 1969 auf der Internationalen Luftfahrtausstellung in Le Bourget, Frankreich zu präsentieren. Die Flugerprobung der XL-410 wurde im Zeitraum von 1969 bis 71 durchgeführt. Dabei kamen auch einige Vorserienmaschinen zum Einsatz. Ende 1971 stellte man die L-410 Turbolet offiziell in Dienst.

Die erste Serienversion hieß L-410A. Sie wurde in mehreren Varianten gebaut, die in der CSSR, aber auch in Ungarn zum Einsatz kamen. Für eine Erprobung in der Sowjetunion wurde die Variante L-410AS gebaut. Fünf Maschinen gingen in die UdSSR, wo sie auf Herz und Nieren geprüft wurden. Das Fazit der sowjetischen Spezialisten war insgesamt positiv. Ihnen gefiel die L-410 so gut, dass sie ihr den Kosenamen »Tscheburaschka« verliehen[227]. Als problematisch wurde lediglich die Verwendung des kanadischen Triebwerks eingeschätzt. Die Beschaffung einer großen Anzahl von Flugzeugen, die mit westlichen Triebwerken ausgerüstet waren, barg nämlich die Gefahr in sich, sich einem von den USA inszenierten Wirtschaftsembargo auszusetzen[228].

Im Jahr 1973 war das in der Tschechoslowakei entwickelte Triebwerk Walter M601A so weit gediehen, dass es in die L-410 eingebaut werden konnte. Die mit dem neuen Triebwerk ausgerüstete Version hieß nun L-410AM. Von ihr wurden 70 Maschinen für die Sowjetunion gebaut[229].

Doch ganz zufrieden war die Aeroflot, der Hauptbetreiber der L-410 in der Sowjetunion, mit der neuen Maschine nicht. Die Start- und Landestrecke waren für die oftmals komplizierten Bedingungen in den Weiten des riesigen Landes zu lang. Außerdem schien die Ladekapazität nicht groß genug zu sein.

Daraufhin wurde ab 1977 die Version L-410UVP entwickelt. Den Rumpf des Flugzeugs streckte man um 80 cm. Die Spannweite der Tragflächen und somit die Flügelfläche wurden vergrößert. Das Höhenleitwerk wurde ebenfalls größer ausgelegt und erhielt zur Verbesserung der Flugstabilität einen positiven V-Winkel. Außerdem wurde nun das leistungsstärkere Triebwerk M601B verwendet. Es leistete 740 PS. Das waren satte 40 PS mehr als beim Vorgängermodell. Zur kurzzeitigen Leistungssteigerung war das M601B mit einer Wassereinspritzung ausgerüstet. Um den Antrieb weiter zu optimieren wurde der

Das Flugzeug mit der taktischen Nummer 320 trug den inoffiziellen Beinamen Chamäleon. (Foto: Hendrik van Broekhuizen)

227 Tscheburaschka war eine Figur aus sowjetischen Kinderbüchern und Trickfilmen. In der Sowjetunion erfreute sie sich sehr großer Beliebtheit. Auch heute noch ist Tscheburaschka in Russland und den anderen Nachfolgestaaten der UdSSR sehr populär. Für einige Zeit war sie sogar das mehr oder weniger offizielle Maskottchen der russischen Olympiamannschaft. Außerhalb der UdSSR war Tscheburaschka, im Gegensatz zu »Hase und Wolf« jedoch kaum bekannt.

228 Wirtschaftsembargos waren und sind ein beliebtes Mittel der USA im Wirtschaftskrieg gegen unliebsame Drittstaaten. In der Zeit des Kalten Krieges gab es die sogenannte COCOM-Liste, auf der alle Güter verzeichnet waren, die nicht in den Osten verkauft werden durften. Verstöße gegen die COCOM Bestimmungen wurden hart bestraft.

229 Andere Quellen sprechen von 100 L-410AM, die in die Sowjetunion geliefert wurden.

Blick in das Cockpit der L-410. Die von einer weißen Linie umrandeten Instrumente bilden das sogenannte T. (Foto: Schöpke)

L-410UVP im Verbandsflug. Jedes Flugzeug hat ein eigenes, teilweise exotisch anmutendes Tarnmuster. (Foto: Schöpke)

Propeller überarbeitet. Er schaltete beim Triebwerksausfall automatisch in die Segelstellung und war nun in der Lage bei der Landung in den Gegenschubmodus zu gehen.
Die L-410UVP hatte deshalb deutlich bessere Start- und Landeeigenschaften als die Vorgängermodelle und kam auch mit kürzeren Landebahnen zurecht. Für den Start reichte eine Rollbahnlänge von nur 350 Metern aus. Bei der Landung kam eine L-410 bereits nach 250 Metern zum Stand. Das waren hervorragende Werte.
Das Fahrwerk war so robust aufgebaut, dass das Flugzeug problemlos von Gras-, Schotter- oder Sandpisten aus operieren konnte. Die L-410UVP war insgesamt eine sehr robuste Konstruktion. Sie bewährte sich in den arktischen Gebieten der Sowjetunion genauso gut wie in den Wüstengegenden Mittelasiens.
Die Sowjetunion bestellte eine große Anzahl L-410UVP. Eine weiter verbesserte Version mit stärkeren Triebwerken wurde L-410UVP-E genannt. Das E stand dabei für »ökonomisch«, weil die Triebwerke bei gesteigerter Leistung weniger Treibstoff verbrauchten und das Flugzeug eine größere Zuladung transportieren konnte. Die L-410UVP-E kam ab 1984 zum Einsatz.
Die L-410UVP war ein zweimotoriges leichtes Transport- und Passagierflugzeug. Der Rumpf des Flugzeugs hatte einen kreisrunden Querschnitt. Im Bug befand sich ein Gepäckraum. Der Zugang zum »Kofferraum« erfolgte durch Klappen, die sich beiderseits des Bugs befanden.
Das anschließende Cockpit war für zwei Piloten ausgelegt, die beide über einen vollständigen Satz von Fluginstrumenten verfügten. Alle für den Flug wichtigen Instrumente waren nach sowjetischem Vorbild auf dem Armaturenbrett mit einer weißen Linie umrahmt[230]. Zur Instrumentenausstattung der L-410 gehörten unter anderem Funkkompass, Funkhöhenmesser, Flugdatenschreiber und eine Instrumentenlandesystem.
Das Cockpit war durch eine Trennwand vom Passagier-, bzw. Frachtraum separiert. Es konnte, wie bei Passagierflugzeugen üblich, durch eine Tür betreten werden.
Der Passagier-, bzw. Frachtraum war recht großzügig bemessen. Er bot in der Salonausführung Platz für acht Sessel der Ersten Klasse und zwei Tische. In der Normalvariante konnten bis zu 15 Passagiere transportiert werden. In der Transportvariante waren Klappsitze entlang der Kabinenseiten vorhanden. Für den Frachttransport gab es einen speziellen Container. Der Zugang zum Fracht-, bzw. Passagierraum erfolgte durch eine Tür in der linken Rumpfseite. In der Frachtversion war die Tür größer. Sie maß 1,25 x 1,46 cm und konnte nach innen, links aufgeschoben werden. Bei der Passagierversion war die Tür schmaler und wurde nach oben geöffnet. Da die Türschwelle 79 cm über dem Erdboden lag gab es zum leichteren einsteigen bei der Passagierversion eine Treppe, die mitgeführt und am Boden eingehängt wurde. Bei der Transportvariante der L-410 gab es nur eine Trittleiter.
Im Heck des Flugzeugs befanden sich eine Bordtoilette und ein weiterer Gepäckraum.

[230] In der Fliegersprache nannte man das »das T«, weil die vier notwendigsten Instrumente in T-Form angeordnet waren.

Die Kabine der L-410UVP konnte belüftet und beheizt werden. Die Warmluft wurde aus der Verdichterstufe des Triebwerks abgeleitet. Da die Kabine über keinen Druckausgleich verfügte durfte im Passagierbetrieb maximal 3.000 m hoch geflogen werden. Im Frachtbetrieb waren Flughöhen bis 6.000 m erlaubt.
Die L-410 war als Schulterdecker ausgelegt. Die Tragflächen bestanden vollständig aus Metall und beherbergten jeweils drei Gummitanks, die eine Treibstoffmenge von insgesamt 1.000 kg aufnehmen konnten. Unterhalb der Tragflächen befanden sich die Triebwerke Walter M601B mit Wassereinspritzung, die jeweils 544 kW, sprich 740 PS leisteten. Der Vortrieb wurde durch Dreiblatt-Verstellpropeller erzeugt. Der Propeller besaß eine automatische Segelstellung und konnte in eine Schubumkehrstellung gebracht werden. Um den asymmetrischen Schub bei einem Triebwerksausfall auszugleichen besaß die L-410UVP einen »Kompensationsinterzeptor«. Das waren im Prinzip kleine Störklappen, die bei Bedarf ausgefahren wurden. Die Tragflächen verfügten außerdem über hydraulisch betätigte Doppelspalt-Landeklappen und Querruder.
Das Leitwerk war in Normalbauweise ausgelegt. Das Seitenleitwerk hatte ein Seitenruder, die Höhenleitwerke trimmbare Höhenruder. Die Höhenleitwerke waren am unteren Teil des Seitenleitwerks befestigt. Die Vorderkanten von Tragflächen und Leitwerken waren mit einer Enteisungsanlage ausgestattet. Sie arbeitete mit aufblasbaren Gummibelägen.
Das Bugfahrwerk war einfach bereift und wurde nach hinten eingefahren. Das Hauptfahrwerk war an Seitenwülsten beidseits des Rumpfes befestigt. Es fuhr nach innen ein. Alle Räder wurden hydraulisch gebremst.
Die DDR beschaffte im Zeitraum von 1980 bis 83 zwölf Flugzeuge der damals modernsten Version L-410UVP für die NVA[231]. Geliefert wurden dabei zwei Varianten des Flugzeugs. Die eine war eine reine Passagiermaschine, die andere ein Transportflugzeug. Zur Unterscheidung verwendete man in der NVA die Bezeichnungen L-410UVP(S) und L-410UVP(T).
In der Salonausführung L-410UVP(S), Kurzbezeichnung L-410S, diente sie in der Verbindungsfliegerstaffel VS-14 als Stabsreiseflugzeug, während sie in der Transportfliegerausbildungsstaffel TAS-45 in der Version L-410UVP(T), Kurzbezeichnung L-410T, als »Mädchen für alles« zum Einsatz kam.
Äußerlich unterschieden sich beide Varianten darin, dass die L-410T eine vergrößerte Einstiegstür besaß. Sie ließ sich nach innen und zur Seite aufschieben. Die Türen der Salonmaschinen wurden nach oben aufgeklappt.
Die Ausstattung der beiden Varianten der L-410 wich beträchtlich voneinander ab. Die Salonvariante besaß acht Sessel und zwei Tische. Außerdem gab es noch einen Platz für einen Flugbegleiter.
Die L-410T war dagegen spartanisch eingerichtet. Sie hatte lediglich 15 Klappsitze. Wenn man zusätzlich Passagiere auf den Kabinenboden setzte konnten im Notfall bis zu 19 Personen transportiert werden.
Neben dem Personentransport wurde die L-410T zur Beförderung von Fracht eingesetzt. Hierzu führte man einen Frachtcontainer von 1.300 kg Nutzmasse[232] mit. Als Absetzflugzeug für Fallschirmjäger eignete sich die Turbolet ebenfalls. Zum Schutz vor herumflatternden Reißleinen der abgesetzten Fallschirmspringer war die L-410T mit einer schwarzen Gummimatte hinter der Ladeluke ausgestattet[233].
In der Sanitätsvariante konnte die L-410 sechs Verwundete auf Liegen, fünf Verwundete auf Sitzen und einen Sanitäter transportieren.
Bei den Luftstreitkräften ist die L-410T auch als Schulflugzeug verwendet worden. Mit ihr wurden Piloten ausgebildet, die später die AN-26 Transportflugzeuge fliegen sollten. Zur Ausbildung von Navigatoren (»Steuermann der Besatzung« im NVA-Sprachgebrauch) wurden einige Maschinen mit einem Tisch, auf dem eine Navigationskonsole stand, nachgerüstet. Diese Flugzeuge nannte man »Steuermannsvariante«.
Interessant war die L-410UVP auch wegen ihrer eigenwilligen Tarnbemalung. Wie bei der NVA üblich hatte jedes Flugzeug ein eigenes Tarnschema. Da lediglich der Farbton vorgegeben wurde, war der Kreativität Tür und Tor geöffnet. Die tschechischen Flugzeugbauer ließen sich bei der Erstlieferung etwas

Der Innenraum einer L-410UVP-T war spartanisch. (Foto: Schöpke)

[231] Weitere L-410UVP wurden von der INTERFLUG betrieben.
[232] Nach anderer Quelle betrug die Kapazität des Frachtcontainers 1.000 kg.
[233] Die Gummimatte wurde in der DDR nachgerüstet.

Eine L-410 UVP im Anflug. Der Landescheinwerfer im Bug der Maschine ist aktiviert. (Foto: Schöpke)

Die L-410UVP macht sich auf die Reise nach Estland. (Foto: Schöpke)

Nach der Wende wurde die L-410UVP von der Bundeswehr übernommen. (Foto: Hendrik van Broekhuizen)

Zwei Turbotlet wurden an Estland verkauft. (Foto: Schöpke)

L-410S der Flugbereitschaft der Luftwaffe (Foto: Neef)

Besonderes einfallen und orientierten sich bei der Bemalung an exotischen Tieren. Welches Tier als Vorbild diente dokumentiertes sie mit einem Schriftzug unter dem Cockpitfenster. So gab es die »Muräne«, »Barracuda«, »Chamäleon« und »Kaiman«, eine weitere Maschine wurde »Kleeblatt« genannt.

Der NVA-Obrigkeit gefiel dieser Schriftzug überhaupt nicht, weshalb er so schnell wie möglich wieder entfernt wurde. Die Namen der Flugzeuge hatten sich jedoch schnell eingebürgert. Nach einem mehr oder weniger dezenten Hinweis an den Hersteller kamen die restlichen L-410 in weniger extravaganten Bemalungen und ohne Schriftzug in der DDR an.

Die L-410UVP erwies sich als gutes und zuverlässiges Flugzeug. Sie wurde 1990 durch die Bundeswehr übernommen. Die Maschinen der Transportvariante gingen ans Lufttransportgeschwader LTG-65. Später sind einige Turbolets als Militärhilfe an die baltischen Staaten abgegeben worden.

Die Salonvariante L-410S flog noch lange in deutschen Diensten. Sie kam bis zum Jahr 2000 bei der Flugbereitschaft der Bundeswehr zum Einsatz.

Eine L-410S ist heute im Luftwaffenmuseum Gatow ausgestellt. Sie trägt die weiß-blaue Bemalung der Flugbereitschaft. Vielleicht ist sie irgendwann wieder in ihrer ursprünglichen »Barracuda« Tarnung zu sehen. Attraktiver war diese außergewöhnliche Bemalung allemal.

L-60 Brigadyr

Die aus der CSSR stammende L-60 Brigadyr erinnerte nicht nur in ihrem äußeren Erscheinen stark an die Fieseler Fi-156 Storch. Das war nicht verwunderlich, denn sie wurde Anfang der 1950er-Jahre auf Basis und als Ersatz für ebendieses Flugzeug entwickelt. Ziel der Konstrukteure war es ein kurzstartfähiges Verbindungsflugzeug zu schaffen, das sowohl militärisch als auch zivil eingesetzt werden konnte.
Die 1953 zum Erstflug gestartete L-60 wurde ab 1957 als Agrarflugzeug in der DDR genutzt. Die NVA beschaffte 1960 zwanzig Maschinen, die als Schul- und Verbindungsflugzeuge vorgesehen waren. Obwohl diese Flugzeuge im NVA-Sprachgebrauch stets als L-60 bezeichnet wurden waren sie doch genaugenommen K-60, wie die Militärvariante der L-60 im Original hieß. Diese Maschinen hatten im Vergleich zur zivilen L-60 eine etwas verbesserte Avionik und konnten mit leichten Bomben beladen werden. Die NVA-Maschinen flogen im Gegensatz zu ihren tschechischen Schwestern stets unbewaffnet.
1960 wurden die L-60 Brigadyr der Transportfliegerschule Dessau zugeteilt. Dort sollten sie als Schulflugzeug zur Heranbildung von Pilotennachwuchs genutzt werden. Kurze Zeit später wechselten die L-60 ins Transportfliegerausbildungsgeschwader 17 (TAG-17) nach Garz/Heringsdorf. Auch hier wurden sie als Schulflugzeug eingesetzt. In der Rolle des Verbindungsfliegers konnte sich die L-60 in der NVA nicht durchsetzen. Sie wurde von den Hubschraubern Mi-1/SM-1 verdrängt.

Technische Daten L-60	
Einsatzzeitraum	1960 – 1962
Bezeichnung NATO	---
Abmessungen	
Spannweite	13,96 m
Länge	8,80 m
Höhe	2,72 m
Flügelfläche	24,30 m²
Massen	
Leermasse	968 kg
Startmasse	1.420 kg
max. Startmasse	1.560 kg
Treibstoffmenge	200 l
Antrieb	1 x Praga Doris M-208B
Startleistung	1 x 162 kW / 220 PS
Flugleistungen	
Höchstgeschwindigkeit	193 km/h in 1.000 m
Reisegeschwindigkeit	175 km/h
Landegeschwindigkeit	75 km/h
Reichweite	720 km
Gipfelhöhe	4.500 m
Steiggeschwindigkeit	4,4 m/s
Nutzlast	300 kg, 1 Passagier
Besatzung	1

Nach nur knapp zweijähriger Dienstzeit in der NVA wurde die L-60 im Jahr 1962 außer Dienst gestellt und den Agrarfliegern der *Deutschen Lufthansa der DDR* (später INTERFLUG) übergeben. Dort wurden sie intensiv genutzt. Während es im militärischen Einsatz keine Verluste gab, gingen bei den Agrarfliegern von 65 eingesetzten Maschinen 30 zu Bruch. Deshalb wurde dort die L-60 ab 1967 durch die legendäre Z-37 ersetzt.

Nach ihrer sehr kurzen Dienstzeit in der NVA wurde die L-60 von den Agrarfliegern weiterverwendet. (Foto: Sammlung Normann)

Dies ist eines der wenigen Bilder, das eine L-60 der NVA zeigt. Man beachte die gefleckten Tarnanzüge der Soldaten. Sie wurden über der normalen Dienstuniform getragen. (Foto: Militärbilddienst)

Aero 45S

Die Aero 45 war ein elegantes Flugzeug aus tschechoslowakischer Produktion, das ab 1945 aus der Siebel Si-204 abgeleitet wurde. 1947 begann die Serienfertigung. Die Aero 45S kam als ziviles Lufttaxi, Zubringer-, Sanitäts- und Schulflugzeug zum Einsatz. In militärischen Diensten nutzte man sie als Verbindungs- und Stabsreiseflugzeug.
Ab 1954 wurde die verbesserte Version Aero 45S in der CSSR produziert. Von dieser Super Aero 45 bezeichneten Variante beschaffte die DDR zwei Exemplare, die als Spielzeug für die Parteielite gedacht waren, jedoch bei der KVP[234] registriert wurden. 1956 übernahm die neugegründete NVA beide Maschinen und setzte sie in der Verbindungsfliegerstaffel 25 (VS-25) in Strausberg ein.
Sonderlich beliebt war der Flugzeugtyp in der NVA nicht, da er mit einer Reihe technischer Probleme zu kämpfen hatte. Hauptschwachpunkt war das Fahrwerk, das nicht immer zuverlässig arbeitete.
Ende 1961 erhielt die NVA noch eine Maschine des ungeliebten Typs. 1962 folgten weitere fünf (vier nach anderer Quelle) Aero 45S. Diese Flugzeuge waren bei der *Deutschen Lufthansa der DDR* im Einsatz gewesen, ehe sie wegen Unwirtschaftlichkeit an die NVA abgegeben wurden. Auch diese Maschinen wurden bei der VS-25 in Dienst gestellt.
Die bei den Verbindungsfliegern eingesetzten Aero 45S flogen in der Mehrzahl in einer eleganten silbergrauen Bemalung mit blauer oder roter Bauchbinde. Es gab sie aber auch mit einem mattgrünen Sichtschutzanstrich.
Nach recht kurzer Dienstzeit wurde die Aero 45S im Jahr 1964 außer Dienst gestellt.

234 KVP … Kasernierte Volkspolizei

Technische Daten Aero 45S	
Einsatzzeitraum	1956 – 1964
Bezeichnung NATO	---
Abmessungen	
Spannweite	12,25 m
Länge	7,54 m
Höhe	2,35 m
Flügelfläche	17,09 m²
Massen	
Leermasse	960 kg
Startmasse	1.600 kg
max. Startmasse	1.700 kg
Treibstoffmenge	190 l
Antrieb	2 x Walter Minor 4-III
Startleistung	2 x 77 kW / 105 PS
Flugleistungen	
Höchstgeschwindigkeit	265 km/h in 1.000 m
Reisegeschwindigkeit	230 km/h
Landegeschwindigkeit	100 km/h
Reichweite	1.600 km
Gipfelhöhe	4.300 m
Steiggeschwindigkeit	5,0 – 6,0 m/s
Nutzlast	640 kg, 3 Passagiere
Besatzung	1

Die Aero 45S war ein sportlich elegantes Flugzeug, das sich jedoch für den rauen Militärdienst nicht wirklich eignete. (Foto: Militärbilddienst)

Z-43

Die Zlin Z-43 war die viersitzige Variante des tschechoslowakischen Schul-, Reise- und Sportflugzeugs Z-42[235]. Entwickelt und gebaut wurde die Maschine in den traditionsreichen Moravan Flugzeugwerken im tschechischen Otrokovice[236]. Die Z-42/43 Flugzeugfamilie entstand als Nachfolger der legendären Sportflugzeuge der Trener Serie, die in den 60er-Jahren in Otrokovice aus den Fertigungshallen rollten. Die Trener gehörten damals zu den weltbesten Sportflugzeugen überhaupt. Mit der Z-42/43 Flugzeugfamilie verabschiedeten sich die tschechischen Flugzeugbauer vom Hochleistungssportflugzeug und wandten sich einem mehr alltagstauglichen Flugzeugentwurf zu. Die Z-42 und 43 sollten sowohl kunstflugtauglich, als auch für die Pilotenausbildung und im Reiseverkehr verwendbar sein.

Der Entwurf der neuen Maschine sah ein Flugzeug in Gemischtbauweise vor. Es sollten sowohl Metall als auch glasfaserverstärkte Kunststoffe zum Einsatz kommen.

Als Antrieb diente der von der Trener bekannte 6-Zylinder-Reihenmotor Avia M137A. Er war zur Leistungssteigerung mit einem Ladekompressor ausgestattet und brachte 180 PS bzw. 132 kW. Für die etwas größere Z-43 wurde der Motor M337A mit 210 PS bzw. 154 kW verwendet. Beide Versionen hatten eine im Flug verstellbare Metall-Luftschraube V500A[237]. Die Form der Motorverkleidung erinnerte an die Trener Flugzeugfamilie.

Der offensichtlichste Unterschied zwischen der Trener und der Z-42/43 war die Gestaltung des Cockpits. Bei den doppelsitzigen Varianten der Trener Sportflugzeuge wurde ein Tandemcockpit verwendet, d.h. Flugschüler und Fluglehrer saßen hintereinander. Das war aus pädagogischer Sicht eine ungünstige Auslegung. Deshalb platzierte man bei der Z-42 die Sitze nebeneinander, so dass der Fluglehrer jederzeit sehen konnte, was der Flugschüler tat.

Im Bereich des Cockpits wurde die Flugzeugzelle aus einem Stahlrohrrahmen gebildet. Sie war mit Stahlblechen, aber auch mit Glasfaserlaminatelementen verkleidet. Das Cockpit hatte große Glasflächen und bot eine hervorragende Rundumsicht. Der Zugang zum Cockpit erfolgte durch Seitentüren, die nach vorn öffneten. Das Cockpit von Z-42 und Z-43 unterschied sich darin, dass bei der Z-43 die Zelle um 70 cm gestreckt wurde. So konnte Platz für zwei weitere Sitzplätze geschaffen werden. Zusätzlich gab es einen von außen zugänglichen kleinen Gepäckraum.

Technische Daten der Z-43	
Einsatzzeitraum	1973 – 1990
Bezeichnung NATO	---
Abmessungen	
Spannweite	9,76 m
Länge	7,75 m
Höhe	2,91 m
Flügelfläche	14,50 m^2
Massen	
Leermasse	730 kg
Startmasse	1.000 kg
max. Startmasse	1.350 kg
Treibstoffmenge	230 l
Antrieb	1 x M 337A
Startleistung	1 x 154 kW / 210 PS
Flugleistungen	
Höchstgeschwindigkeit	235 km/h in 1.000 m
Reisegeschwindigkeit	210 km/h
Landegeschwindigkeit	110 km/h
Reichweite	1.160 km
Gipfelhöhe	3.800 m
Steiggeschwindigkeit	3,5 m/s
Nutzlast	400 kg, 3 Passagiere
Besatzung	1

Beiderseits des Cockpits waren die Tragflächen in Tiefdeckeranordnung am Rumpf befestigt. In ihrem Inneren befanden sich die Treibstofftanks. Bei der Z-43 gab es pro Tragfläche einen 65 Liter fassenden Haupttank und einen 50 Liter Zusatztank in den Tragflächenenden. Die Gesamttreibstoffmenge betrug damit 230 Liter und ermöglichte unter optimalen Bedingungen eine Flugweite von bis zu 1.160 km[238].

Die Tragflächen waren mit Querrudern und Landeklappen ausgestattet.

[235] Es gab auch den Versuch eine 6-sitzige Variante zu entwickeln. Die Z-46 genannte Version wurde aber nie realisiert.

[236] Genau genommen stammen sie aus dem mährischen Teil der Tschechei. Morava ist der tschechische Name für Mähren.

[237] Die ersten Z-42 mussten noch mit einem Zweiblatt-Holzpropeller auskommen.

[238] Die Tragfläche der Z-42 war etwas kleiner. Sie beinhaltete nur die 65 Liter Hauptbehälter was für eine Flugstrecke von etwa 600 km ausreichte.

Die Z-43 wurde als Stabsreiseflugzeug verwendet. Unter der Hand nannte man sie »Geschwadermoped«. (Foto:Hendrik van Broekhuizen)

Die Z-43 war der einzige Flugzeugtyp der NVA der mit zweistelligen taktischen Nummern versehen war. (Foto: Hendrik van Broekhuizen)

Zur Wartung sind die Triebwerksabdeckungen geöffnet. Im Hintergrund ist eine Losung an der Wand zu sehen. Sie sollte die Techniker zu sorgfältiger Arbeit motivieren. (Foto: Hendrik van Broekhuizen)

Das Flugzeugheck war eine ganz aus Metall gefertigte Halbschalenkonstruktion. Bei der Z-43 gab es zur Verbesserung der Längsstabilität einen Vorkiel vor dem Seitenleitwerk[239]. Das Seitenleitwerk wurde, genau wie das Höhenleitwerk, zum Teil aus Glasfaserlaminat gefertigt. Seiten- und Höhenleitwerk waren in Flossen und Ruder geteilt.

Das Fahrwerk war nicht einziehbar. Das Bugfahrwerk besaß einen ölpneumatischen Stoßdämpfer und wurde am Boden mit den Pedalen gesteuert. Die Hauptfahrwerksstreben bestanden aus Blattfederpaketen. Die Hauptfahrwerksräder waren mit Scheibenbremsen ausgestattet. Bei der Z-43 war das Fahrwerk verstärkt.

Alles in allem waren Z-42 und 43 größtenteils baugleich. Etwa 80% aller Baugruppen stimmten bei beiden Flugzeugen überein.

Wie die Z-42 war auch die Z-43 voll kunstflugtauglich, allerdings mit der Einschränkung, dass beim Kunstflug keine Passagiere auf den hinteren Sitzen transportiert werden durften[240].

Die Z-42 startete am 17. Oktober 1967 zum Jungfernflug. Am 10. November 1968 folgte der Erstflug der Z-43.

Die Z-42 wurde ab 1971 von der DDR importiert. Da es keinen privaten Luftsport in der DDR gab wurde sie zur vormilitärischen Pilotenausbildung bei der GST genutzt. Die NVA beschaffte 1973 die größere Z-43 um sie als Verbindungs- und Kurierflugzeug einzusetzen. Von den zwölf Z-43 der NVA wurden zwei Maschinen in der Verbindungsfliegerkette-33 (VFK-33) in Neubrandenburg, drei in der VFK-31 in Cottbus, vier in der Verbindungsfliegerstaffel-14 (VFS-14) in Strausberg und drei im Transportfliegerausbildungsgeschwader 45 (TAS-45) in Kamenz eingesetzt.

Alle NVA Z-43 waren mit einem zweifarbigen Sichtschutzanstrich versehen. Dieser war, entgegen der NVA-Tradition jedem Flugzeug eine individuelle Tarnung zu geben, für alle Z-43 einheitlich gestaltet. Ungewöhnlich waren auch die zweistelligen taktischen Nummern. Sie waren am Seitenleitwerk angebracht und hatten die Farbe Schwarz. Entsprechend ihrer Einheitszugehörigkeit waren die Propellernasen der Z-43 unterschiedlich bemalt. So gab es sie mit blauen, dunkelgrünen, roten und silbergrauen Spinnern[241].

Im Einsatz erwiesen sich die Z-43 als solides und robustes Flugzeug. Sie wurde bis zum Ende der DDR betrieben. Da sie nicht in den Bestand der Bundesluftwaffe übernommen wurden, verkaufte man die Z-43 bis auf eine, an private Eigner, wo sie noch heute zuverlässig ihre Runden drehen.

Für die Z-43 hatte sich bei den Luftstreitkräften unter der Hand der etwas despektierliche Spitzname »Geschwadermoped« eingebürgert.

239 Z-42 der späteren Baureihen besaßen diesen Vorkiel ebenfalls.

240 Kunstflug mit der Z-42 war nicht ganz ohne. Das lag vor allem am Trudelverhalten des Flugzeugs, das etwas diffizil war.

241 Nach anderer Quellenlage gab es bei den Z-43 der Transportfliegerstaffel TAS-45 statt silbergrauer, metallisch schwarze Spinner. Die Maschinen der Verbindungsfliegerstaffel VS-14 hatten rote Spinner. Die Verbindungsfliegerkette VFK-31 hatte grüne Spinner. Die VFK-33 hatte blaue Spinner.

Exkurs: die Flugzeuge der Armeesportler

Es sei an dieser Stelle noch zu erwähnen, dass es neben den Hubschraubern, Kampf-, Transport-, Verbindungs- und Passagiermaschinen der NVA noch weitere Flugzeuge gab, die das schwarz-rot-goldene Hoheitszeichen am Rumpf und auf den Tragflächen trugen. Diese Flugzeuge gehörten zur Armeesportvereinigung (ASV) »Vorwärts« und wurden von den Flugsportlern in den jeweiligen Armeesportklubs (ASK) geflogen. Sie waren als Sportgeräte gedacht und hatten mit der militärischen Fliegerei de facto nichts zu tun.
Zu den Flugzeugen der Armeesportklubs gehörten die Sportflugzeuge der legendären Trener Serie und die schier unverwüstlichen Po-2 (Po-Dwa). Später kam noch eine einzelne M-1D Sokol hinzu. Darüber hinaus hatten die Armeesportler eine größere Anzahl von Segelflugzeugen, die jedoch zivil registriert waren und deshalb nicht mit dem NVA-Hoheitszeichen gekennzeichnet wurden.
Einige Trener und Po-2 waren bereits vor der Gründung der NVA bei den Aeroklubs der Kasernierten Volkspolizei (KVP) betrieben worden. Dort hatten sie wie alle Flugzeuge der KVP den Roten Stern am Rumpf getragen. Mit der Schaffung der NVA wurden diese Maschinen den Armeesportklubs zugewiesen und bekamen folgerichtig die schwarz-rot-goldene Raute. Trener und Po-2 wurden für den allgemeinen Flugsport, zum Teil für die Pilotenausbildung, hauptsächlich jedoch zum Schleppen von Segelflugzeugen eingesetzt. Die äußerst robusten Po-2 erfreuten sich dabei einer sehr großen Beliebtheit. Als die noch aus sowjetischer Kriegsproduktion stammenden Po-2 ihre Grenznutzungsdauer erreichten, wurden sie durch polnische Lizenzbauten ersetzt. Obwohl die polnischen Maschinen offiziell CCS-13 hießen, wurden sie in der DDR doch stets als Po-Dwa bezeichnet. Sie blieben bis Anfang der 70er-Jahre im Einsatz.

Technische Daten der Po-2/CSS-13 (Po Dwa)	
Einsatzzeitraum	1956 – 1971 (bei ASK)
Bezeichnung NATO	---
Abmessungen	
Spannweite	11,40 m
Länge	8,20 m
Höhe	3,00 m
Flügelfläche	33,15 m²
Massen	
Leermasse	665 kg
Startmasse	900 kg
max. Startmasse	985 kg
Treibstoffmenge	1 x M-11D
Antrieb	92 kW / 125 PS
Startleistung	1 x 154 kW / 210 PS
Flugleistungen	
Höchstgeschwindigkeit	145 km/h in 1.750 m
Reisegeschwindigkeit	110 km/h
Landegeschwindigkeit	470 km
Reichweite	3.000 m
Gipfelhöhe	1 Passagier
Steiggeschwindigkeit	1
Nutzlast	400 kg, 3 Passagiere
Besatzung	1

Die legendäre Po-Dwa. (Foto: Flugplatzmuseum Cottbus)

Technische Daten der M-1D Sokol	
Einsatzzeitraum	1962 – ? (bei ASK)
Bezeichnung NATO	---
Abmessungen	
Spannweite	10,00 m
Länge	7,35 m
Höhe	2,20 m
Flügelfläche	13,80 m²
Massen	
Leermasse	465 kg
Startmasse	800 kg
Antrieb	1 x Walter Minor 4-III
Startleistung	77 kW / 105 PS
Flugleistungen	
Höchstgeschwindigkeit	240 km/h
Reisegeschwindigkeit	212 km/h
Reichweite	1.000 km
Gipfelhöhe	4.800 m
Steigleistung	3,3 m/s
Nutzlast	1 – 3 Passagiere
Besatzung	1

Technische Daten der Z-226 Trener 6	
Einsatzzeitraum	1957 – 1965 (bei ASK)
Bezeichnung NATO	---
Abmessungen	
Spannweite	10,28 m
Länge	7,83 m
Höhe	2,10 m
Flügelfläche	14,90 m²
Massen	
Leermasse	570 kg
Startmasse	820 kg
Antrieb	1 x Walter Minor 6-III
Startleistung	118 kW / 160 PS
Flugleistungen	
Höchstgeschwindigkeit	220 km/h
Reisegeschwindigkeit	195 km/h
Reichweite	480 km
Gipfelhöhe	6.000 m
Steigleistung	7,1 m/s
Nutzlast	keine
Besatzung	1 – 2

Die Sokol war nur in einem Exemplar vorhanden. (Foto: Flugplatzmuseum Cottbus)

Die Trener wurde als Sportflugzeug, aber auch zum Schleppen von Segelflugzeugen verwendet. (Foto: Flugplatzmuseum Cottbus)

Wie wäre es weitergegangen?

Wie auch beim vorhergehenden Buch »Kampfflugzeuge der NVA« stellt sich am Ende dieses Buches die Frage, wie sich die Technik der NVA weiterentwickelt hätte.

Diese Frage ist natürlich spekulativ, doch lässt sie sich zumindest für das Jahr 1990 recht genau beantworten. Für 1990 waren die Beschaffung einer Mi-24W und zwölf Mi-24P aus der UdSSR geplant. Die Regierungsflieger erwarteten für 1990 die Lieferung einer weiteren Tu-154M.

Die im März 1990 gewählte Regierung de Maiziere stornierte jedoch die bestellten Flugzeuge und Hubschrauber. Stattdessen zahlte sie lieber eine nicht unbeträchtliche Konventionalstrafe an die sowjetischen Hersteller. Schlimmer wirkte sich die Stornierung der Bestellung von Ersatzteilen aus. Flugzeug- und Hubschraubertypen, die ab 1990 von der Bundeswehr übernommen wurden, konnten wegen der entstehenden prekären Ersatzteillage nur eingeschränkt betrieben werden.

Doch zurück zum Thema: wie hätte sich die Flugzeugtechnik der NVA Luftstreitkräfte weiterentwickelt, wenn es keine Wende gegeben hätte?

Bei den Transportfliegern hätte sich mit hoher Wahrscheinlichkeit lange Zeit nichts getan. Obwohl zunächst die An-72 als Transportflugzeug favorisiert worden war, war man doch mit der als Provisorium beschafften An-26 mehr als zufrieden. Es bestand also kein wirklicher Bedarf an neuen Transportflugzeugen. Nach dem in ferner Zukunft absehbaren Erreichen der Altersgrenze hätte man die An-26 sicherlich durch die An-72 oder An-74 ersetzt.

Anders sah es bei den Regierungsfliegern aus. Dort war man mit dem Problem konfrontiert, dass die bisherige Standardmaschine Tu-134A nicht mehr produziert wurde. Die als Ersatz beschaffte Tu-154M war zwar ein hervorragendes Flugzeug, wurde allerdings nicht von der INTERFLUG betrieben. Man wusste also nicht was man mit der Tu-154M machen sollte, wenn diese ihre Sollzeit erreicht haben würde. Als Ausweg bot sich die Tu-204 an, die in den Planungen von INTERFLUG und NVA eine Rolle spielte. Denkbar wäre aber auch die Alternative Airbus 310 gewesen, der seit 1989 bei der INTERFLUG 1989 im Einsatz stand. Hier gab es aber Bedenken, dass ein im Westen gebautes Flugzeug Gefahr lief vom »Gegner« verwanzt oder anderweitig sabotiert zu werden.

Die Hubschrauberkräfte hatten ebenfalls Bedarf an neuer Technik. Hier wäre die weitere Beschaffung von Mi-24P für die Kampfhubschraubergeschwader zu nennen. Außerdem war geplant die vorhandenen Mi-24D in den 90er-Jahren auf den Mi-24W Standard zu modernisieren. Als Anschauungsobjekt für die in Eigenregie durchzuführende Umrüstung sollte 1990 eine einzelne Mi-24W geliefert werden. Perspektivisch hätte man die Mi-24 wahrscheinlich durch die Mi-28A ersetzt.

Eine Modernisierung der Mi-8TB war Ende der 80er-Jahre durch die Sowjetunion verhindert worden. Wahrscheinlich ist, dass man die Mi-8TB durch moderne Transportkampfhubschraubervarianten der Mi-8 bzw. Mi-17 ersetzt hätte. Eine andere Möglichkeit wäre gewesen auf die Transportkampfhubschrauber zu verzichten und stattdessen die Zahl der Kampfhubschrauber weiter zu erhöhen.

Die Marineflieger liebäugelten mit der Ka-28. Die Grenzflieger hatten ein Auge auf die Ka-32 geworfen, hätten sich aber wohl mit der polnischen PZL W-3 Sokol oder der Mi-34 begnügen müssen.

Als Ersatz für die Mi-8 Transporthubschrauber wäre wahrscheinlich früher oder später die Mi-17 eingeführt worden.

Bei der Pilotenausbildung wäre die L-39 Albatros nach Erreichen ihrer Nutzungsdauer durch ihr leistungsfähigeres Nachfolgemodell L-59 Super Albatros ersetzt worden.

Natürlich hätte alles von den finanziellen Gegebenheiten abgehangen und die Wünsche der NVA waren, wie bei allen Armeen der Welt, viel größer als die Möglichkeiten zu ihrer Realisierung.

Ein paar Worte zum Schluss

Dieses Buch beschäftigt sich mit den Hubschraubern, Schul- und Transportflugzeugen der NVA. Es ist ganz bewusst im populärwissenschaftlichen Stil geschrieben und wendet sich an den interessierten Laien, den Leser der einen kleinen Einblick in die Welt der NVA-Flugtechnik gewinnen möchte. Deshalb habe ich versucht beim Schreiben dieses Buches den Fokus auf die Flugzeuge und Hubschrauber, sowie ihre Entwicklungsgeschichte zu legen, ohne dabei zu tief ins Detail zu gehen. Das Buch ist deshalb weniger für den »Nieten- und Schraubenzähler« geeignet.

Es richtet sich auch nicht vordergründig an den Modellbauer. Das kann es auch nicht. Allein die Darstellung aller Bemalungsvarianten eines Flugzeugtyps würde den Umfang dieses Buches sprengen.

Ich habe mir erlaubt einen kleinen Blick auf die Nutzung der Fluggeräte in der NVA zu werfen. Das geht natürlich nicht ohne Begriffe aus dieser Zeitepoche zu verwenden. Ein gewisses »Fachchinesisch« oder ein »NVA-Jargon«, wie man es auch bösartig nennen mag, lässt sich dabei nicht umgehen. Soweit mir die Verwendung DDR-spezifischer Begriffe oder NVA-Terminologie aufgefallen ist habe ich versucht diese in Fußnoten zu erklären.

Für den geschichtlich interessierten Leser ist es wichtig nicht nur den Text, sondern auch die Fußnoten zu lesen. Nur so versteht er Dinge, Sachverhalte und Prozesse, die aus damaliger Sicht logisch erschienen, aus heutiger Sicht aber völlig unverständlich sind oder überzogen wirken.

Die NVA war ein Kind ihrer Zeit. Sie wurde als zweite deutsche Armee nach dem Zweiten Weltkrieg aufgestellt. Gegründet wurde sie als Antwort auf die westdeutsche Bundeswehr. Sie war die Armee des dritten deutschen Nachkriegsstaates. Zuerst wurden das Saarland[242] und die Bundesrepublik[243] aus der Taufe gehoben, als Reaktion darauf entstand die DDR, die Deutsche Demokratische Republik[244]. Zwischen der Bundesrepublik Deutschland und der Deutschen Demokratischen Republik herrschte vom ersten Tage an ein Kalter Krieg. Beide Seiten befehdeten sich bis aufs Messer. Keine Seite war dabei sonderlich zimperlich.

Beide deutschen Staaten führten den Kalten Krieg als Stellvertreter ihrer jeweiligen Führungsmacht und waren dabei nicht mehr und nicht weniger als tributpflichtige Vasallen. Man billigte ihnen lediglich geringe eigene Spielräume zu. Je nachdem wie sich die Beziehungen zwischen den Führungsmächten entwickelten wandelten sich auch die Beziehungen zwischen den deutschen Staaten.

Beide deutschen Staaten wurden von ihren Führungsmächten als Glacis betrachtet, als Gebiet auf dem man eine militärische Auseinandersetzung führen konnte, ohne das eigene Territorium in Gefahr zu bringen[245]. Dementsprechend rücksichtslos gingen beide Führungsmächte vor, wenn es darum ging ihren Willen durchzusetzen[246].

Entschieden wurde nicht in Bonn oder Berlin, entschieden wurde in Washington und Moskau.

In diesem Spannungsfeld existierte die NVA. Sie wurde entsprechend der sowjetischen Forderungen aufgebaut, wurde zum größten Teil mit sowjetischer Waffentechnik ausgerüstet, ihre Führungskräfte entsprechend der sowjetischen Doktrin ausgebildet.

Das Leben in der NVA war nach den Vorgaben des Warschauer Vertrags, sprich der Sowjetunion, geregelt. Höchstes Maß aller Dinge war die Einsatzbereitschaft. Sie musste jederzeit mindestens 80% betragen. 80% aller Flugzeuge, Hubschrauber, Schiffe, Panzer etc. musste jederzeit gefechtsbereit sein. 80% der Militärangehörigen mussten sich bei der Truppe oder nahe des Truppenstandortes aufhalten. Ausnahmen gab es nur zu Weihnachten und Neujahr. Da galt eine Einsatzbereitschaft von »nur« 50%. Alarmierungsfristen wurden entsprechend der Zeit, die Flugkörper der NATO brauchen würden um im jeweiligen Objekt einzuschlagen, festgelegt[247]. Alarmübungen gehörten deshalb

[242] Das Saarland wurde als erster deutscher Nachkriegsteilstaat am 17.12.1947 gegründet. Es existierte als unabhängiger Staat bis 1956. Nach einem Volksentscheid trat das Saarland der Bundesrepublik bei.

[243] Über das Gründungsdatum der Bundessrepublik sind sich die Experten nicht ganz einig. Es gibt die Ansicht, dass die Annahme des Grundgesetzes im Mai 1949 als Gründungsdatum der BRD anzusehen ist. Andere Meinungen favorisieren den Tag der ersten Bundestagswahl. Wieder andere sehen im Tag der ersten Bundestagssitzung am 07.09.1949 den Gründungstag der BRD.

[244] Die DDR wurde am 07.10.1949 gegründet.

[245] »Je kürzer die Reichweite der Raketen, desto deutscher die Toten.« Ich bin mir nicht sicher wem dieses Zitat zuzuordnen ist. Es beschreibt sehr treffend die Situation der 70er und 80er-Jahre des letzten Jahrhunderts. Bei einer nuklearen Auseinandersetzung hätte wohl kein Deutscher überlebt und selbst wenn es nur zu einem konventionellen Krieg gekommen wäre, hätte man mit einem Totalschaden an der Infrastruktur und Millionen Toten zwischen Oder und Rhein rechnen müssen.

[246] Das konnte man z.B. bei der Stationierung von Nuklearwaffen auf deutschem Boden sehen. Sie wurde von den Führungsmächten durchgeführt, ohne auf deutsche Befindlichkeiten Rücksicht zu nehmen.

[247] Dieser Anforderung konnte man vielerorts gar nicht gerecht werden, weil die Standorte zu nah an der Grenze lagen. Man kann diese überzogene Norm nur verstehen wenn man das tiefgreifende sowjetische Trauma des 22. Juni 1941 kennt. Der Überfall Hitlerdeutschlands kam für die Rote Armee so überraschend, dass die Masse ihrer Luftstreitkräfte bereits am Boden zerstört wurde. In Folge der Überraschung wurden die Grenzarmeen der Sowjetunion rasch zerschlagen. Die Verluste beliefen sich allein in diesen Schlachten auf etwa 5 Millionen Mann. Eine solch böse Überraschung wollte die Sowjetarmee nie wieder erleben. Der Satz: »Es darf keinen weiteren 22. Juni 41 geben!« wurde zum alles bestimmenden Mantra. Interessanterweise hatten die USA mit Pearl Harbour ein ähnlich gelagertes Trauma zu verkraften.

zum Alltag des Soldatenlebens in der DDR.
Urlaub und Ausgang war unter diesen Bedingungen ebenfalls sehr stark reglementiert. Berufskader hatten die Möglichkeit bei ihren Familien zu wohnen, mussten aber innerhalb bestimmter Fristen am Truppenstandort verfügbar sein[248]. Wehrpflichtige hatten ihre Zeit in der Kaserne zu verbringen. Es war ihnen selten vergönnt das »Objekt« zum Zwecke des Ausgangs[249] zu verlassen[250]. Die Möglichkeit über das Wochenende nach Hause zu fahren bestand nur alle vier bis neun Wochen[251]. Darüber hinaus gab es den gesetzlich geregelten Erholungsurlaub. Diese Bedingungen führten zu einer große Belastung für alle Militärangehörigen, sowohl für die Wehrpflichtigen, als auch für die Berufskader.
Zu den Berufskadern gehörten die Masse der Offiziere[252], die Fähnriche[253] und die Berufsunteroffiziere. Berufsoffiziere mussten sich für eine Dienstzeit von 25 Jahren verpflichten, Fähnriche für 15 und Berufsunteroffiziere für 10. Zu den Wehrpflichtigen gehörten die Grundwehrdienstleistenden und die Zeitsoldaten. Grundwehrdienstleistende mussten 18 Monate dienen, Zeitsoldaten dienten in der Regel drei Jahre, bei der seemännischen Verwendung in der Volksmarine vier Jahre.
Die Zeitsoldaten der NVA waren im Vergleich zu anderen Armeen ein großer Pluspunkt für die Streitkräfte. Sie rekrutierten sich vor allem aus den Abiturienten des Landes und verfügten deshalb über einen größeren Bildungsschatz als die Masse der Wehrpflichtigen. Der Grund für diesen übergroßen Anteil gutgebildeter Zeitsoldaten bestand darin, dass es in der DDR üblich war, dass sich junge Männer vor der Aufnahme eines Studiums freiwillig für den dreijährigen Dienst an der Waffe verpflichteten. Die Freiwilligkeit war allerdings Resultat eines quid pro quo. Wer studieren wollte wurde angehalten als Unteroffizier auf Zeit zu dienen. Wer sich diesem unterschwelligen Druck verweigerte und nur den gesetzlich vorgeschriebenen Grundwehrdienst absolvieren wollte (oder schlimmer noch die Idee hatte als Bausoldat[254] dienen zu wollen), dem wurden Steine in den Weg gelegt[255].
Die Masse der zukünftigen Studenten wählte den Weg des UaZ, des Unteroffiziers auf Zeit. Nach einer Ausbildungszeit von nur einem halben Jahr kamen die jungen Männer als Unteroffiziere in die Truppe. Im internationalen Vergleich war diese Ausbildungszeit sehr kurz. Aus der Kürze der Zeit auf die Qualität der Ausbildung schließen zu wollen führt aber in die Irre, denn dieser Ansatz übersieht einen entscheidenden Aspekt, den es in den westlichen Staaten so nicht gegeben hat und gibt: die vormilitärische Ausbildung. Jeder Junge musste in der DDR während seiner Schul- und Lehrzeit eine vormilitärische Ausbildung durchlaufen. Er lernte die Grundlagen des Soldatseins, Ordnung und Disziplin, das Marschieren, den Umgang mit der ABC-Schutzausrüstung, das Überwinden der Sturmbahn, das Orientieren im Gelände und, und, und. Während der vormilitärischen Ausbildung drückte man ihm zum ersten Mal eine automatische Waffe in die Hand.
Er konnte sich im Rahmen dieser Ausbildung auch weiter qualifizieren, konnte Fallschirmspringen, Motorradfahren lernen oder den LKW-Führerschein machen. Junge Männer, deren Berufsziel es war später im Cockpit eines Flugzeugs oder Hubschraubers zu sitzen, erlernten im Rahmen der vormilitärischen Ausbildung das Fliegen eines Segelflugzeugs und stiegen später auf das Motorflugzeug um.
Die NVA erhielt also im Gegensatz zur Bundeswehr am Tag der Einberufung keine blutigen Laien, denen man erst noch jede Kleinigkeit beibringen musste, sondern vorgebildetes Personal, das in recht kurzer Zeit vollständig ausgebildet werden konnte.
Neben der militärischen Ausbildung gab es eine sich ständig wiederholende politische Schulung, die unter der Hand »Rot-

248 So wurde z.B. regelmäßig überprüft wieviel Zeit ein Pilot brauchte um von seinem häuslichen Umfeld kommend im Cockpit Platz zunehmen. Dafür gab es Normzeiten, die unbedingt einzuhalten waren. Zum Zwecke der Alarmierung gab es in Wohnblocks, die für Militärangehörige und ihre Familien errichtet wurden, den sogenannten »Elch«. Der »Elch« war ein Signalhorn, das einen durchdringenden tiefen Alarmton von sich gab. Der »Elch« war auch in jeder Kaserne vorhanden. Beliebt war er nirgends.

249 Als Ausgang wurde eine kurze Stippvisite in der nächsten Ortschaft bezeichnet. Der Ausgang war zeitlich und räumlich beschränkt.

250 Die Zahl der Ausgänger war begrenzt. Das konnte dazu führen, dass sich die Masse der Wehrpflichtigen nach Dienstschluss in der Kaserne langweilte. Als Übersprungshandlung fingen Wehrpflichtige an sich untereinander zu schikanieren. Die Schikanen liefen zwischen den unterschiedlichen Diensthalbjahren ab. Man nannte dieses Verhalten »E-Bewegung« oder »EK-Bewegung«. Die Stärke der »E-Bewegung« war von Standort zu Standort unterschiedlich. Sie nahm teilweise exzessive Züge an.

251 Zu den begehrten Kurzurlauben gehörten der Kurzurlaub KU, der von Freitag nach Dienst bis Montag zum Dienst ging, sowie der Verlängerte Kurzurlaub VKU, der einen Tag länger dauerte und mit einem Tag Erholungsurlaub verrechnet wurde. Die Freude am Kurzurlaub wurde aber in vielen Fällen durch lange Reisezeiten vergällt. In der DDR war es üblich die Wehrpflichtigen weit von zu Hause einzusetzen. Wer im Süden der Republik wohnte und auf Usedom oder in Eggesin stationiert war brachte beinah mehr Zeit auf der Schiene zu, als das er bei seiner Familie daheim war.

252 Es gab nur ganz wenige Offiziere die Zeitsoldaten waren, also eine Dienstzeit von nur vier Jahren zu absolvieren hatten. Sie kamen nach einer relativ kurzen Ausbildungszeit als Unterleutnant in die Truppe. Berufsoffiziere begannen in der Regel im Alter von 23 Jahren ihren Truppendienst im Range eines Leutnants.

253 Das Fähnrichskorps wurde recht spät eingeführt. In ihm waren vor allem technische Spezialisten versammelt.

254 Bausoldaten oder »Spatensoldaten« waren die DDR-Variante des Wehrersatzdienstes. Die DDR war der einzige Staat in der Warschauer Vertragsorganisation, der einen Wehrersatzdienst hatte. Die »Spatensoldaten« hielten sich oft für »moralisch überlegen« und deshalb für »etwas Besseres«. Sie wurden von den Wehrpflichtigen in der Regel als »Drückeberger« verachtet. Eine Totalverweigerung des Wehrdienstes wurde in der DDR mit Gefängnis bestraft. In diesem Punkt unterschied sich die DDR nicht von der BRD. Deshalb setzten sich viele westdeutsche Totalverweigerer nach Westberlin ab, weil die dortige Bevölkerung nicht der Wehrpflicht unterlag.

255 Man konnte sich also bereits zu einem sehr frühen Zeitpunkt im Leben die Karriere versauen.

lichtbestrahlung« genannt wurde. Sie war zwar allgegenwärtig, erbrachte aber selten die gewünschten Resultate. Ein klares Feindbild gegenüber der Bundesrepublik konnte kaum vermittelt werden. Anders verhielt es sich wenn Militärangehörige tatsächlich mit dem »Gegner« konfrontiert wurden. Das betraf vor allem Angehörige der Grenztruppen, der Volksmarine und der Luftverteidigung.

Wer mit ehemaligen Grenzern spricht wird erfahren, dass es auf der anderen Seite der Grenze drei Arten von Beamten gab. Die einen ignorierten die DDR-Grenzer, die anderen warfen ab und zu mal eine Tafel Schokolade über den Zaun. Und dann gab es noch eine dritte Art von Beamten, die bei passender Gelegenheit ihre geladene Waffe anlegte und auf die DDR-Grenzer zielte[256].

Dieses aggressive Verhalten der westlichen Seite war keine Ausnahme. Es hatte Methode.

Schiffe der Bundesmarine verweigerten gegenüber den Schiffen der Volksmarine jahrelang den international üblichen Flaggengruß. Stattdessen war es für eine gewisse Zeit Usus die Geschütze auf die DDR-Schiffe zu richteten. Flugzeuge und Hubschrauber von Bundesmarine und Bundesluftwaffe, aber auch anderer NATO-Staaten, flogen regelmäßig Scheinangriffe auf Schiffe der Volksmarine. Scheinangriffe wurden von westlicher Seite auch auf DDR-Radarstellungen geflogen, bei denen sich massierte Flugzeugverbände im Tiefflug der Grenze näherten und erst kurz vor Grenzlinie abdrehten. Amerikanische Aufklärer überflogen auch gern mal ein Stückchen DDR-Gebiet.

Diese und ähnliche Erlebnisse hatten einen viel größeren Einfluss auf das Feindbild als alle Politschulungen zusammen. Das wirkt bis heute nach. Noch heute werden die NATO und die USA im Osten Deutschlands deutlich negativer gesehen als im Westen. Wer im Visier amerikanischer Nuklearwaffen aufgewachsen ist denkt und handelt anders als jener, der sich unter dem Schutzschild dieser Raketen dünkte.

Genau andersherum ist die Sichtweise auf Russland. Während die Masse der Menschen im Westen Russland noch heute fürchtet und ihm jede Schlechtigkeit zutraut, sieht man im Osten Deutschlands Russland viel gelassener. Die Erfahrungen aus den DDR-Zeiten spielen dabei eine große Rolle. Man kannte die »Russen«, man kam mit ihnen klar. Viele DDR-Bürger bereisten die Sowjetunion, lernten dieses Riesenland aus erster Hand kennen und viele auch lieben. Andere studierten dort oder erhielten in der SU[257] eine Ausbildung. Und dieser Erfahrungsschatz wirkt bis heute nach. Man sieht Russland im Wesentlichen positiv.

Die Kontakte mit den in der DDR stationierten sowjetischen Truppen waren dagegen recht spärlich. Ich hatte den Eindruck, dass sie von sowjetischer Seite auch nicht wirklich gewollt waren[258]. In der Regel blieb es bei einigen offiziellen Anlässen, ein enger Kontakt konnte so kaum zustande kommen. Die Kontakte reichten aber aus um zu erkennen, dass es in der Sowjetunion nicht nur Russen gab, sondern noch viele andere Völkerschaften. Und jede Völkerschaft schien einen eigenen Nationalcharakter zu haben. Da gab es heißblütige Kaukasier, die bei jeder passenden Gelegenheit gleich im Quadrat sprangen und jeden cholerischen Sizilianer wie einen Phlegmatiker wirken ließen. Dann gab es die eher gleichmütigen Russen, die nach dem Motto »Budjet, budjet«[259] lebten, und, und, und. Einige Völkerschaften waren uns Deutschen gegenüber zurückhaltender als andere. Das hatte in der Regel mit dem letzten Krieg zu tun. Dort wo der deutsche Soldat nicht gewütet hatte stand man uns Deutschen offen und freundlich gegenüber, während man in Gebieten die unter dem Krieg stark gelitten hatten[260] deutliche Vorurteile und Ressentiments spüren konnte.

Es ist schade, dass die Erfahrungen die die Ostdeutschen mit ihren östlichen Nachbarn zu DDR-Zeiten sammeln konnten im vereinigten Deutschland so wenig Beachtung gefunden haben. Das Verhältnis zwischen Deutschland und den Staaten Osteuropas, sowie Russland könnte heute deutlich besser und entspannter sein.

Der Zusammenbruch der DDR kam für die Menschen in Ost und West völlig überraschend. Wer heute von sich behauptet er hätte im September 1989 gewusst, dass es die DDR ein gutes Jahr später nicht mehr geben würde lügt.

Niemand hatte geahnt was kommen würde, niemand war darauf vorbereitet!

Genauso wenig wie man auf eine Vereinigung beider Staaten vorbereitet war. Vieles ist bei dieser überstürzten Entwicklung gut gelaufen. Etliches ging, sehr zum Schaden aller Deutschen, voll daneben. Was wahrlich nicht gut lief war die Geschichtsschreibung und Berichterstattung über die DDR. Sie war oftmals so einseitig, abgehoben und wiederholte stets nur die westlichen Klischees aus der Zeit des Kalten Krieges, dass die Masse der Ostdeutschen das Land in dem sie gelebt hat-

[256] Wer einmal in die Mündung einer MP5 geschaut hatte sah die »Brüder und Schwestern im Westen« plötzlich mit ganz anderen Augen.

[257] SU, sprich »Es-Uh«, war in der DDR die weitverbreitete Abkürzung für Sowjetunion.

[258] Ich hatte den Eindruck, dass man von sowjetischer Seite verhindern wollte, dass die einfachen Soldaten sahen wie die Konsumgüterausstattung in der DDR war. Im Vergleich zu den oftmals ärmlich gefüllten oder gar leeren Geschäften in der Sowjetunion wirkten die Kaufhallen der DDR übervoll. Für einen Sowjetbürger war der Besuch einer DDR-Kaufhalle ein ebenso großer Kulturschock, wie ihn die DDR Bürger erlebten als sie zum ersten Mal einen westdeutschen Supermarkt betraten. Viele Sowjetbürger konnten nicht verstehen, wieso die »besiegten Deutschen« besser lebten als die Bewohner der siegreichen Sowjetunion.

[259] »Budjet, budjet!« … sinngemäß übersetzt: »Wird schon werden!«

[260] Ukraine, Weißrussland und Teile Südrusslands.

ten nicht mehr wiedererkannten. Dieses Fremdeln mit der Geschichtsschreibung zog und zieht sich quer durch alle politischen Richtungen im Osten unseres Landes. Man findet es sowohl bei Vertretern der CDU, wie Lothar de Maiziere oder Peter-Michael Diestel[261], als auch der SPD, wie Petra Köpping[262], der Linken und auch bei einigen Bürgerbewegten.

Das Fremdeln mit dem vereinten Deutschland zeigte sich sehr bald darin, dass sich kurz nach dem Beitritt der neuen Bundesländer ein Bewusstsein als Ostdeutscher herausbildete. Das hatte es zu DDR-Zeiten bei der Masse der Menschen so nicht gegeben.

Dieses Buch, lieber Leser, befasst sich vordergründig mit den Hubschraubern und Flugzeugen der NVA. In den Nebensätzen und Fußnoten zeichnet es aber auch das Bild eines verschwundenen Landes mit seinen Vorzügen und Macken. Dieses Buch will nicht Schwarz-Weiß malen. Es will weder beschönigen, noch verdammen. Es will beschreiben wie es war. Dieses Buch wurde nicht im akademischen Kämmerlein geschrieben. Beim Schreiben dieses Buches wurde auf keine Befindlichkeit irgendeiner politischen Richtung geachtet. Es wurde von niemanden geschrieben, der die DDR und die NVA nur aus Büchern und Filmen kennt.

Es wurde von jemandem geschrieben, der von sich behaupten kann: »... und ich war dabei! «

Vielleicht leistet dieser dezidiert ostdeutsche Blick auf die Geschichte einen kleinen Beitrag dazu, dass die innere Spaltung unseres Landes endlich überwunden wird. 30 Jahre nach der Wende wäre es wahrlich Zeit dafür.

[261] Letzter Ministerpräsident der DDR und letzter Innenminister der DDR.
[262] Sozialministerin im Freistaat Sachsen

Anhang

In den folgenden Tabellen sind die Hubschrauber und Flugzeuge aufgeführt, die bei den Luftstreitkräften, den Armeefliegerkräften, den Marine- und Grenzfliegern zum Einsatz kamen. Alle hier aufgeführten Maschinen trugen schwarze taktische Nummern. Rote Nummern blieben Kampfflugzeugen vorbehalten. Eine Ausnahme bildeten die Hubschrauber der Marineflieger. Hier gab es eine Zeitlang große weiße Bordnummern. Mitunter waren weiße und schwarze Nummern gleichzeitig am Hubschrauber angebracht. Später waren manche schwarze Bordnummern weiß umrandet.

In der Spalte Bemerkungen wird gelegentlich der Begriff »Vorkommnis« aufgeführt. Ein Vorkommnis konnte alles bedeuten, von einem größeren Schaden, über eine Havarie bis hin zum Totalverlust.

Der Term »LW Nummer« gibt die von der Bundesluftwaffe nach 1990 verwendete taktische Nummer an. Ein »+« in der Mitte der Nummer zeigt an, dass das Eiserne Kreuz als Hoheitszeichen vergeben wurde. Ein Fehlen des »+« zeigt an, dass diese Maschine kein bundesdeutsches Hoheitszeichen erhielt.

Die »MTS« war die Militärtechnische Schule der Luftstreitkräfte »Harry Kuhn« in Bad Düben. Sie diente zur Ausbildung von technischem Personal. »OHS« war damals die gängige Abkürzung für eine Offiziershochschule.

Für die Passagierflugzeuge der Regierungsflieger sind auch die zivilen Kenner angegeben. In der ersten Zeit begannen die zivilen Kenner mit DM-. Später änderte man sie in DDR-. Der Grund hierfür war, dass die Bundesrepublik zusätzliche Kenner benötigte. Um einer Verwechslung von DM- mit D-M... zu vermeiden einigten sich beide Staaten darauf, dass die DDR auf den Kenner DM- verzichtete.

Mi-4 der NVA (Auswahl)				
Taktische Nummer	**Seriennummer**	**Indienststellung**	**Außerdienststellung**	**Bemerkung**
522	07 146	09.1963	01.12.1979	Nachnutzung Ausbildungsobjekt der LaSK[18]
525	01 012	09.1963	01.12.1979	MTS der LSK[19], Ausbildungsobjekt
528	06 146	09.1963	30.08.1977	Verschrottet
530	11 146	09.1963	01.12.1979	Nachnutzung als Bodenziel auf Schießplatz
533	02 146	09.1963	25.06.1979	MTS der LSK, Brandmittelplatz
534	04 146	09.1963	01.12.1979	Abgabe an Ungarn
536	09 146	09.1963	01.12.1979	Verschrottet
538	07 146	09.1963	01.12.1979	Brandmittelplatz
539	08 146	09.1963	25.06.1979	Verschrottet
546	08 142	09.1963	01.12.1979	Verschrottet
563	04 114	06.1962	01.12.1979	Nachnutzung: Bodenziel auf Schießplatz
569	13 146	09.1963	01.12.1979	Traditionsmaschine
571	09 142	09.1963	01.12.1979	Nachnutzung: Ausbildungsobjekt der LaSK.
576	12 146	1964	09.06.1978	Nach besonderem Vorkommnis abgeschrieben
578	02 127	1962	06.09.1976	Kollision mit 598
598	03 127	1962	06.09.1976	Kollision mit 578
746	07 127	1962	30.08.1977	Verschrottet
753	04 127	1962	30.08.1977	Verschrottet
759	08 127	1962	30.08.1977	Verschrottet
769	09 127	1962	30.08.1977	Verschrottet

Mi-4MÄ der Volksmarine				
Taktische Nummer	**Seriennummer**	**Indienststellung**	**Außerdienststellung**	**Bemerkung**
521	19 165	1965	28.02.1977	Verschrottet
524	20 165	1965	28.02.1977	Verschrottet
540	05 174	1966	28.02.1977	Verschrottet
543	06 174	1966	28.02.1977	Verschrottet

[18] LaSK … Landstreitkräfte
[19] MTS … Militärtechnische Schule … sprich: Unteroffiziersschule mit technischem Ausbildungsschwerpunkt, LSK … Luftstreitkräfte

Mi-2 der NVA und Grenztruppen				
Taktische Nummer	**Seriennummer**	**Indienststellung**	**Außerdienststellung**	**Bemerkung**
301	56 3401 044	...04.1974	03.10.1990	LW Nummer 94+50, a.D. 12.1992
302	56 3402 034	23.04.1974	28.09.1990	Grenztruppen, Abgabe an Polizei, DDR-VGA
303	56 3403 034	...04.1974	03.10.1990	LW Nummer 94+51, a.D. 12.1992
304	56 3404 044	23.04.1974	14.09.1990	Grenztruppen, Abgabe an Polizei, DDR-VGB
305	56 3405 044	...04.1974	03.10.1990	LW Nummer 94+52, a.D. 12.1992
306	56 3820 044	18.12.1974	03.10.1990	LW Nummer 94+53, a.D. 15.04.1992
307	56 3820 114	18.12.1974	14.09.1990	Grenztruppen, Abgabe an Polizei, DDR-VGC
308	56 3822 114	18.12.1974	03.10.1990	LW Nummer 94+54, a.D. 12.1992
309	56 3823 114	18.12.1974	03.10.1990	LW Nummer 94+55, a.D. 12.1992
310	56 3824 114	18.12.1974	03.10.1990	LW Nummer 94+56, a.D. 12.1992
311	56 8837 104	16.11.1984	14.09.1990	Grenztruppen, Abgabe an Polizei, DDR-VGD
312	56 3825 114	18.12.1974	18.12.1980	Notlandung nach Raketenschießen, ausgebrannt
312	56 8838 104	16.11.1984	14.09.1990	Grenztruppen, Abgabe an Polizei, DDR-VGE
314	56 9341 085	30.08.1985	14.09.1990	Grenztruppen, Abgabe an Polizei, DDR-VGF
322	56 9342 085	30.08.1985	14.09.1990	Grenztruppen, Abgabe an Polizei, DDR-VGH
328	51 4415 125	27.02.1976	03.10.1990	Fotoversion Mi-2F, LW Nummer 94+80, a.D. 06.1992
335	51 4416 125	27.02.1976	03.10.1990	Fotoversion Mi-2F, LW Nummer 94+70, a.D. 06.1992
347	56 4410 105	03.11.1975	03.10.1990	LW Nummer 94+71, a.D. 12.1992
348	56 4411 105	03.11.1975	03.10.1990	LW Nummer 94+57, a.D. 12.1992
351	56 4412 105	14.11.1975	30.08.1984	Absturz nach Kollision mit 384
352	56 4413 105	14.11.1975	03.10.1990	LW Nummer 94+58, a.D. 12.1992
358	56 4414 105	14.11.1975	26.08.1986	nach Havarie verschrottet
377	56 2247 032	26.04.1972	03.10.1990	LW Nummer 94+81, a.D. 04.1992
379	56 2248 032	26.04.1972	03.10.1990	LW Nummer 94+72, a.D. 12.1992
380	56 2249 032	26.04.1972	31.10.1975	Bruchlandung, danach Lehrobjekt MTS Bad Düben
381	56 2250 032	26.04.1972	03.10.1990	LW Nummer 94+82, a.D. 12.1992
382	56 2632 112	27.12.1972	03.10.1990	LW Nummer 94+59, a.D. 12.1992
383	56 2633 112	18.12.1972	03.10.1990	LW Nummer 94+60, a.D. 12.1992
384	56 2634 112	30.11.1972	30.08.1984	Absturz nach Kollision mit 351
385	56 2635 112	18.12.1972	03.10.1990	LW Nummer 94+61, a.D. 12.1992
386	55 3649 122	29.01.1973	03.10.1990	Seenotausrüstung, später Funkaufklärer, LW Nummer 94+83, a.D. 12.1992
387	55 2650 122	20.12.1972	07.04.1976	Seenotausrüstung, Absturz durch Wartungsfehler
388	55 2701 122	29.01.1973	03.10.1990	Seenotausrüstung, später Funkaufklärer, LW Nummer 94+73, a.D. 12.1992
392	56 3147 103	20.11.1973	03.10.1990	LW Nummer 94+62, a.D. 12.1992
393	56 3148 103	20.11.1973	03.10.1990	LW Nummer 94+63, a.D. 12.1992
395	56 3149 103	20.11.1973	21.03.1973	Absturz
401	56 3150 103	20.11.1973	14.09.1990	Grenztruppen, Abgabe an Polizei, DDR-VGI
420	56 2817 043	...04.1973	14.09.1990	Grenztruppen, Abgabe an Polizei, DDR-VGJ

Mi-2 der NVA und Grenztruppen				
Takt. Nr.	**Serien-Nr.**	**Indienststell.**	**Außerdienst.**	**Bemerkung**
423	56 2818 043	22.06.1973	03.10.1990	29.06.1986 Bruchlandung, wiederaufgebaut, LW Nummer 94+64, a.D. 12.1992
500	54 3048 083	30.08.1973	14.09.1990	Grenztruppen, Abgabe an Polizei, DDR-VGK
501	56 2819 043	22.06.1973	14.09.1990	Grenztruppen, Abgabe an Polizei, DDR-VGL
502	56 2820 043	26.06.1973	27.06.1990	Absturz wegen Wartungsfehler
503	56 2944 063	28.07.1973	03.10.1990	LW Nummer 94+65, a.D. 12.1992
504	56 2945 063	28.07.1973	14.09.1990	Grenztruppen, Abgabe an Polizei, DDR-VGM
506	56 2946 063	28.07.1973	03.10.1990	LW Nummer 94+66, a.D. 04.1992
555	54 3620 074	30.07.1974	14.09.1990	Grenztruppen, Abgabe an Polizei, DDR-VGN
556	54 3624 074	30.07.1974	14.09.1990	Grenztruppen, Abgabe an Polizei, DDR-VGO
557	54 3625 074	30.07.1974	14.09.1990	Grenztruppen, Abgabe an Polizei, DDR-VGP

Mi-8S der NVA und Grenztruppen				
Taktische Nummer	**Serien-nummer**	**Indienst-stellung**	**Außerdienst-stellung**	**Bemerkung**
970	10 552	03.1976	03.10.1990	LW Nummer 93+19
973	10 522	07.1973	03.10.1990	LW Nummer 93+20
960	10 548	03.1976	03.10.1990	LW Nummer 93+36
961	10 549	03.1976	03.10.1990	LW Nummer 93+37
962	10 550	03.1976	03.10.1990	LW Nummer 93+38
966	10 551	03.1976	03.10.1990	LW Nummer 93+39
974	10 523	07.1973	03.10.1990	LW Nummer 93+40
975	10 524	07.1973	03.10.1990	LW Nummer 93+41
976	10 532	12.1974	03.10.1990	LW Nummer 93+42
977	10 533	11.1974	03.10.1990	LW Nummer 93+43
990	10 585	01.1978	03.10.1990	LW Nummer 93+44
993	10 586	01.1978	03.10.1990	LW Nummer 93+45
998	10 584	01.1978	03.10.1990	LW Nummer 93+46
739	10 599	05.1981	03.10.1990	LW Nummer 93+60
732	10 597	05.1981	03.10.1990	LW Nummer 93+80
735	10 598	05.1981	03.10.1990	LW Nummer 93+55
911	10 733	12.1986	03.10.1990	LW Nummer 93+50
914	105 104	12.1986	03.10.1990	LW Nummer 93+51
915	105 106	11.1986	03.10.1990	LW Nummer 93+54
945	105 107	12.1986	03.10.1990	LW Nummer 93+52
950	105 108	04.1987	03.10.1990	LW Nummer 93+53
773	105 100	05.1981	03.10.1990	LW Nummer 94+01
397	0826	12.1968	03.10.1990	Grenztruppen
971	10 520	07.1973	03.10.1990	Grenztruppen

Mi-8T der NVA und Grenztruppen				
Taktische Nummer	**Seriennummer**	**Indienststellung**	**Außerdienststellung**	**Bemerkung**
390	0223	08.1968	15.09.1980	Flugvorkommnis, danach MTS Bad Düben
394	0323	07.1968	03.10.1990	LW Nummer 94+18
395	0423	07.1968	22.09.1972	Flugvorkommnis, danach MTS Bad Düben
398	031 233	07.1969	03.10.1990	LW Nummer 93+01
399	021 333	07.1969	03.10.1990	LW Nummer 93+02
389	10 510	07.1970	03.10.1990	LW Nummer 93+30
400	10 511	07.1970	03.10.1990	LW Nummer 93+03
626	10 512	05.1971	03.10.1990	LW Nummer 93+04
627	10 513	06.1971	03.10.1990	LW Nummer 93+19
630	10 514	05.1971	03.10.1990	LW Nummer 93+31
631	10 515	05.1971	03.10.1990	LW Nummer 93+05
632	10 516	05.1971	03.10.1990	LW Nummer 93+32
633	10 517	05.1971	03.10.1990	LW Nummer 93+33
634	10 518	05.1971	03.10.1990	LW Nummer 93+06
636	10 519	05.1971	11.06.1981	Flugvorkommnis, danach MTS Bad Düben
909	10 525	04.1974	03.10.1990	LW Nummer 94+20
910	10 526	04.1974	03.10.1990	LW Nummer 94+21
911	10 527	04.1974	06.04.1976	Flugvorkommnis, danach OHS der LSK/LV
912	10 528	04.1974	03.10.1990	LW Nummer 94+22
913	10 529	04.1974	03.10.1990	LW Nummer 94+23
902	10 530	08.1974	03.10.1990	LW Nummer 93+34
903	10 531	04.1974	03.10.1990	LW Nummer 93+35
985	10 534	07.1974	03.10.1990	LW Nummer 94+24
906	10 535	08.1974	03.10.1990	LW Nummer 94+02
907	10 536	08.1974	03.10.1990	LW Nummer 94+03
921	10 537	04.1975	03.10.1990	LW Nummer 93+07
922	10 538	04.1975	03.10.1990	LW Nummer 93+08
923	10 539	04.1975	03.10.1990	LW Nummer 93+08
924	10 540	06.1975	03.10.1990	LW Nummer 93+10
926	10 541	11.1975	03.10.1990	LW Nummer 93+12
925	10 542	11.1975	03.10.1990	LW Nummer 93+11
927	10 543	11.1975	03.10.1990	LW Nummer 93+14
928	10 544	07.1975	03.10.1990	LW Nummer 93+15
930	10 545	11.1975	03.10.1990	LW Nummer 93+16
931	10 546	11.1975	03.10.1990	Grenztruppen, LW Nummer 93+17
932	10 547	11.1975	03.10.1990	LW Nummer 93+18
391	105 101	06.1982	03.10.1990	LW Nummer 94+17

Mi-8TB der NVA				
Taktische Nummer	Seriennummer	Indienststellung	Außerdienststellung	Bemerkung
124	10 553	03.1977	03.10.1990	LW Nummer 93+61
125	10 554	03.1977	03.10.1990	LW Nummer 93+62
126	10 555	04.1977	03.10.1990	LW Nummer 93+63
128	10 556	04.1977	03.10.1990	LW Nummer 93+64
129	10 557	04.1977	03.10.1990	LW Nummer 93+65
130	10 558	04.1977	03.10.1990	LW Nummer 93+66
131	10 559	04.1977	03.10.1990	LW Nummer 93+67
133	10 561	03.1977	03.10.1990	LW Nummer 93+81
134	10 562	03.1977	03.10.1990	LW Nummer 93+69
135	10 563	03.1977	03.10.1990	LW Nummer 93+82
807	10 564	02.1977	03.10.1990	Marineflieger, LW Nummer 94+04
808	10 565	02.1977	03.10.1990	Marineflieger, LW Nummer 94+05
810	10 566	02.1977	03.10.1990	Marineflieger, LW Nummer 94+06
812	10 567	02.1977	03.10.1990	Marineflieger, LW Nummer 94+07
814	10 568	03.1977	03.10.1990	Marineflieger, LW Nummer 94+08
818	10 569	03.1977	03.10.1990	Marineflieger, LW Nummer 94+09
820	10 570	04.1977	10.01.1980	Marineflieger, Flugvorkommnis Kollision mit 824
824	10 571	04.1977	10.01.1980	Marineflieger, Flugvorkommnis Kollision mit 820
827	10 572	06.1977	03.10.1990	Marineflieger, LW Nummer 94+10
830	10 573	06.1977	03.10.1990	Marineflieger, LW Nummer 94+11
831	10 574	06.1977	03.10.1990	Marineflieger, LW Nummer 94+12
834	10 575	06.1977	03.10.1990	Marineflieger, LW Nummer 94+14
750	10 576	07.1977	03.10.1990	LW Nummer 93+83
751	10 577	07.1977	03.10.1990	LW Nummer 93+70
752	10 578	07.1977	03.10.1990	LW Nummer 93+84
755	10 579	07.1977	03.10.1990	LW Nummer 93+71
763	10 580	07.1977	03.10.1990	LW Nummer 93+85
764	10 581	07.1977	03.10.1990	LW Nummer 93+86
768	10 582	07.1977	03.10.1990	LW Nummer 93+87
933	10 587	06.1978	03.10.1990	LW Nummer 93+72
934	10 588	06.1978	03.10.1990	LW Nummer 93+88
935	10 589	06.1978	03.10.1990	LW Nummer 93+73
936	10 590	06.1978	03.10.1990	LW Nummer 93+74
937	10 591	04.1979	03.10.1990	LW Nummer 93+89
938	10 592	05.1979	03.10.1990	LW Nummer 93+75
939	10 593	04.1979	03.10.1990	LW Nummer 93+90
940	10 594	05.1979	03.10.1990	LW Nummer 93+76

Mi-9 der NVA				
Taktische Nummer	**Seriennummer**	**Indienststellung**	**Außerdienststellung**	**Bemerkung**
402	340 002	05.1984	03.10.1990	LW Nummer 93+95
405	340 003	05.1984	03.10.1990	LW Nummer 93+96
407	340 004	05.1984	03.10.1990	LW Nummer 93+97
409	340 005	11.1983	03.10.1990	LW Nummer 93+91
411	340 006	12.1983	03.10.1990	LW Nummer 93+92
416	340 007	12.1983	03.10.1990	LW Nummer 93+93
426	340 008	12.1983	03.10.1990	LW Nummer 93+94
482	340 001	05.1984	03.10.1990	LW Nummer 93+98

Mi-14PL der Volksmarine				
Taktische Nummer	**Seriennummer**	**Indienststellung**	**Außerdienststellung**	**Bemerkung**
617	B4001	31.10.1979	03.10.1990	LW Nummer 95+01
618	B4002	31.10.1979	03.10.1990	LW Nummer 95+02
619	B4003	31.10.1979	03.10.1990	LW Nummer 95+03
620	B4004	19.08.1990	03.10.1990	LW Nummer 95+04
625	B4005	19.08.1980	03.10.1990	LW Nummer 95+05
637	B4006	19.08.1980	03.10.1990	LW Nummer 95+06
638	B4007	19.08.1980	30.07.1984	Absturz im Strelasund
640	B4008	19.08.1980	03.10.1990	LW Nummer 95+07, Abgabe an USA »91-3790«
643	B4009	19.08.1980	03.10.1990	LW Nummer 95+08, Abgabe an USA

Mi-14BT der Volksmarine				
Taktische Nummer	**Seriennummer**	**Indienststellung**	**Außerdienststellung**	**Bemerkung**
646	Z4010	...12.1985	03.10.1990	LW Nummer 95+09
647	Z4011	...12.1985	03.10.1990	LW Nummer 95+10
648	Z4012	...12.1985	03.10.1990	LW Nummer 95+11
653	Z4013	...12.1985	03.10.1990	LW Nummer 95+12
654	Z4014	...12.1985	03.10.1990	LW Nummer 95+14
655	Z4015	...12.1985	03.10.1990	LW Nummer 95+15

Mi-24D der NVA				
Taktische Nummer	**Seriennummer**	**Indienststellung**	**Außerdienststellung**	**Bemerkung**
390	110 156	13.03.1981	03.10.1990	LW Nummer 96+01, Abgabe an Polen 1996 ‚156‘
396	110 157	17.08.1981	03.10.1990	LW Nummer 96+02, Abgabe an Ungarn 1995
403	B 4001	28.06.1978	03.10.1990	LW Nummer 96+20, Abgabe an Ungarn 1995
406	B 4002	28.06.1978	03.10.1990	LW Nummer 96+21, Museum in GB 1996

Mi-24D der NVA				
Takt. Nr.	**Serien-Nr.**	**Indienststell.**	**Außerdienst.**	**Bemerkung**
407	B 4003	28.06.1978	26.08.1980	Absturz durch Überschreitung der zulässigen Flugparameter, Hauptrotor berührt Heckausleger
408	110 158	13.03.1981	03.10.1990	1986 durch Unfall beschädigt, LW Nummer 96+22, in WTD 61 als 98+31 zwischen 1992 und 96 geflogen
412	B 4004	03.09.1978	03.10.1990	LW Nummer 96+23, Abgabe an Polen 1996
414	B 4069	05.06.1979	03.10.1990	LW Nummer 96+03, Abgabe an Polen 1996
415	B 4070	31.07.1979	26.10.1984	Absturz nach Kollision mit Antennenmast im Nebel
417	B 4071	08.06.1979	03.10.1990	LW Nummer 96+24, Abgabe an Ungarn 1995
418	B 4072	11.06.1979	03.10.1990	LW Nummer 96+25, Abgabe an Ungarn 1995
421	110 159	08.02.1981	03.10.1990	LW Nummer 96+26, Museum in GB 1995
424	110 160	09.04.1981	03.10.1990	LW Nummer 96+04, Abgabe an Ungarn 1995
433	110 161	13.04.1981	03.10.1990	LW Nummer 96+05, Abgabe an Ungarn 1995
434	110 162	14.04.1981	03.10.1990	LW Nummer 96+27, Abgabe an Ungarn 1995
446	110 163	22.04.1981	03.10.1990	LW Nummer 96+06, Abgabe an Polen 1996 ‚163‘
447	110 164	27.04.1981	03.10.1990	LW Nummer 96+28, Abgabe an Ungarn 1995
485	340 272	29.03.1983	03.10.1990	LW Nummer 96+29, Abgabe an Polen 1996 ‚272‘
487	110 165	05.05.1981	03.10.1990	LW Nummer 96+07, Abgabe an Ungarn 1995
494	110 166	18.03.1981	03.10.1990	LW Nummer 96+30, Abgabe an US Army ‚88-0616‘ 12.04.1991
495	110 167	21.05.1981	03.10.1990	LW Nummer 96+31, Abgabe an Polen 1996 ‚167‘
496	110 168	28.03.1981	03.10.1990	LW Nummer 96+32, Abgabe an Ungarn 1995
498	110 170	04.06.1981	03.10.1990	LW Nummer 96+08, Abgabe an Polen 1996 ‚170‘
520	110 169	08.06.1981	03.10.1990	LW Nummer 96+09, Abgabe an Polen 1996 ‚169‘
521	110 171	15.06.1981	03.06.1982	Absturz nach Baumberührung, Wiederaufbau, als 5211 Lehrmittel der MTS Bad Düben, heute LW-Museum Gatow
522	110 172	25.06.1981	03.10.1990	LW Nummer 96+10, Abgabe an Ungarn 1995
523	110 173	01.07.1981	03.10.1990	LW Nummer 96+11, Abgabe an Ungarn 1995
524	340 269	19.05.1983	03.10.1990	LW Nummer 96+12, Abgabe an Polen 1996 ‚269‘
525	340 270	19.05.1983	03.10.1990	LW Nummer 96+13, Abgabe an Polen 1996 ‚270‘
528	340 273	01.04.1983	03.10.1990	LW Nummer 96+33, Museum Belgien 1995
529	340 271	23.03.1983	03.10.1990	LW Nummer 96+34, Abgabe an Polen 1996 ‚271‘
530	340 274	04.04.1983	03.10.1990	LW Nummer 96+35, Museum Belgien 1995
532	340 275	14.04.1983	03.10.1990	LW Nummer 96+36, Abgabe an Ungarn 1995
533	340 276	12.04.1983	03.10.1990	LW Nummer 96+37, Abgabe an Polen 1996 ‚276‘
534	730 209	01.03.1982	03.10.1990	LW Nummer 96+14, Abgabe an Polen 1996 ‚209‘
536	730 210	03.03.1982	03.10.1990	LW Nummer 96+15, Abgabe an Polen 1996 ‚210‘
538	730 308	24.02.1982	03.10.1990	LW Nummer 96+16, Abgabe an Polen 1996 ‚208‘
539	730 211	09.03.1982	03.10.1990	LW Nummer 96+17, Abgabe an Polen 1996 ‚211‘
540	730 212	17.03.1982	03.10.1990	LW Nummer 96+18, Abgabe an Ungarn 1995
543	730 213	23.03.1982	03.10.1990	LW Nummer 96+19, Abgabe an Polen 1996 ‚213‘
544	340 277	28.03.1983	03.10.1990	LW Nummer 96+38, Abgabe an Polen 1996 ‚277‘
547	340 278	27.04.1983	03.10.1990	LW Nummer 96+39, bei WTD 61 als 98+32 bis 1997 geflogen, heute Flugplatzmuseum Cottbus

Mi-24P der NVA				
Taktische Nummer	**Serien-nummer**	**Indienst-stellung**	**Außerdienst-stellung**	**Bemerkung**
357	340 330	30.11.1989	03.10.1990	LW Nummer 96+40, bei WTD 61 als 98+33 geflogen, danach in den Wehrtechnische Sammlungen Koblenz ausgestellt
358	340 331	09.12.1989	03.10.1990	LW Nummer 96+41, Abgabe an Ungarn 1995
361	340 332	09.12.1989	03.10.1990	LW Nummer 96+42, Abgabe an Ungarn 1995
387	340 333	07.12.1989	03.10.1990	LW Nummer 96+43, Luftwaffenmuseum Gatow 1995
415	340 334	04.12.1989	03.10.1990	LW Nummer 96+44, Abgabe an Ungarn 1995
422	340 335	10.12.1989	03.10.1990	LW Nummer 96+45, Abgabe an Ungarn 1995
439	340 336	07.12.1989	03.10.1990	LW Nummer 96+46, Abgabe an Ungarn 1995
442	340 337	18.12.1989	03.10.1990	LW Nummer 96+47, bei WTD 61 als 98+34 geflogen, 1998 Museum Speyer
444	340 338	17.12.1989	03.10.1990	LW Nummer 96+48, Abgabe an Ungarn 1995
464	340 339	17.12.1989	03.10.1990	LW Nummer 96+49, Museum
480	340 340	18.12.1989	03.10.1990	LW Nummer 96+50, Museum
512	340 341	18.12.1989	03.10.1990	LW Nummer 96+51, Abgabe an US Army ‚92-2770' 12.04.1991

L-29 Delfin der NVA				
Taktische Nummer	**Serien-nummer**	**Indienst-stellung**	**Außerdienst-stellung**	**Bemerkung**
311	69 2053	...06.1966	17.11.1980	Verwendung als Denkmal
313	69 2054	...06.1966	17.11.1980	Armeemuseum Dresden
315	69 2055	...06.1966	26.04.1976	besonderes Vorkommnis
316	49 0737	1964	22.11.1978	verschrottet
317	49 0738	1964	21.11.1978	verschrottet
319	69 2056	...06.1966	26.04.1976	besonderes Vorkommnis
321	69 2057	...06.1966	17.11.1980	verschrottet
323	69 1499	...06.1966	17.11.1980	verschrottet
324	59 1510	...06.1965	17.11.1980	verschrottet
326	59 1512	...06.1965	16.10.1980	Lehrobjekt OHS
327	69 2058	...06.1966	17.11.1980	verschrottet
329	59 1522	...06.1965	17.11.1980	verschrottet
330	69 2059	...06.1966	17.11.1980	verschrottet
331	59 1523	...06.1965	17.11.1980	verschrottet
332	69 2060	...06.1966	29.02.1980	verschrottet
336	59 1524	...06.1965	17.11.1980	verschrottet
337	49 0739	1964	17.11.1980	verschrottet
338	59 1525	...06.1965	17.11.1980	Museum Bautzen
339	69 2061	...06.1966	17.11.1980	verschrottet
340	59 1526	...06.1965	17.11.1980	verschrottet
341	49 0740	1964	22.11.1978	verschrottet
342	49 0834	1964	22.11.1978	verschrottet

L-29 Delfin der NVA				
343	59 1527	...06.1965	22.11.1978	verschrottet
345	59 1528	...06.1965	17.11.1980	verschrottet
349	49 0836	1964	17.11.1980	verschrottet
350	59 1529	...06.1965	17.11.1980	verschrottet
353	59 1530	...06.1965	16.10.1980	Lehrmittel an OHS
354	49 0837	1964	22.11.1978	verschrottet
355	49 0838	1964	16.10.1980	Lehrmittel an OHS
356	49 0731	1964	22.11.1978	verschrottet
357	49 0732	1964	17.11.1980	verschrottet
359	59 1531	...06.1965	17.11.1980	verschrottet
360	49 0733	1964	22.11.1978	verschrottet
361	49 0734	1964	17.11.1980	verschrottet
362	59 1532	...06.1965	17.11.1980	verschrottet
363	49 0735	1964	29.02.1980	verschrottet
364	49 0736	1964	22.11.1978	verschrottet
365	59 1533	...06.1965	17.11.1980	verschrottet
366	59 1534	...06.1965	17.11.1980	verschrottet
367	49 0839	1964	26.03.1977	besonderes Vorkommnis
368	49 0840	1964	22.11.1978	verschrottet
369	49 0841	1964	22.11.1978	verschrottet
370	59 1535	...06.1965	17.11.1980	verschrottet
373	49 0843	1964	29.02.1980	verschrottet
374	59 1536	...06.1965	22.11.1978	verschrottet
375	49 0844	1964	22.11.1978	verschrottet
378	49 0845	1964	22.11.1978	verschrottet

L-39ZO der NVA				
Taktische Nummer	**Serien-nummer**	**Indienst-stellung**	**Außerdienst-stellung**	**Bemerkung**
139	73 1001	26.10.1977	03.10.1990	LW Nummer 28 01
140	73 1002	28.11.1977	03.10.1990	LW Nummer 28 02
141	73 1003	28.11.1977	03.10.1990	LW Nummer 28 03
142	73 1004	14.11.1977	03.10.1990	LW Nummer 28 04
143	73 1005	14.11.1977	03.10.1990	LW Nummer 28 05
144	73 1006	25.10.1977	03.10.1990	LW Nummer 28 06
145	73 1008	26.10.1977	03.10.1990	LW Nummer 28 07
146	73 1009	25.10.1977	03.10.1990	umnummeriert zu 161
147	73 1010	28.11.1977	03.10.1990	LW Nummer 28 08
149	73 1012	04.11.1977	03.10.1990	LW Nummer 28 09
150	73 1013	04.11.1977	03.10.1990	LW Nummer 28 10
151	73 1014	04.11.1977	03.10.1990	LW Nummer 28 11

Takt. Nr.	Serien-Nr.	Indienststell.	Außerdienst.	Bemerkung
152	73 1015	04.11.1977	03.10.1990	LW Nummer 28 12
153	73 1016	04.11.1977	03.10.1990	LW Nummer 28 13, nur für Fotoaufnahmen 28+13
154	73 1017	28.11.1977	03.10.1990	LW Nummer 28 14
155	73 1018	28.11.1977	03.10.1990	LW Nummer 28 15
156	73 1019	28.11.1977	13.06.1989	Absturz nach Triebwerksausfall
157	73 1020	28.11.1977	03.10.1990	LW Nummer 28 16
158	73 1021	28.11.1977	03.10.1990	LW Nummer 28 17
159	73 1022	28.11.1977	03.10.1990	LW Nummer 28 18
160	73 1011	04.11.1977	03.10.1990	LW Nummer 28 19
161	73 1009	25.10.1977	03.10.1990	vorher 146, LW Nummer 28 20
162	83 1125	03.04.1978	03.10.1990	LW Nummer 28 21
164	83 1114	14.03.1978	03.10.1990	LW Nummer 28 22
165	83 1115	14.03.1978	03.10.1990	LW Nummer 28 23
166	83 1116	14.03.1978	03.10.1990	LW Nummer 28 24
172	83 1117	22.03.1978	04.07.1988	Absturz nach überzogenem Flugzustand
173	83 1118	21.04.1978	03.10.1990	LW Nummer 28 25
174	83 1119	22.03.1978	03.10.1990	LW Nummer 28 26
175	23 2301	28.07.1982	03.10.1990	LW Nummer 28 27
177	83 1120	22.03.1978	03.10.1990	LW Nummer 28 28
178	23 2302	28.07.1982	03.10.1990	LW Nummer 28 29
180	23 2303	28.07.1982	03.10.1990	LW Nummer 28 30
182	23 2304	28.07.1982	03.10.1990	LW Nummer 28 31
187	83 1121	03.04.1978	03.10.1990	LW Nummer 28 50
188	83 1122	03.04.1978	03.10.1990	LW Nummer 28 32
189	83 1123	03.04.1978	03.10.1990	LW Nummer 28 33
191	83 1124	03.04.1978	03.10.1990	LW Nummer 28 34
192	83 1132	21.04.1978	03.10.1990	LW Nummer 28 35
194	83 1126	03.04.1978	03.10.1990	LW Nummer 28 36
195	83 1127	21.04.1978	03.10.1990	LW Nummer 28 37
196	83 1128	21.04.1978	03.10.1990	LW Nummer 28 38
197	83 1129	21.04.1978	03.10.1990	LW Nummer 28 39
198	83 1130	21.04.1978	03.10.1990	LW Nummer 28 40
199	83 1131	10.05.1978	03.10.1990	LW Nummer 28 41
200	83 1133	10.05.1978	03.10.1990	LW Nummer 28 51
214	83 1134	10.05.1978	03.10.1990	LW Nummer 28 42
216	83 1135	10.05.1978	03.10.1990	LW Nummer 28 43
222	83 1136	23.05.1978	03.10.1990	LW Nummer 28 52
271	83 1137	23.05.1978	03.10.1990	LW Nummer 28 44
273	83 1138	23.05.1978	03.10.1990	LW Nummer 28 45
277	83 1139	10.05.1978	03.10.1990	LW Nummer 28 46
279	83 1140	23.05.1978	03.10.1990	LW Nummer 28 47

L-39V der NVA				
Taktische Nummer	Seriennummer	Indienststellung	Außerdienststellung	Bemerkung
170	63 0705	30.05.1980	03.10.1990	LW Nummer 28 48
171	63 0715	… .06.1980	03.10.1990	LW Nummer 28 49, nur für Fotoaufnahmen 28+49

An-2 der NVA				
Taktische Nummer	Seriennummer	Indienststellung	Außerdienststellung	Bemerkung
801	12 801	...1953	03.10.1990	An-2T, zuerst mit Rotem Stern geflogen
802	12 802	...1953	03.10.1990	An-2T, zuerst mit Rotem Stern geflogen
450	17 205	02.01.1957	03.10.1990	An-2S
845	17 207	30.04.1958	03.10.1990	An-2S
451	17 308	...1957	03.10.1990	An-2T
452	17 309	...1957	03.10.1990	An-2T
453	17 311	29.01.1957	03.10.1990	An-2T
454	17 612	...1957	03.10.1990	An-2T
455	17 710	...1957	03.10.1990	An-2T
888	17 802	10.05.1957	01.08.1990	An-2T, Abgabe an Interflug DDR-SKL
757	17 805	...1957	03.10.1990	An-2T
458	17 807	18.05.1957	22.06.1990	An-2T, Abgabe an Interflug DDR-SKI
456	17 812	24.11.1957	03.10.1990	An-2T
826	17 906	...1957	...06.1990	An-2T, Abgabe an Armeemuseum Dresden
857	17 912	11.06.1957	03.10.1990	An-2T
459	18 118	24.11.1957	26.04.1990	An-2T, Abgabe an Interflug DDR-SKE
812	18 120	01.02.1958	15.04.1976	An-2T, von GST als DM-WCZ verwendet, danach Denkmal in OHS Bautzen
866	19 317	26.02.1958	22.06.1990	An-2T, Abgabe an Interflug DDR-SKJ
839	19 318	...1958	03.10.1990	An-2T
855	19 329	18.05.1958	03.10.1990	An-2TP
817	19 320	28.02.1958	03.10.1990	An-2T
833	19 505	... 1958	02.07.1979	An-2T, nach Havarie abgeschrieben
815	19 508	27.03.1958	25.04.1990	An-2TP, Abgabe an Interflug DDR-SKD
863	112 208	29.07.1959	03.04.1990	An-2T, Abgabe an Interflug DDR-SKG
469	113 901	...1960	03.10.1990	An-2T, zwischen 1960 und 1979 von GST als DM-WCX genutzt
880	117 011	...1962	20.04.1989	An-2T, nach Havarie abgeschrieben
822	117 012	17.11.1962	03.10.1990	An-2T
811	117 419	10.12.1962	03.03.1990	An-2T, Abgabe an Interflug DDR-SKF
803	1G 158-95	...1974	?	An-2TD
804	1G 160-01	07.03.1975	03.10.1990	An-2TD
805	1G 160-02	07.03.1975	03.10.1990	An-2TD
799	1G 180-41	20.07.1978	01.03.1990	An-2TD, Abgabe an Interflug DDR-SKB
800	1G 180-42	20.07.1978	30.03.1990	An-2TD, Abgabe an Interflug DDR-SKC

An-14 der NVA				
Taktische Nummer	**Serien-nummer**	**Indienst-stellung**	**Außerdienst-stellung**	**Bemerkung**
994	60 0903	05.1966	01.11.1980	blaue Fensterstreifen, 1977 Tarnbemalung
995	60 1005	06.1966	01.09.1980	rote Fensterstreifen, 1977 Tarnbemalung
996	60 0904	05.1966	13.11.1981	blaue Fensterstreifen, 1977 Tarnbemalung
997	60 0902	05.1966	13.11.1981	rote Fensterstreifen, 1977 Tarnbemalung

An-26 der NVA				
Taktische Nummer	**Serien-nummer**	**Indienst-stellung**	**Außerdienst-stellung**	**Bemerkung**
359	14 307	30.04.1986	03.10.1990	Passagiereinrichtung, DDR-SBK, LW 52+11, LTG 65, a.D. Nov 1992
364	10 605	27.01.19891	03.10.1990	DDR-SBC, LW 52+06, LTG 65, a.D. 30.12.1992
367	10 607	02.02.1981	03.10.1990	02.11.87 Havarie in Maputo, DDR-SBA, LW 52+07, LTG 65, a.D. 27.10.1992
368	10 706	03.02.1981	03.10.1990	DDR-SBB, LW 52+08, a.D. 30.01.1991
369	11 402	10.09.1981	03.10.1990	Messflugzeug, DDR-SBL, LW 52+09, JBG 34, a.D. Jun.1993, 1994 Abgabe an LW Museum Gatow
371	10 404	11.12.1980	03.10.1990	DDR-SBE, LW 52+01, LTG 65, a.D. 10.11.1992
372	10 405	11.12.1980	03.10.1990	DDR-SBG, LW 52+02, LTG 65, a.D. Nov 1992
373	14 208	20.12.1985	03.10.1990	Funkaufklärer, DDR-SBM, LW 52+10, LTG 65, abgeschrieben nach Landeunfall 27.01.1992
374	10 407	15.12.1980	03.10.1990	DDR-SBF, LW 52+03, LTG 65, a.D. 23.10.1992
375	10 409	15.12.1980	03.10.1990	Passagiereinrichtung, DDR-SBN, LW 52+04, a.D. 01.12.1990
376	10 509	30.04.1986	03.10.1990	Passagiereinrichtung, DDR-SBD, LW 52+05, a.D. 17.12.1990
384	14 308	30.04.1986	03.10.1990	DDR-SBH, LW 52+12, LTG 65, a.D. Nov 1992

IL-18 der NVA				
Taktische Nummer/ Zivilkenner	**Serien-nummer**	**Indienst-stellung**	**Abgabe an Interflug**	**Bemerkung**
493	18 000 2302	28.10.1960	03.09.1964	IL-18W, DM-STC, DDR-STC, DDR-STD, 26.10.87 a.D.
499	18 200 5101	10.10.1962	03.06.1964	IL-18W, DM-STE, DDR-STE, 01.11.89 a.D.
497	18 400 7401	06.07.1964	01.04.1970	IL-18W, DM-STP, DDR-STP
DM-STH	18 400 7305	12.09.1964	01.02.1970	IL-18W, DDR-STH, Museum Hermeskeil
DM-STI	18 500 8404	26.11.1965	24.01.1974	IL-18W, DDR-STI
DM-STM	18 801 0805	22.06.1968	01.03.1974	IL-18D, DDR-STM

IL-18 der NVA				
Taktische Nummer/Zivilkenner	**Seriennummer**	**Indienststellung**	**Abgabe an Interflug / Außerdienststellung**	**Bemerkung**
121 / DDR-SEK	48 31 517	11.1978	15.12.1987	Interflug
122 / DDR-SEL	49 34 734	12.1979	30.11.1984	Interflug
108 / DDR-SEV	37 49 224	11.1987	03.10.1990	LW 11+20, Honeckers »Air Force One«
120 / DDR-SEN	32 42 432	09.1982	03.10.1990	LW 11+21
136 / DDR-SEP	44 45 827	10.1984	03.10.1990	LW 11+22
DM-STM	18 801 0805	22.06.1968	01.03.1974	IL-18D, DDR-STM

Tu-134 der NVA				
Taktische Nummer/Zivilkenner	**Seriennummer**	**Indienststellung**	**Abgabe an Interflug / Außerdienststellung**	**Bemerkung**
115 / DDR-SDL	60 108	11.1977	01.06.1990	Verkauf an Vietnam
116 / DDR-SDM	60 435	06.1978	01.06.1990	Verkauf an Vietnam
117 / DDR-SDN	60 612	08.1978	01.06.1990	Verkauf an Vietnam
118 / DDR-SDO	62 259	05.1979	01.06.1990	Verkauf an Vietnam
119 / DDR-SDP	63 260	06.1980	01.06.1990	Verkauf an Vietnam
123 / DDR-SDK	49 900	05.1977	01.06.1990	Verkauf an Vietnam
170 / DM-SCN	2101	11.1973	17.11.1977	Interflug, DDR-SCN
171 / DM-SCO	2106	12.1973	12.06.1978	Interflug, DDR-SCO
175 / DM-SCP	2205	03.1974	13.10.1978	Interflug, DDR-SCP
176 / DM-SCR	2206	03.1974	05.06.1980	Interflug, DDR-SCR
178 / DM-SCS	2207	03.1974	30.05.1979	Interflug, DDR-SCS
179 / DM-SCW	13 218	06.1975	27.05.1982	Interflug, DDR-SCW
181 / DM-SCB	35 180	07.1975	10.03.1982	Interflug, DDR-SCB
182 / DM-SCL	1305	07.1971	12.06.1977	Interflug, DDR-SCL
183 / DM-SCE	38 010	09.1975	24.03.1983	Interflug, DDR-SCE
183 / DDR-SDT	63 998	03.1983	23.04.1990	Verkauf an Sowjetunion
185 / DM-SDF	40 150	10.1975	25.08.1983	Interflug, DDR-SDF
186 / DM-SDG	46 155	03.1976	15.12.1988	Interflug, DDR-SDG
176 / DDR-SDR	63 967	05.1982	03.10.1990	LW 11+10
184 / DDR-SDS	63 952	03.1982	03.10.1990	LW 11+11
193 / DDR-SDU	66 135	09.1983	03.10.1990	LW 11+12

Tu-154M der NVA				
Taktische Nummer/Zivilkenner	**Seriennummer**	**Indienststellung**	**Außerdienststellung NVA**	**Bemerkung**
114 / DDR-SFA	89A-799	16.05.1989	03.10.1990	LW 11+01, a.D. 2000 verkauft
121 / DDR-SFB	89A-813	18.09.1989	03.10.1990	LW 11+02, Umbau zum »Open Skies« Flugzeug, Absturz nach Kollision vor der Küste Namibias am 13.09.1997

L-410 Turbolet der NVA				
Taktische Nummer	**Serien-nummer**	**Indienst-stellung**	**Außerdienst-stellung**	**Bemerkung**
313	81 0726	10.12.1981	03.10.1990	LW 53+01, 23.02.93 Estland ES-EPA
316	81 0727	10.12.1981	03.10.1990	LW 53+02, 23.02.93 Estland ES-EPI
317	80 0524	16.12.1980	03.10.1990	Muräne, LW 53+09, a.D. 2000, verkauft
318	80 0525	16.12.1980	03.10.1990	Barracuda, LW 53+10, a.D. 2000, Luftwaffenmuseum Gatow
319	80 0526	16.12.1980	03.10.1990	Kaiman, LW 53+11, a.D. 2000, verkauft
320	80 0527	16.12.1980	03.10.1990	Chamäleon, LW 53+12, a.D. 2000, verkauft
321	82 0737	10.02.1982	03.10.1990	LW 53+03, 23.02.93 LSK Lettland »45« später »145«
323	82 0738	10.02.1982	03.10.1990	LW 53+04, 23.02.93 LSK Litauen »01«
324	82 0739	10.02.1982	03.10.1990	LW 53+05, 23.02.93 LSK Litauen »02«
325	83 1135	20.12.1983	03.10.1990	LW 53+06, 23.02.93 LSK Lettland »46« später »146«
326	83 1136	20.12.1983	03.10.1990	Kleeblatt, LW 53+07, a.D. 1993, verkauft
327	83 1137	22.12.1983	03.10.1990	LW 53+08, a.D. 1993, verkauft